U0292592

高等学校教材

Hydrogeology
水文地质学

肖长来　梁秀娟　王　彪　编著

Xiao Changlai　Liang Xiujuan　Wang Biao

清华大学出版社

北　京

内 容 简 介

本书针对当前国民经济建设的需要和地质工程、岩土工程、地质学等学科发展的需要,系统论述了水文地质学的基本概念、基本理论和方法;重点介绍了地下水形成与赋存的基本规律、地下水运动的基本规律、不同介质中地下水的重要特征、地下水的理化特征、地下水运动的基本理论、水文地质参数计算、水文地质勘察、地下水资源评价、建设项目地下水专题评价等。附录为专业术语中英文对照表。

本书可作为高等学校地质学、地质工程、勘查技术与工程、土木工程、交通工程、资源勘查工程等专业的本科教材,也可作为水文与水资源工程、地下水科学与工程、环境工程、地质资源勘查、水利水电工程、采矿工程等相关专业的参考教材,还可作为水文地质、工程地质、环境地质等领域科技人员的参考书。

版权所有,侵权必究。举报:010-62782989,beiqinquan@tup.tsinghua.edu.cn。

图书在版编目(CIP)数据

水文地质学/肖长来,梁秀娟,王彪编著. —北京:清华大学出版社,2010.3(2025.1重印)
ISBN 978-7-302-21338-3

Ⅰ. 水…　Ⅱ. ①肖…　②梁…　③王…　Ⅲ. 水文地质—教材　Ⅳ. P641

中国版本图书馆 CIP 数据核字(2009)第 187048 号

责任编辑:柳　萍　洪　英
责任校对:赵丽敏
责任印制:沈　露

出版发行:清华大学出版社
　　　　　网　　　址:https://www.tup.com.cn, https://www.wqxuetang.com
　　　　　地　　　址:北京清华大学学研大厦 A 座　　　　邮　　编:100084
　　　　　社 总 机:010-83470000　　　　　　　　　　邮　　购:010-62786544
　　　　　投稿与读者服务:010-62776969, c-service@tup.tsinghua.edu.cn
　　　　　质 量 反 馈:010-62772015, zhiliang@tup.tsinghua.edu.cn
印 装 者:三河市君旺印务有限公司
经　　销:全国新华书店
开　　本:170mm×230mm　　　　　印　张:19　　　　　字　　数:360 千字
版　　次:2010 年 3 月第 1 版　　　　　印　　次:2025 年 1 月第 14 次印刷
定　　价:58.00 元

产品编号:032534-06

前　言

本教材是针对当前高等学校人才培养、学科发展状况和经济建设的需要，并针对当前除地下水科学与工程、水文与水资源工程专业以外的与地学专业有关的本科生教学大纲进行编写的。主要内容包括水文地质学基础、地下水动力学、水文地质勘察和建设项目地下水专题评价四部分内容。

本教材分为绪论及正文 11 章。绪论主要讲授地下水及其功能、水文地质学科的分支、发展过程及发展趋势；第 1～6 章为地下水基础理论；第 7 章、第 8 章为地下水运动的基本理论、水文地质参数计算；第 9 章、第 10 章为水文地质勘察、地下水资源评价；第 11 章为建设项目地下水专题评价，主要是针对当前社会需求和经济建设遇到的水文地质问题而增加的内容。

第 1 章为地下水赋存规律，讲授地球上的水及其循环、岩石中的水分及地下水赋存特征。第 2 章为地下水运动规律，主要讲授渗流的基本概念、重力水运动的基本规律、饱和粘性土中水的流动。第 3 章为地下水理化特征及形成作用，主要讲授地下水的物理性质、地下水的化学特征、地下水化学形成作用及其基本成因类型、地下水化学成分的分析内容与分类图示。第 4 章为地下水系统及其循环特征，主要包括地下水系统的概念、地下水含水系统与流动系统、地下水的补给、径流与排泄及其对地下水水质的影响。第 5 章为地下水动态与均衡，讲授地下水动态与均衡的概念、基本内容及相互关系。第 6 章为不同介质中地下水的基本特征，包括孔隙水、裂隙水和岩溶水。第 7 章为地下水运动的基本理论，主要讲授地下水渗流理论基础、含水层中地下水运动公式、完整井稳定流公式、完整井非稳定流公式、越流完整井非稳定流公式、潜水完整井非稳定流公式、边界井及非完整井流公式；第 8 章为水文地质参数计算，讲授水文地质参数的稳定流求参方法、非稳定流求参方法及其他水文地质参数计算方法。第 9 章为水文地质勘察，包括水文地质调查、水文地质物探、水文地质钻探、水文地质试验和地下水动态监测，其中水文地质试验包括抽水试验、渗水试验、钻孔注水试验、钻孔压水试验、连通试验和弥散试验。第 10 章为地下水资源计算与评价，讲授地下水资源评价概述、水量均衡法、解析法、数值法、开采试验法、回归分析法、地下水水文分析法。第 11 章为建设项目地下水专题评价，包括基坑降水工程、矿山开发工程、水利水电工程及隧道(隧洞)工程、地热资源评价、环境水文地质勘察及地下水专业模型技术。

为便于学习，每章后附有思考题，附录为专业术语中英文对照表。

本教材的特点如下：

（1）以水文地质学的基本理论和基础方法为主线，充分吸收水文地质学科的最新研究成果和前沿研究信息，力求达到科学性、系统性、新颖性和适应性。

（2）内容上兼顾水文地质学基础、地下水动力学、专门水文地质学及工程建设地下水问题分析，既注重基本理论知识，又切实关注专业理论知识的运用，突出理论和实践相结合的理念。

（3）在传统水文地质学基础上，结合当前学科发展和社会经济建设的需求，增编了建设项目地下水专题分析评价，简明扼要地介绍了工程建设中与地下水有关的问题及其勘察评价方法，对于实际水文地质工作具有重要的指导意义。

（4）系统介绍了地下水模拟技术，附录给出了常用的水文地质术语及其英文词汇，为深入学习提供了广阔的空间。

本教材由吉林大学肖长来、梁秀娟与长春工程学院王彪、郎秋玲合编，肖长来负责统稿、定稿。最后由吉林大学著名的水文地质学家廖资生教授和曹剑峰教授审定。各章编写分工如下：绪论、第1～6章由肖长来、梁秀娟、郎秋玲编写；第7～10章由梁秀娟、肖长来和王彪编写；第11章由肖长来、王彪、梁秀娟编写。

本教材在酝酿和构思过程中，得到了吉林大学林学钰院士、教务处高淑贞副处长、环境与资源学院院长赵勇胜教授、副院长卢文喜教授等的大力支持，得到地下水科学与工程系曹剑峰教授和其他全体教师的鼎力相助。在日常教学和课程研讨过程中，还先后得到吉林大学教学督导、著名的水文地质学家房佩贤教授、廖资生教授、林绍志教授的谆谆教诲和频频启发，整个教材的构思和选材也凝聚了这些前辈们的心血。本学院马喆、博士研究生冯波、方樟、杜超、刘金锋及硕士研究生刘璇、邓颂霖、王光明、李帅杰、张冬冬、许传音等参加了部分文字校正、书中插图绘制工作。

本教材可作为高等学校地质学、地质工程、勘查技术与工程（工程地质与勘查工程、应用地球化学方向）、土木工程、交通工程、资源勘查与工程等专业的本科教材，也可作为水文与水资源工程、地下水科学与工程、环境工程、资源勘查工程（石油天然气、固体矿产方向）、地理信息系统、水利水电工程、采矿工程等相关专业的参考教材，还可作为水文地质、工程地质、环境地质等领域科技人员的参考书。

由于时间和水平所限，本书难免存在不足与错误之处，恳请读者给予批评指正。

编者

2009 年 9 月

目　　录

绪　　论

　　水是自然资源,是人类和一切生物赖以生存与发展的最重要的物质基础,是人类与社会可持续发展的基础与条件,是环境与发展的核心。水圈是整个自然生态系统中最关键、最活跃的部分。水是农业的命脉,是工业的血液,是交通和能量的载体,是国民经济的命脉,是保障经济社会可持续发展的首要的物质基础。地下水作为水资源的重要组成部分,由于其分布广、水质佳、水量水质稳定而备受人们关注,已经成为人类重要的饮用水源。在广大的干旱和半干旱地区,地下水常常是唯一的、不可替代的供水水源。因此开展地下水调查、评价、保护与管理工作一直是水文地质、水资源专业科技工作者的研究热点和难点。

　　地球是太阳系八大行星之中唯一被液态水所覆盖的星球。在学术上关于地球上水的起源有几十种学说。例如,有人认为在地球形成初期,原始大气中的氢、氧化合成水,水蒸气逐步凝结下来并形成海洋;有人认为,形成地球的星云物质中原先就存在水的成分;有人认为,原始地壳中硅酸盐等物质受火山影响而发生反应、析出水分,经过 35 亿年的积聚和演变,逐渐形成今天的水圈;还有人认为,被地球吸引的彗星和陨石是地球上水的主要来源,甚至现在地球上的水还在不停增加。

　　地球上现有 $13.86 \times 10^8 \text{km}^3$ 的水,以液态、固态和气态分布于地面、地下和大气中,形成地表水、地下水和大气水,其中淡水仅占 2.53%。

0.1　地下水及其功能

0.1.1　地下水的基本概念

　　地下水是指赋存于地面以下岩石空隙中的水,狭义上指赋存于地下水面以下饱和含水层中的水[1]。在国家标准《水文地质术语》(GB/T 14157—93)中,地下水是指埋藏于地表以下的各种形式的重力水[2]。

　　国外学者认为地下水位于地表面以下,其定义主要有 3 种:一是指与地表水有显著区别的所有埋藏于地下的水,特指含水层中饱水带的那部分水;二是向下流动或渗透,使土壤和岩石饱和,并补给泉和井的水;三是在地下的岩石空洞里、在组成地壳物质的空隙中储存的水[3]。

0.1.2　地下水的功能

地下水的功能主要有资源、生态和环境三大方面,包括资源功能、生态环境因子、灾害因子、地质营力与信息载体等五种功能[1]。

首先是资源功能,作为水资源重要组成部分的地下水,由于其水质良好、分布广泛、变化稳定、便于利用而成为理想的供水水源,有时是唯一的供水水源。在我国半干旱与干旱区的华北、西北和东北地区,地下水是人类生活饮用水和工农业用水的主要水源。

此外当地下水中富集某些盐类与元素时,可成为有工业价值的液体矿产,称为工业矿水。当地下水含有某些特殊的组分,具有某些特殊的性质,从而具有一定的医疗价值和保健作用时被称为矿泉水。矿水及矿泉水分别是建立矿泉疗养地和生产瓶装矿泉水的必要资源。地球含有地下热能资源,热水、热蒸汽为载热流体,可用于发电、建立温室等,地下热能的利用也是目前的主要研究课题之一。

其次,地下水是主要的生态环境因子。在进行地下水开发利用的同时,人们越来越认识到地下水在开发利用中会对生态环境产生越来越多的影响。地下水是生态环境系统中一个敏感的子系统,是极其重要的生态环境因子,地下水的变化往往会影响生态环境系统的天然平衡状态。

多年对地下水开发利用的研究表明,地下水开发利用不当,也会使地下水成为灾害因子。20世纪50年代末期,华北地区拦蓄降水和地表水,只灌不排,使地下水位抬升,蒸发加强,土壤积盐,造成土壤次生盐渍化。在干旱和半干旱的平原、盆地中地下水位浅藏地区,也会发育原生的土壤盐渍化。湿润地区的平原和盆地,由于天然和人为的原因造成地下水位过浅,会产生原生或次生的土壤沼泽化。过量开采地下水使浅层地下水位持续下降,会疏干已有的沼泽,使原有的景观遭到破坏。在干旱地区地下水位大幅下降,会使表土干燥,粘结力降低,原来的绿洲就会变成沙漠。而在滨海地带或有地下咸水的地方,过量开采地下水,使海水或咸水入侵淡地下水,减少了可利用的地下水资源。松散沉积层的地下水被过量开采,水位大幅度下降后,会因为静水压力减小、粘性土层压密释水而导致地面沉降,我国上海、江苏省苏锡常地区因长期过量开采地下水均导致了地面沉降问题。此外水质恶化、水质污染、地方病、矿坑突水、滑坡、岩溶塌陷、渗透变形均与地下水有关。

地下水是一种重要的地质营力,是应力的传递者和热量及化学组分的传输者。地下水作为一种良好的溶剂,在岩石圈化学组分的传输中起到很大作用。在地下水的作用下,地壳乃至与地幔中的组分迁移,易于在地下水的排泄带、不同组分地下水的接触带形成矿床。地下水系统在油气二次迁移形成油气藏的过程中起着关键的作用。因此,水在参与岩浆作用、变质作用、岩石圈的形成与改造,乃至于在地球演变中均起到重要的作用。

地下水也是一种信息载体。作为应力的传递者,井孔中地下水位的异常变动,常反映了地壳的应力变化,因而可以作为预报地震的辅助标志;可以根据水化学异常晕圈定或追索隐伏或近地表矿体;也可以根据岩石中地下水流动的痕迹去恢复古水文地质条件;地下水及其沉淀物的化学成分也可以提供来自地球深部的悠久地质年代的信息。

此外,利用地下水及其赋存介质(如含水层介质)储能(冷热水)、利用地下水极弱渗透性储存废料的试验也正在进行,利用包气带与饱水带进行渗滤循环以改善水质的试验已获得了成功。

0.2 水文地质学科的分支

水文地质学是研究地下水的科学,主要研究与岩石圈、水圈、大气圈、生物圈以及人类活动相互作用下地下水的形成和分布、物理及化学性质、运动规律、开发利用和保护的科学[1]。水文地质学从寻找和利用地下水源开始发展,围绕实际应用,逐渐开展了理论研究,目前已形成了一系列分支[2,4~11],其中水文地质学原理、地下水动力学和水文地球化学是水文地质学科的基础学科。部分分支学科简述如下:

水文地质学原理又称为普通水文地质学、水文地质学基础,主要研究水文地质学的基础理论和基本概念。

地下水动力学主要研究地下水的运动规律,探讨地下水量、水质和温度传输的计算方法,进行水文地质定量模拟,是水文地质学的重要基础。

水文地球化学主要研究各种元素在地下水中的迁移和富集规律,利用这些规律探讨地下水的形成和起源、地下水污染形成的机制和污染物在地下水中的迁移和变化、地下水与矿产形成和分布的关系,寻找金属矿床、放射性矿床、石油和天然气,研究矿水的形成和分布等。

供水水文地质学是为了确定供水水源而寻找地下水,通过勘察,查明含水层的分布规律、埋藏条件,进行水质与水量评价。它主要研究合理开发利用并保护地下水资源,按含水系统对地下水资源进行科学管理。

农业水文地质学除为农田提供灌溉水源外,主要研究沼泽地和盐碱地的土壤改良、防治次生土壤盐碱化等问题。

矿床水文地质学研究采矿时地下水涌入矿坑的条件,预测矿坑涌水量以及其他与采矿有关的水文地质问题。

区域水文地质学研究地下水区域性分布和形成规律,以指导进一步水文地质勘察研究,为各种目的的经济区划提供水文地质依据。

同位素水文地质学是指应用同位素方法分析水文地质问题的学科。用于分析水文地质问题的同位素主要是水的两个主要组分——氢和氧的同位素,其他如碳、氮、硫、氯等同位素的应用也逐步展开。

环境水文地质学是研究人类活动与水文地质环境相互影响、相互作用基本规律的学科。主要研究地下水在人类活动作用下,数量和质量在时间和空间上的变化对环境可能造成的影响。

0.3　水文地质学的发展过程

1. 萌芽时期(远古—1855)

人们早在远古时代就已打井取水。中国已知最古老的水井是距今约 5700 年的浙江余姚河姆渡古文化遗址水井。古波斯时期在德黑兰附近修建了坎儿井,最长达 26 km,最深达 150 m。约公元前 250 年,在中国四川,为采地下卤水开凿了深达百米以上的自流井。中国汉代凿的龙首渠是一种井、渠结合的取水建筑物。在利用井泉的过程中,人们也探索了地下水的来源。法国帕利西、中国徐光启和法国马略特,先后指出了井泉水来源于大气降水或河水入渗。马略特还提出了含水层与隔水层的概念。

公元 16 世纪以前,人们对地下水的现象只限于直接观察和推测。柏拉图推测,地下有个巨大的洞穴,其中的水是河流的源头。中国唐代柳宗元在《天对》中记述了地下水在岩土空隙中的存在、渗入、蒸发和流动等现象。

2. 奠基时期(1856—1945)

从公元 17 世纪到 20 世纪初,科学家们通过观察、试验和分析,提出了一系列关于地下水形成和运动的重要概念、定律和方法。法国科学家佩罗(Perrault Pierre, 1608—1680)研究了地下水毛细管上升现象。1856 年,法国工程师达西(Henry Darcy, 1803—1858)通过试验建立了地下水渗流的基本定律,奠定了地下水运动的理论基础。1863 年,法国学者裴布依(Arsene Dupuit, 1804—1866)根据实际的潜水面坡度很小的事实,作了一些简化和假定,运用达西定律导出了地下水井流公式。1870 年,德国人蒂姆(Thiem)改进了裴布依公式,从而可用稳定流抽水试验来计算渗透系数等参数。1885 年,英国的张伯伦确定了自流井出现的地质条件。奥地利人福希海默(P. Forchheimer, 1852—1933)在 1885 年制出了流网图并开始应用映射法。这些工作为水文地质学的发展奠定了重要基础。

19 世纪末 20 世纪初，对地下水起源又提出了一些新的学说。1902 年，奥地利人修斯（Eduard Suess,1831—1914）提出了初生说。1908 年,美国莱恩、戈登和俄国安德鲁索夫分别提出在自然界中存在与沉积岩同时生成的沉积水。1912 年,德国凯尔哈克提出地下水和泉的分类,总结了地下水的埋藏特征和排泄条件。

1928 年,美国学者迈因策尔论述了承压含水层的可压缩性和弹性,为地下水非稳定理论的建立准备了比较丰富的实践基础。由于预测地下水运动过程的需要,促进了水文地质模拟技术的发展。20 世纪 30 年代开展了实验室物理模拟。1935 年,美国学者泰斯（Charles Vernon Theis，1900—1987）利用地下水非稳定流动和热传导之间的相似性,导出了著名的泰斯公式,把地下水定量计算推进到了一个新阶段。1937 年,美国学者马斯克特（Muskat）在《均匀流体通过多孔介质的流动》一书中,用数学方法较系统地论述了地下水的运动；1930 年,荷兰水文工程师德赫莱用数学方法分析了地下水渗过弱透水层的越流现象。第二次世界大战结束时,在地下水的赋存、运动、补给、排泄、起源以至化学成分变化、水量评价等方面,均有了较为系统的理论和研究方法,水文地质学已经发展成为一门成熟的学科了。

3. 发展时期（1946 年至今）

第二次世界大战以后,合理开发、科学管理与保护地下水资源的迫切性和有关的环境问题,越来越引起人们的重视。

随着科学技术推动生产力的迅猛发展,人们对地下水的需求大为增加,世界各地都出现地下水位下降、地下水资源枯竭、地面沉降、海水与咸水入侵淡含水层、地下水污染等问题。这一阶段正确地预测在人类活动干预地下水的变化,从而正确地评价、开发、管理与保护地下水资源以及保护与地下水有关的生态环境成为当务之急。

随着大规模开发利用地下水,某些水文地质过程开始受到人们的注意。20 世纪 40 年代末发展起来的电网络模拟,到 50—60 年代在解决水文地质问题中得到应用。苏联奥弗琴尼科夫和美国的怀特在水文地球化学方面作出了许多贡献。20 世纪 40—60 年代,雅可布（Charles Edward Jacob,1914—1970）及汉图什（M. S. Hantush）等研究了松散沉积物承压含水层的越流现象,发现原先认为是不透水的"隔水层",实际上是透水能力比较弱的弱透水层。含水层与其间的"隔水层"共同构成水力上相互联系的系统——地下水含水系统。20 世纪 60 年代以来,加拿大的托特（Tóth）提出了地下水流动系统理论,为水文地质学开拓了新的发展前景。贝尔（Jacob Bear）编著出版了《多孔介质流体力学》（1972 年）和《地下水水力学》（1979 年）,极大地推动了水文地质计算理论的发展。

　　由于电子计算机技术的发展,20 世纪 70—80 年代,地下水流数值模拟成为处理复杂的水文地质问题的主要手段。同时,同位素方法在确定地下水平均贮留时间,追踪地下水流动等研究中得到应用。遥感技术及数学地质方法也被用于解决水文地质问题。对于地下水中污染物的运移和开采地下水引起的环境变化,引起广泛的重视。

　　进入 20 世纪 90 年代以来,一些先进的方法和模型技术得到广泛开发与应用。从地下水模拟软件 ModFlow 的诞生,到目前广泛应用的地下水模拟系统(groundwater modeling system,GMS),充分显示了现代计算机技术在地下水研究中的划时代的进展。水文地质学在不断的发展中逐步形成完善、独立的学科体系,发展过程中的主要成果见表 0.1。

表 0.1　水文地质学的发展过程

时　期		年代	理论或公式	备　注
萌芽时期		1855 年以前		
奠基时期 (1856— 1945)	稳定流	1856	达西定律(Darcy's Law)[12~15]	$Q=KAdh/dl$, $Q=KI$
		1863	裘布依(Dupuit)公式[12~15]	$Q=2\pi KMs_w/\ln(R/r_w)$
		1870	蒂姆(Thiem)公式[12~15]	$Q=\pi K(h_2^2-h_1^2)/\ln(r_2/r_1)$
		1886	福希海默(Forchheimer)公式[12~15]	流网(flow net)(1885)
		1928	迈因策尔(Mainzer)[12~15]	越流含水层(leaky aquifer)
	非稳定流	1935	泰斯(Theis)公式[12~15]	$s=QW(u)/4\pi T$,$Q=4\pi Ts/W(u)$
		1937	马斯凯特(M. Muskat)[6]	多孔介质中均匀流体的流动
发展时期 (1946 年 至今)	非稳定流	1945—1960	汉图什-雅可布(Hantush-Jacob)公式[12~15]	潜水含水层中流向井的非稳定流
		1954	布尔顿(Boulton)公式[6,15]	非饱和带滞后释水现象
		1956	斯托曼(Stallman)[6]	数值法、计算机模拟
		20 世纪 60 年代	沃尔顿(Walton)[6]	数值法、计算机模拟
		1972	贝尔(J. Bear)[6,15]	多孔介质流体力学
		1972	纽曼(Neuman)[6,16]	潜水非稳定流公式
		1979	贝尔(J. Bear)[6,16]	地下水水力学

时　期	年代	理论或公式	备　注
发展时期（1946 年至今） 多相流	20 世纪 80 年代	美国地质调查局（USGS）的 McDonald 和 Harbaugh	地下水有限差分模拟软件 MODFLOW[18]
	20 世纪 90 年代	加拿大 Waterloo 水文地质公司	可视化地下水有限差分模拟软件 Visual MODFLOW[18]
	20 世纪 90 年代	德国 Wasy 水资源研究所	地下水有限单元模拟软件 FEFLOW[18]
	20 世纪 90 年代	美国 Brigham Young University 和美国军队排水工程试验工作站	地下水模拟系统 GMS[18]

中国在 1949 年以后,于大范围内在地下水资源评价、地下水水位及开采量的预报、水文及水文地质参数的确定和地下水调节计算等方面做了许多工作,取得了成果。

新中国成立初期,为适应大规模经济建设的需要,我国引进了苏联的模式,建立了水文地质工程地质生产队伍,组建起科学研究机构并开办了专业教育。至此,我国有了完整的水文地质科学体系,勘探、建设了一批水源地并完成了一些重点矿区的水文地质勘察工作。

自 20 世纪 70 年代末期以来,我国实行了改革开放政策,国民经济得到飞速发展。此间,完成了许多大型供水、矿井疏干等专门性水文地质调查项目与科研课题,总结出了我国的水文地质理论与实践经验,完善了新技术方法,出版了大量的水文地质专著、图件、刊物及各种规范和教材。

在水文地质普查(比例尺 1∶20 万,部分地区 1∶50 万)方面,到 1991 年底,全国区域水文地质调查完成了 $820 \times 10^4 \text{km}^2$。部分地区进行了 1∶5 万或更大比例尺的水文地质填图。

1995 年以来实施了"西北地区找水特别计划"和"西南贫困岩溶石山区扶贫找水计划",2001 年和 2002 年,又分别实施了"西部严重缺水地区人畜饮用水地下水紧急勘察工程"及"西部严重缺水地区地下水勘察示范工程",先后在塔克拉玛干沙漠腹地以及极端缺水的宁夏、陕北、内蒙古边远地区及西部红层地区、岩溶山区寻找可供饮用的淡水,直接解决约 120 万人饮用水问题。"十五"规划期间,在全国开展了新一轮地下水潜力调查工作,建立了全国主要地下水系统空间数据库,为国家宏观决策提供了地下水资源基础资料和动态数据,为北方主要经济区、重要农业区提供了地下水资源利用方案。

在地下水资源评价工作方面,自 20 世纪 70 年代中期,在河北黑龙港地区建立了第一个数值模拟模型以来,推广了非稳定流理论和模拟技术,之后对几十座大中城市及吉林西部、河西走廊、华北等地区先后建立了地下水数值模拟模型,解决了各类复杂条件下地下水资源评价问题。目前,地下水数值模拟技术已从二维发展到三维,一批功能强大的专业模拟软件开始推广使用,随机模型和非确定性模型也开始应用于地下水资源评价工作。

随着水资源短缺和环境恶化等问题的出现,从 20 世纪 80 年代中期开始,我国开展了地下水资源管理工作,到目前为止,几乎所有以地下水为主要供水水源的城市,针对不同问题,都建立了地下水资源管理模型。地下水资源管理已从单纯水力模型发展到经济管理模型、地下水与地表水联合调度管理模型等,无论从管理的内容和建模技术上都有了很大发展。

在矿床及矿井水文地质工作方面,至 1983 年底,在全国 17 750 个已探明储量的矿区,都进行了相应的水文工程地质工作,为全国县以上 6000 多个已开发的国营矿山提供了水文工程地质资料。20 世纪 70 年代末到 80 年代初,通过对全国岩溶充水矿山的回访,总结了矿床水文地质勘探及矿山涌水量预测的经验及存在的问题,对岩溶矿床水文地质勘探及矿井涌水预测方法的认识有了较大提高,对矿井突水进行了深入研究。

从 20 世纪 70 年代开始,国家加强了保护环境和水资源的立法工作。1979—1984 年,先后颁发了《中华人民共和国环境保护法(试行)》、《中华人民共和国海洋环境保护法》、《中华人民共和国水污染防治法》,对保护我国自然环境、水资源、生态平衡及保障人体健康,作了法律规定。1988 年实施的《中华人民共和国水法》中规定,国内"开发、利用、保护、管理水资源,防治水害,必须遵守本法",以期充分发挥水资源的综合效益,同时还对违反该法规的法律责任作了明确规定。

我国不但在实际中积极开展水文地质工作,寻找优质地下水,解决缺水地区的水源难题;而且在理论方法上也进行了深入的研究。陈梦熊院士率先研究了地下水系统理论,并用以指导进行全国地下水资源及其环境问题的调查评价工作,取得了卓有成效的成果。林学钰院士在我国率先引进了地下水管理模型,并积极推进我国城市地下水数值模拟及地下水资源管理研究。薛禹群院士致力于地下水动力学研究,取得了多方面的进展。

近年来,地下水数学模拟成为处理复杂的水文地质问题的主要手段。同时,同位素方法在确定地下水平均贮留时间、追踪地下水流动等研究中得到应用。遥感技术及数学地质方法也被引进,用以解决水文地质问题。对于地下水中污染物的运移和开采地下水造成的环境变化,引起了广泛的重视,水文地质科学正随着人们对水资源和环境问题的关注而快速发展,呈现蒸蒸日上的发展局面。

0.4　水文地质学的发展趋势

0.4.1　水文地质学的发展趋势

当代水文地质学的发展趋势,可大体归纳如下[19]:

(1) 核心课题转移:找水水文地质学→资源水文地质学→生态环境水文地质学,由只研究地壳表层地下水,扩展到地球深层的水,由常温水扩展到地热水。

(2) 研究视野扩展:含水层的局部→整个含水层→地下水系统→水文系统→生态环境系统→技术-社会系统;由主要研究天然状态下的地下水,转向更重视研究人类活动影响下的地下水。

(3) 研究目标改变:由局部性的问题转向全局性的课题,由当前的问题转向长期的可持续发展课题,由解决具体生产问题转向构建人与自然协调的、良性循环的地下水系统、水文系统、地质环境系统与生态系统。

(4) 研究内容扩展:从以地下水的水量研究为主,转向水量与水质的研究并重;从狭义地下水(饱水带水)的研究,扩大到广义地下水(含饱水带与包气带水),乃至地下水圈的研究;由局限于饱水带的含水层,扩展到包气带及"隔水层"。

(5) 研究思路改变:对现象的规律性为主的研究已经不能满足需要,要求从成因角度,加大过程与机理研究的比重。

(6) 多学科交叉渗透成为主流:传统意义上纯粹的水文地质学正在消亡,地下水科学与其他自然科学以及社会科学交叉渗透,以多学科方式研究与处理问题正在成为主流。

0.4.2　今后的主体研究内容

预计今后的水文地质研究,会在地下水运移机制和计算方法、粘性土的渗透机制、地下水中污染物的运移、包气带中水盐的运移机制、水文地球化学和同位素水文地质学等方面进一步展开[6]。

为保护和利用地下水资源,控制和消除由于水文地质和工程地质问题等造成的各种灾害,为工程建设对环境的影响评价,也为水资源规划与管理提供科学依据,环境水文地质学的研究将在以下各方面取得发展:抽取地下水引起的地面沉降、岩溶塌陷以及地下水变化引起的黄土湿陷、滑坡、潜蚀等对环境的影响,地下水污染机理和规律,地下水变化对生态的影响,水库诱发地震的机理和影响,水库渗漏、岸边再造等对环境的影响,浸没对土壤沼泽化、盐碱化、潜育化的影响及原生环境的地下水与地方病的关系,矿泉水和热水资源的利用和医疗意义。

思 考 题

1. 如何理解地下水的概念？
2. 地下水的主要功能有哪些？
3. 简述对水文地质学的认识。
4. 简述水文地质学的发展历程。
5. 简述水文地质学的发展趋势。
6. 今后水文地质学的主体研究内容是什么？
7. 你的家乡存在哪些水文地质问题？

第1章 地下水赋存规律

本章讲授地球上的水分布及水循环。重点阐述岩石中孔隙、裂隙、溶穴等空隙类型,岩石空隙中所赋存的结合水、重力水、毛细水、气态水、固态水和矿物中的水,岩石的容水性、含水性、给水性、持水性和透水性等水理性质,以及地下水赋存规律。地下水赋存规律是研究地下水运动的基础。

1.1 地球上的水及其循环

1.1.1 地球上的水

地球是一个富水的行星,地球上的水可分为浅部层圈水(大气圈、地球表面、岩石圈、生物圈)和深部层圈水(地球深部的地幔乃至地核)[1]。表 1.1 是地球浅部层圈水的分布,表中不包括南极地下水 $2.0 \times 10^6 \, km^3$。地球上的总水量中,咸水占 97.47%,淡水占 2.53%,淡水中主要为冰川积雪水和地下水[1]。

表 1.1　地球浅部层圈水的分布

水体类型		分布面积 /$10^4 km^2$	水深/m	体积/km^3	百分比 P/% 占总水量	百分比 P/% 占淡水	年重复循环量 /km^3	滞流时间
大气水		51 000	0.025	12.9×10^3	0.001	0.04	600 000	8d
地表水	海洋	36 130	3700	1.338×10^9	96.5		505 000	2650a
	冰川及永久积雪	1622.75	1463	24.0641×10^7	1.74	68.7		极地 9700a 山地 1600a
	南极冰雪			2.160×10^6	1.56	61.7		
	北极冰雪			83.5×10^3	0.006	0.24		
	格陵兰岛冰雪			2.34×10^6	0.17	6.68	2477	9700a
	其他冰雪			40.6×10^3	0.003	0.12	25	1600a
	湖泊	206.87	85.7	176.4×10^3	0.013		10 376	17a

续表

水体类型		分布面积/10^4km^2	水深/m	体积/km^3	百分比 $P/\%$		年重复循环量/km^3	滞流时间
					占总水量	占淡水		
地表水	淡水湖	123.64	73.6	91.0×10^3	0.007	0.26		
	咸水湖			85.4×10^3	0.006			
	沼泽	168.26	4.28	11.47×10^3	0.0008	0.03	2294	5a
	河流	14 880	0.014	2.12×10^3	0.0002	0.006	49 400	16d
地下水	包气带水	8200	0.2	16.5×10^3	0.001	0.05	16 500	1a
	饱水带水 (2000 m 以内)	13 480	174	23.4×10^6	1.70		16 700	1400a
	地下淡水		78	10.53×10^6	0.76	30.1		
	永久冻土带固态水	2100	14	300.0×10^3	0.022	0.86	30	10 000a
生物水		51 000	0.002	1.12×10^3	0.0001	0.003		
总水量		51 000	2717	1.3859×10^9	100			
淡水				35.029×10^6	2.53	100		

引自 Gordon J Young, James C I Dooge, John C Rodda. 地球的水资源问题[M]. 刘联兵译. 郑州：黄河水利出版社, 2001

关于地球上水的起源曾有多种假说,目前普遍被接受的观点是:组成地球水圈的水(包括地表水与地下水)是原始地壳形成以后,在整个地质时期内从地球内部不断逸出而起源的[1]。

1.1.2 自然界的水循环

水循环是地球上或某一地区内在太阳辐射和重力作用下,水分通过蒸发、水汽输送、降水、入渗、径流等过程不断变化、迁移的现象,亦即地球上各个层圈系统内的水相互联系、相互转化的过程,包括水文循环和地质循环[1]。

1. 水文循环

水文循环是指发生于大气水、地表水和地壳岩石空隙中地下水之间的水循环[1~3]。在自然因素与人类活动影响下,自然界各种形态的水处在不断运动与相互转换之中,形成了水文循环。形成水文循环的内因是固态、液态、气态水随着温度的不同而转移交换,外因主要是太阳辐射和地心引力。太阳辐射促使水分蒸发、空气流动、冰雪融化等,它是水文循环的能源;地心引力则是水分下渗和径流回归海洋的动力。人类活动也是外因,特别是大规模人类活动对水文循环的影响,既可以使各种形态的水相互转换和运动,加速水文循环,又可能抑制各种形态水之间的相互转化和运动,减缓水文循环的进程。但水文循环并不是单一的和固定不变的,而是由多种循环途径交织在一起,不断变化、不断调整的复杂过程。

　　按水分循环的过程可将水循环分为大循环与小循环。大循环是指海洋或大陆之间的水分交换。小循环是指海洋或大陆内部的水分交换(图 1.1)。

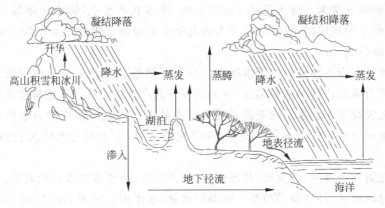

图 1.1　水文循环图

　　在水分循环过程中,天空、地面与地下的水分通过降水、蒸发、下渗、径流等方式进行水分交换,海洋水与陆地水也进行水分交换。河流中的水,日夜不停地注入海洋,其来源主要是天空中的降水,而形成降水的水汽主要靠地球表面的蒸发。海洋上的蒸发量比降水量大,多余的水汽输送到大陆,通常大陆上的降水量要比实际蒸发量大,因而产生径流注入海洋,构成海陆间的水文循环。

　　海洋向大陆输送水汽并不是单方面的,而是海陆水汽交换的结果。从海洋上蒸发的水汽借助气流带向大陆,而大陆上蒸发的水汽又随着气流被带向海洋,海陆水文交换构成的水分循环是由无数个蒸发—降水—径流的小循环交织而成的。由于地面受太阳辐射强弱的不同及地理条件的差异,造成了水循环在各地区和不同年份都有很大的差别,也形成了多水的湿润地区和少水的干旱地区,每个地区在时程上也存在着洪涝年份和干旱年份的差别。

　　在太阳光照及重力的作用下,地球上的水,由水圈进入大气圈,经过岩石圈表层(以及生物圈),再返回水圈,如此循环往复。水循环的上限大致可达地面以上16 km 的高度,即大气的对流层;下限可达地面以下平均 2 km 左右的深度,即地壳中空隙比较发育的部分。

　　水文循环的要素有降水、蒸发、径流、入渗。蒸发是指常温下水由液态变为气态进入大气的过程,即温度低于沸点时,水分子从液态水的自由面逸出而变成气态的过程或现象。发生于河流、湖泊、水库等自由水面的蒸发称为水面蒸发;发生于陆地表面的蒸发称为陆地蒸发,包括土面蒸发和叶面蒸发。蒸发量是一定时段内从一定的表面积的水面或冰雪面上可能逸出的水汽量,通常用蒸发皿观测,单位为 mm。

降水是空气中的水汽含量达到饱和状态时超过饱和限度的水汽凝结并以液态或固态形式降落到地面的现象,主要指从云中下降的液态或固态水,如雨、雪、冰雹等,以锋面雨最常见。降水量是一定时段内,降落在平地上(假定无渗漏、蒸发、流失等)的降水所积成的水层厚度(如为固态降水则须折合成液态水计算),常用雨量计观测,单位为 mm。

径流是指降落到地表的降水在重力作用下沿地表或地下流动的现象,为水流的重要环节和水均衡的基本因素,分为地表径流和地下径流。一般根据流域、水系来分析地表径流。水系是指汇流于某一干流的全部河流所构成的地表径流系统。流域是指一个水系的全部集水面积,亦即地表水、地下水的分水岭所包围的集水区域。

径流通常用流量、径流量、径流模数、径流深度、径流系数等指标表示。流量是指单位时间通过河流(渠、管)某一断面的水量(水体积),常用单位为 m^3/s;径流量是某一时段 T 内通过河渠某一断面的总水量,单位为 m^3 或万 m^3/a;径流模数是单位流域面积上的平均产水量,单位为 $L/(s \cdot km^2)$ 或万 $m^3/(a \cdot km^2)$;径流深度是计算时段内的总径流量均匀分布于测站以上整个流域面积上所得到的平均水层深度,单位为 mm/a;径流系数是同一时段内流域面积上的径流深度与降水量的比值,无量纲。入渗是指降水渗入地面以下形成土壤水和地下水的过程。

2. 地质循环

地质循环是地球浅部层圈和深部层圈之间水的相互转化过程[1]。

上地幔的高温熔融的塑性物质(软流圈)的大规模对流,驱动着地壳板块的不断运移,在软流圈上升区,上地幔熔融物质进入地壳或喷出地表时,地幔岩石中的水分也随之上升与分异,转化为地球浅层圈的水。这种由地幔熔岩物质直接分异出来的水称为初生水。每年从地球深部溢出地表的初生水约 2×10^8 t。在下降区,含有大量水的地壳岩块俯冲沉入地幔,使地幔得到浅层圈水分的补充。

此外,自然界的地质循环还发生于成岩作用、变质作用、风化作用等过程中。在这些地质作用中,不仅有分子态的水进入矿物或从矿物中脱出,同时还常常伴有水分子的分解与合成。

可见水文循环和地质循环是很不相同的自然界水循环。水文循环通常发生于地球浅层圈中,通常更替较快,对地球的气候、水资源、生态环境等影响显著,与人类的生存环境有着直接的密切关系,是水文学和水文地质学研究的重点。水的地质循环发生于地球浅层圈和深层圈之间,转换速度缓慢,但是它对于人们认识地球起源、地质演化及地球演化过程中水的作用具有重要意义。

1.1.3　我国水文循环概况

我国位于世界最大陆地——欧亚大陆的东缘,地处中纬度地带,西有青藏高原,东临太平洋,既受中纬度西风带天气系统的影响,又受低纬度天气系统的作用。对我国气候起控制作用的是两个高气压中心:一个是夏威夷亚热带高压中心,带来暖湿气候;另一个是蒙古寒带高压中心,带来干寒气候。

影响我国降水的风,最重要的是季风。夏季,风自海洋吹入大陆;冬季,风则由大陆吹向海洋。这种随季节变化的风叫季风。季风使我国的降水具有明显的季节性。夏季,海洋上比大陆上凉爽,洋面上的气压高于大陆,西南风或东南风将洋面上暖湿空气源源不断地输往大陆,6—9 月为雨季,降水充沛,水循环强烈,引起夏季的暴雨洪水;冬季则相反,风由大陆吹向海洋,我国绝大部分地区受来自西伯利亚和蒙古干冷气团的影响,盛行西北风或东北风,形成寒冷少雨天气。

我国水文循环的另一个重要特征就是降水在空间上分布的不均匀性,表现为东多西少,南多北少,进而决定了我国水资源分布存在较大的时空差异。我国东南沿海地区年降水量在 1500 mm 以上,长江流域约 1200 mm,华北地区一般年降水量在 600~800 mm,而新疆的塔里木盆地年降水量在 50 mm 以下,甚至有的地方几乎终年无雨。据近年公布的水资源资料,我国总径流量为 2.78 万亿 m^3/a,长江及以南占 75%,华北、西北占 10%;地下水径流量为 7000 亿 m^3/a,长江及以南占 60%,华北、西北占 20%。全国冰川积雪总量为 51 322.2 亿 m^3(分布面积 58 641 km^2),冰雪融水为 563.42 亿 m^3/a,是绿洲的补给源。降水量在空间的不均匀性导致了我国水资源分布的不均匀性。

1.2　岩石中赋存的水分

1.2.1　岩石中的空隙

空隙是指岩石中没有被固体颗粒占据的空间。通常将空隙分为松散岩石中的孔隙、坚硬岩石中的裂隙和可溶岩石中的溶穴(溶隙),因此空隙是岩石中孔隙、溶隙(洞)和裂隙的总称,是地下水的储存场所和运移通道,亦即地下水得以储存和运动的空间所在[1~6]。

1. 孔隙

孔隙是指组成松散岩石的物质颗粒或其集合体之间的空间。岩石孔隙的多少是影响储容地下水能力大小的重要因素。孔隙体积的多少可以用孔隙度来表示。孔隙度是指某一体积岩石(包括孔隙在内)中孔隙体积所占的比例。如果用 n 来表示岩石的孔隙度,用 V_n 表示岩石孔隙的体积,用 V 表示包括孔隙在内的岩石的体积,则

$$n = \frac{V_n}{V} \quad 或 \quad n = \frac{V_n}{V} \times 100\% \tag{1.1}$$

孔隙度是一个比值,可用小数或百分数表示。孔隙度 n 的大小主要取决于颗粒的分选程度和颗粒排列情况,此外颗粒形状、胶结充填情况也影响孔隙度。对于粘性土,结构及次生裂隙常是影响孔隙度的重要因素。当颗粒为等粒圆球,排列呈立方体时孔隙度最大,为 47.64%;四面体排列时孔隙度最小,为 25.95%;其余排列方式时,孔隙度一般介于两者之间。

自然界中并不存在完全等粒的松散岩石,分选程度愈差,颗粒大小愈悬殊,孔隙度便愈小,当细小颗粒充填于粗大颗粒之间的空隙中,自然会大大降低孔隙度。同样,如果岩石颗粒间被胶结充填,充填物多时孔隙度相对偏小。自然界中的岩石颗粒外形多为不规则的,组成岩石的颗粒形状愈不规则,棱角愈明显,通常排列愈松散,孔隙度愈大。

粘性土的孔隙度往往可以超过上述理论上的最大值。这是因为粘土颗粒表面常带有电荷,在沉积过程中粘粒聚合,构成颗粒集合体,可形成直径比颗粒还大的结构孔隙。此外粘性土中发育有虫孔、根孔等次生裂隙,均使孔隙度增大。

对地下水运动影响最大的不是孔隙度的大小,而是孔隙的大小,尤其是孔隙通道中最细小的部分。孔隙通道中最细小的部分称为孔喉,孔隙中最宽大的部分称为孔腹。孔喉的大小对水流动的影响更大。孔隙大小取决于颗粒大小及分选性,颗粒大而均匀,孔隙就大;颗粒大小不均时,小颗粒充填大颗粒形成的孔隙,孔隙就小;颗粒排列方式对孔隙大小的影响也较大,以等粒颗粒为例,设颗粒直径为 D,四面体排列时孔喉直径 $d = 0.155D$,立方体排列时 $d = 0.414D$。颗粒形状对孔隙的大小也有一定的影响,带棱角的颗粒易架空,从而形成较大的孔隙。对于粘性土,决定孔隙大小的不仅是颗粒的大小及排列,结构孔隙及次生孔隙的影响也是不可忽视的。

2. 裂隙

裂隙是指固结的坚硬岩石(沉积岩、岩浆岩和变质岩)在各种应力作用下岩石

破裂变形而产生的空隙。裂隙分为成岩裂隙、构造裂隙和风化裂隙。裂隙的多少以裂隙率表示。

成岩裂隙是指岩石在成岩过程中由于冷凝收缩（岩浆岩）或固结干缩（沉积岩）而产生的裂隙，以玄武岩柱状节理最有水文地质意义。构造裂隙是指岩石在构造变动中受力而产生的裂隙，具有方向性、大小悬殊、分布不均匀的特点，也是最具供水意义的裂隙类型。风化裂隙是指岩石在风化营力作用下发生破坏而产生的裂隙，主要分布于地表附近，亦具有供水意义。

裂隙率（K_r）是岩石中裂隙体积（V_r）与包含裂隙体积在内的岩石体积（V）的比值，即

$$K_r = \frac{V_r}{V} \quad 或 \quad K_r = \frac{V_r}{V} \times 100\% \tag{1.2}$$

此为体积裂隙率，亦可用面积裂隙率和线裂隙率表示。一定面积或长度的裂隙岩层中裂隙面积或长度与所测岩层总面积或长度之比，分别称为面裂隙率和线裂隙率。

3. 溶穴

溶穴，又称溶隙、溶洞，是指可溶的沉积岩（如盐岩、石膏、石灰岩、白云岩等）在地下水溶蚀作用下所产生的空隙（空洞）。溶穴的体积（V_k）与包含溶穴在内的岩石体积（V）的比值即为岩溶率（K_k），即

$$K_k = \frac{V_k}{V} \quad 或 \quad K_k = \frac{V_k}{V} \times 100\% \tag{1.3}$$

4. 空隙网络

自然界的岩石空隙的发育远比上面所说的复杂，松散岩石固然以孔隙为主，但某些粘性土干缩固结也可产生裂隙，固结程度不高的沉积岩往往既有孔隙又有裂隙，可溶性岩石由于溶蚀不均一，有的部分发育有溶穴，而有的部分发育有裂隙，甚至保留原生的孔隙和裂隙。因此，在研究岩石空隙的过程中，必须注意观察，收集实际资料，在事实的基础上分析空隙形成的原因及其控制因素，查明发育规律。

岩石中的空隙必须以一定的方式连接起来构成空隙网络，才能成为地下水有效的储容空间和运移通道，松散岩石、坚硬岩石和可溶性岩石的空隙网络具有不同的特点。

岩石中各种空隙的分布特征见图 1.2。

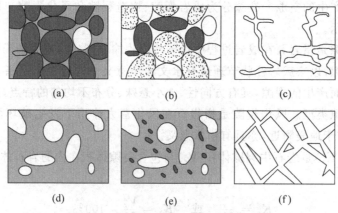

图 1.2　分选性好(差)、孔隙、溶穴、裂隙

(a) 分选性好；(b) 颗粒；(c) 溶穴；(d) 分选性差；

(e) 渗透性随着成岩作用降低；(f) 裂隙

1.2.2　岩石中水的存在形式

地壳岩石中存在各种形式的水,如下所示：

岩石中的水
- 岩石空隙中的水
  - 结合水
    - 矿物表面结合水(强、弱)
  - 液态水(重力水、毛细水)
  - 固态水
  - 气态水
- 岩石"骨架"中的水
  - 沸石水
  - 结晶水
  - 结构水

1. 结合水

结合水是指受固相表面的引力大于水分子自身重力的那部分水,即被岩土颗粒的分子引力和静电引力吸附在颗粒表面的水[1,2]。

最接近固相表面的结合水称为强结合水,为紧附于岩土颗粒表面结合最牢固的一层水,其所受吸引力相当于一万个大气压。其含量,在粘性土中为 48%,在砂土中为 0.5%。其特点为：强结合水厚达上百个水分子直径,吸引力大,密度大(2 g/L),冰点低(−78℃),呈固态,无溶解能力,不能运动。

结合水的外层由于分子力而粘附在岩土颗粒上的水称为弱结合水,又称薄膜水。其含量,在粘性土中为 48%,在砂土中为 0.2%。其特点为：厚度较大,处于固态与液态之间,吸引力小,密度较大,有溶解能力,有一定运动能力,在饱水带中能传递静水压力,静水压力大于结合水的抗剪强度时能够运移,其外层可被植被吸收,有抗剪强度。

2. 重力水

重力水是指距离固体表面更远、重力对其影响大于固体表面对其吸引力、能在重力影响下自由运动的那部分水。井、泉所采取的均为重力水,为水文地质学和地下水水文学的主要研究对象。

3. 毛细水

毛细水是由于毛细管力作用而保存于包气带内岩层空隙中的地下水,可分为支持毛细水、悬挂毛细水和孔角(触点)毛细水。由松散岩石中细小的孔隙通道构成细小毛细管。

支持毛细水是在地下水面以上由毛细力作用所形成的毛细带中的水。

细粒层次与粗粒层次交互成层时,在一定的条件下,由于上下弯液面毛细力的作用,在细土层中会保留与地下水面不连接的毛细水,这种毛细水称为悬挂毛细水。

在包气带中颗粒接触点上还可以悬留孔角毛细水,即使是粗大的卵砾石,颗粒接触处孔隙大小也总可以达到毛细管的程度而形成弯液面,使降水滞留在孔角上。

4. 气态水、固态水

岩石空隙中的这部分水含量很小。其中气态水存在于包气带中,可以随空气流动。另外,即使空气不流动,它也能从水汽压力大的地方向水汽压力小的地方移动。气态水在一定温度、压力下可与液态水相互转化,两者之间保持动平衡。

岩石的温度低于 0℃ 时,空隙中的液态水转为固态。我国北方冬季常形成冻土,东北及青藏高原冻土地区有部分岩石中赋存的地下水多年保持固态。

5. 矿物中的水

除了岩石空隙中的水,还有存在于矿物结晶内部及其间的水,即沸石水、结构水和结晶水。结构水(化合水)又称为化学结合水,是以 H^+ 和 OH^- 离子的形式存在于矿物结晶格架某一位置上的水。结晶水是矿物结晶构造中的水,以 H_2O 分子形式存在于矿物结晶格架固定位置上的水。方沸石($Na_2 Al_2 Si_4 O_{12} \cdot n H_2 O$)中就含有沸石水,这种水加热时可以从矿物中分离出去。

1.2.3 岩石的水理性质

1. 容水性

容水性是指岩石容纳水的能力，衡量指标为容水度。容水度（W_0）是指岩石完全饱和时所能容纳的最大的水体积（V_0）与岩石总体积（V）的比值，用小数或百分数表示，一般小于或等于孔隙度；对于膨胀土，容水度可大于孔隙度。公式为

$$W_0 = \frac{V_0}{V} \quad 或 \quad W_0 = \frac{V_0}{V} \times 100\% \tag{1.4}$$

2. 含水性

含水性是岩石含有水的性能，用含水量表示。含水量是岩石空隙中所保留的水分的多少。

重量含水量（W_g）是岩石孔隙中所含水的重量（G_w）与干燥岩石重量（G_s）的比值，即

$$W_g = \frac{G_w}{G_s} \quad 或 \quad W_g = \frac{G_w}{G_s} \times 100\% \tag{1.5a}$$

体积含水量（W_v）是岩石中所含水的体积（V_w）与包含孔隙在内的岩石体积（V）的比值，即

$$W_v = \frac{V_w}{V} \quad 或 \quad W_v = \frac{V_w}{V} \times 100\% \tag{1.5b}$$

当水的比重为1、岩石的干容重为 γ_d 时，体积含水量与重量含水量的关系为

$$W_v = \gamma_d W_g \tag{1.6}$$

岩石孔隙充分饱水时的含水量称为饱和含水量（W_s）。在粗颗粒及宽裂隙岩石中，饱和含水量在数值上接近于土或岩石的孔隙度。饱和差（土壤饱和差）是土层或岩层的饱和含水量与实际含水量之差，即岩石的容水度与天然湿度之差。实际含水量与饱和含水量之比称为饱和度，即岩石孔隙中水的体积与孔隙体积之比，以百分数表示，它反映了岩石中孔隙的充水程度。

3. 给水性

给水性是饱和岩土在重力作用下能自由排出水的能力，用给水度表示。

给水度的定义最早是苏联给出的，从地下水供水的角度出发，认为给水度是饱和介质在重力排水作用下可以给出的水体积与多孔介质体积之比。贝尔（J. Bear）[16]认为，若使地下水面下降，则水位下降范围内饱水岩石及相应的支持毛细

水带中的水,将因重力作用而下移并部分从原先赋存的空隙中释出,因此认为给水度(μ)是指地下水位下降一个单位深度而从地下水位延伸到地表面的单位面积岩石柱体在重力作用下所释放出来的水的体积,常用小数表示,无量纲。

对于均质岩石,给水度的大小与岩性、初始地下水埋藏深度以及地下水位下降的速度等因素有关。

岩性对给水度的影响主要表现为空隙的大小和多少。对于颗粒粗大的松散岩石、裂隙比较宽大的坚硬岩石以及具有溶穴的可溶性岩石,若空隙宽大,重力释水时滞留于岩石空隙中的结合水与孔角毛细水较少,理想条件下给水度的值接近于孔隙度、裂隙率和岩溶率;若空隙细小,重力释水时大部分以结合水与悬挂毛细水形式滞留于空隙中,给水度往往较小。给水度与岩石颗粒大小的关系见图1.3。

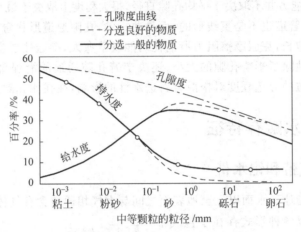

图 1.3　给水度与颗粒粒径的关系[9]

地下水位埋深小于最大毛细上升高度时,地下水位下降后,一部分重力水将转化为支持毛细水保留于地下水面以上,从而使给水度偏小。

试验表明,当地下水位下降速率较大时,给水度偏小。可能的原因是重力释水并非瞬间完成,而往往滞后于水位下降;此外,迅速释水时大小孔道释水不同步,大的孔道优先释水,小孔道中形成悬挂毛细水而不能释出;因此抽水降速过大时给水度偏小,降速很小时给水度较稳定。

4. 持水性

持水性是饱和岩土在重力排水后,岩土依靠分子力和毛细力在岩石空隙中能保持一定水分的能力,用持水度来表示。持水度(S_r)是指地下水位下降一个单位深度单位水平面积岩石柱体中反抗重力而保持于岩石空隙中的水的体积,常用小数表示,无量纲。

给水度(μ)、持水度(S_r)与孔隙度(n)之间的相互关系式为

$$\mu + S_r = n \tag{1.7}$$

包气带充分重力释水而又未受到蒸发、蒸腾消耗时的含水量称为残留含水量(W_0)。残留含水量相当于最大持水度，是岩石充分释水的结果。

5. 透水性

岩石的透水性是指岩石允许重力水透过的能力，用渗透系数表征。岩石的孔隙直径对岩石的透水性影响较大。孔隙直径越小，结合水占据的无效空间越大，透水性就小；孔隙直径越大，结合水占据的无效空间就越小，透水性就大。由于实际的孔隙通道并不是直径均一的圆管，而是直径不断变化、断面形状极为复杂的管道系统，岩石的透水能力并不取决于平均孔隙直径，很大程度上取决于最小的孔隙直径。

此外，圆形管道也不是直线形的，而是曲折的，孔隙通道形状弯曲变化时，水质点实际流程就愈长，克服摩擦阻力所消耗的能量就愈大，渗透性也愈差。

颗粒分选性除了影响孔隙的大小，还决定着孔隙通道的沿程直径的变化和曲折性；因此，颗粒的分选程度对松散岩石透水性的影响，往往比孔隙度的影响要大。

1.3 地下水赋存特征

1.3.1 包气带和饱水带

包气带是指地下水面以上至地表面之间与大气相通的含有气体的地带[1,2,16]。包气带水是指以各种形式存在于包气带中的水。其赋存和运移受毛细水和重力的共同影响，确切地说是受土壤水分势能的影响。包气带含水量及其水盐运移受气象因素的影响极其显著。包气带是饱水带与大气圈、地表水圈联系必经的通道，其水盐运移对饱水带有重要的影响。包气带可分为土壤水带、中间（过渡）带和毛细水带(图 1.4)。

包气带顶部植物根系发育与微生物活动的带为土壤层，其中含有土壤水。包气带底部是毛细水带，毛细水带是由于岩层毛细力的作用在潜水面以上形成的一个与饱水带有直接水力联

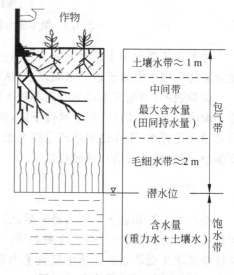

图 1.4　包气带和饱水带示意图

系的接近饱和的地带,但由于毛细负压的作用,毛细带的水不能进入到井中。包气带厚度较大时土壤水带和毛细水带之间还存在着中间带,若中间带由粗细不同的岩性构成时,在细颗粒中间还可能有成层的悬挂毛细水,上部还可能滞留重力水。

饱水带是地下水面以下岩土空隙空间全部或几乎全部被水充满的地带。饱水带中的水体分布连续,可传递静水压力,在水头差作用下可连续运动。其中的重力水是开发利用或排泄的主要对象。

1.3.2　含水层、隔水层与弱透水层

根据岩层渗透性强弱和透水能力大小,岩层通常可划分为含水层、隔水层和弱透水层(图 1.5)。

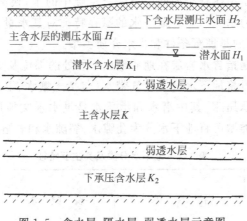

图 1.5　含水层、隔水层、弱透水层示意图

含水层是指能够透过并给出相当数量水的岩层,是饱含水的透水层[1,2]。构成含水层的 3 个条件是:有储存水的空间(储水构造);周围有隔水岩石;有水的来源,含有重力水为主。

隔水层是指不能透过与给出水或者透过与给出的水量微不足道的岩层,以含有结合水为主。

含水层和隔水层没有定量的指标,它们的定义具有相对性。在各种不同的情况下,人们所指的含水层和隔水层在含义上有所不同。岩性相同、渗透性完全一样的岩层,很可能在有些地方被当作含水层,在另一些地方被当作隔水层。即使在同一地方,在涉及某些问题时被当作透水层,涉及另一些问题时被看作或划分为隔水层。如何划分含水层、隔水层,要视具体条件而定。

在利用和排除地下水时,应考虑岩层所能给出水的数量大小是否具有实际意义。例如利用地下水供水时某一岩层能够给出的水量较小,对于水量丰沛、需水量很大的地区,由于远不能满足供水需求,而被视为隔水层。但在水资源匮乏、需水量又小的地区,便能在一定程度上,甚至完全满足实际需要,而被看作含水层。再如,某种岩层渗透性比较低,从供水的角度,可能被看作隔水层,而从水库渗漏的角度,由于水库周界长,渗漏时间长,渗漏量不能忽视,而被看作含水层。

弱透水层是指透水性相当差,但在水头差作用下通过越流可交换较大水量的岩层。严格地说,自然界没有绝对不发生渗透的岩层,只不过渗透性特别低而已。从这个角度上说,岩层是否透水还取决于时间尺度。

1.3.3　地下水的分类

地下水广义上是指赋存于地面以下岩石空隙中的水,狭义上仅指赋存于饱水带岩土空隙中的重力水[1,2,6,16]。地下水的赋存特征对其水量、水质时空分布有决定意义,其中最重要的是埋藏条件和含水介质类型。

所谓埋藏条件是指含水岩层在地质剖面中所处的部位及受隔水层(弱透水层)限制的情况。据此可将地下水分为包气带水(包括土壤水、上层滞水、毛细水及过路重力水)、潜水和承压水,其中潜水和承压水是供水水文地质的主要研究对象。按含水介质(空隙)类型可将地下水分为孔隙水、裂隙水和岩溶水(表1.2)。

表1.2　地下水分类及其主要特征

按含水介质分类 按埋藏条件分类	孔　隙　水	裂　隙　水	岩　溶　水
包气带水	土壤水、过路重力水及悬挂毛细水	裂隙岩层浅部存在的毛细水	
上层滞水	局部隔水层之上的含水层中存在的重力水	裂隙岩层浅部季节性存在的重力水	裸露岩溶化地层上部岩溶通道中季节性存在的重力水
承压水	山间盆地及平原松散层深部的水	构造盆地、向斜、单斜中裂隙岩层中的水	构造盆地、向斜、单斜中岩溶化岩层中的水

松散岩石中的孔隙连通性好,分布均匀,其中的地下水分布与流动比较均匀,赋存于其中的地下水称为孔隙水。坚硬基岩中的裂隙,宽窄不等,多具有方向性,连通性较差,分布不均匀,其中的地下水相互关联差,分布流动不均匀,称为裂隙水。可溶岩石中的溶穴是一部分原有裂隙与原生孔隙溶蚀而成,大小悬殊,分布不

均,其中的地下水分布与流动多极不均匀,称为岩溶水。廖资生教授在"高校地质学报"(1998 年 12 月)撰文,提出了地下水介质分类的新方案和基岩裂隙水的新概念,除传统的三大类型地下水外,还有过渡类型如孔隙—裂隙水、粘土裂隙水、裂隙—孔隙水、火山灰渣孔隙水、熔岩孔洞水、基岩裂隙水(裂隙水)、裂隙—岩溶水等类型。

1.3.4　潜水

潜水是指饱水带中第一个具有自由表面的含水层中的水,即地表以下第一个稳定隔水层以上具有自由水面的地下水[1,2,16](图 1.6)。潜水没有隔水顶板或只有局部隔水顶板。潜水的表面为自由表面,称为潜水面;从潜水面到隔水底板的距离称为潜水含水层厚度;潜水面到地面的距离称为潜水埋藏深度;潜水含水层的厚度与潜水埋藏深度随着潜水面的变化发生相应的变化;含水层底部的隔水层被称为隔水底板,潜水面上任意一点的高程是潜水位。

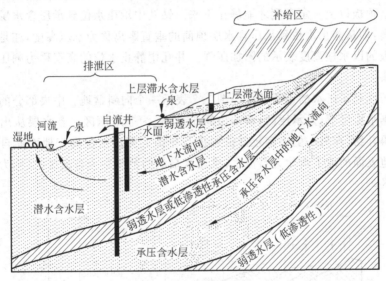

图 1.6　地下水的类型

潜水含水层上部不存在完整的隔水层或弱透水顶板,与包气带直接相连,因此潜水可以通过包气带直接接受大气降水、地表水的补给。潜水在重力作用下由水位高的地方向水位低的地方径流,在天然条件下除流入其他含水层以外,一方面可能径流到低洼地带以泉、泄流的方式向地表排泄,另一方面可能通过土层的蒸发和植物的蒸腾作用进入大气层。

潜水与大气圈、地表水圈联系密切,积极参与水循环,这使得潜水资源量易于补充恢复；但一般情况下潜水受气候的影响较大，含水层厚度一般比较有限，资源通常缺乏多年调节性。潜水的水质主要取决于气候、地形、岩性等条件的影响。气候湿润的山丘区，潜水以径流为主，水中的含盐量不高；气候干旱的平原区，潜水以蒸发为主，常形成含盐量较高的咸水。地形的影响也比较显著，地形切割强烈的地区，有利于潜水的循环，水中的含盐量也相对较低；地形平坦，不利于潜水循环的地区，水中的盐分含量相对较高。此外由于上部没有完整的隔水层，所以潜水很容易受污染，应注意对潜水水源的保护。

1.3.5　承压水

承压水是指充满于两个隔水层（弱透水层）之间的含水层中具有承压性质的地下水[1,2,16]。承压含水层上部的隔水层称为隔水顶板；承压含水层下部的隔水层称为隔水底板；隔水顶板、底板之间的距离称为承压含水层的厚度。由于承压含水层中的水承受大气压强以外的压强，当钻孔揭露含水层顶板时，钻孔中的水位将上升到含水层顶板以上一定高度才能静止下来。钻孔中承压水位到承压含水层顶面之间的距离，即从静止水位到承压含水层顶面的垂直距离称为承压高度，亦是作用于隔水顶板的以水柱高度表示的附加压强。井孔中静止水位的高程称为测压水位或测压水头。

承压性是承压水的重要特征。图 1.7 表示一个向斜盆地。中央部分的含水层埋没于隔水层之下，是承压；两端出露于地表，为非承压区。含水层从出露较高位置获得补给，在另一侧出露较低位置进行排泄。测压水位高于地面能自行喷出或溢出地表面的地下水称为自流水；承压水自流的范围称为自流区，又称为承压水的自溢区。

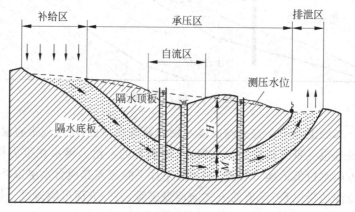

图 1.7　基岩向斜盆地

M—含水层厚度；H—测压水头高度

承压水在很大程度上与潜水一样,接受降水入渗补给、地表水的入渗补给。当顶板的隔水性能良好时,主要通过含水层出露于地表的补给区接受补给,在承压区接受越流补给,在下游排泄区以泉或其他径流方式向地表或地表水体排泄。

承压含水层因受上部隔水层的影响,与大气圈、地表水圈的联系较差,不易受水文、气象因素的影响或影响相对较小。水循环缓慢,水资源不易恢复补充,但一些地方承压含水层厚度较大,具有多年调节性。因为上部分布有完整的隔水层,承压水水质不易被污染,但一旦污染很难治理。原生水质取决于埋藏条件及其与外界联系的程度。与外界联系较好,水中含盐量相对较少,承压水参与水循环越积极,水质就越接近入渗的大气降水;与外界联系较差,基本保留沉积物沉积时的水,水中含盐量相对较大。

承压水接受补给或进行排泄时,对水量增减的反应与潜水不同。潜水含水层接受补给或进行排泄时,潜水位抬升或降低,含水层厚度加大或变薄。承压含水层接受补给时,由于含水层的顶板限制,获得的补给水量使测压水位上升。一方面由于压强增大,含水层中水的密度加大;另一方面由于孔隙水压力增大,有效应力降低,含水层骨架发生少量回弹,空隙增大,即增加的水量通过水的密度加大及含水介质空隙的增加而被容纳。含水层排泄时,减少的水量表现为含水层中水的密度变小以及含水介质空隙缩减。

与潜水的给水度相类似,承压含水层以贮水系数(又称储水系数或弹性释水系数)表征承压水的给水性。贮水系数是指承压水测压水位下降或上升一个单位深度时单位水平面积含水层所释放或储存的水的体积。一般承压含水层的贮水系数为 0.005~0.000 05,常较潜水含水层的给水度小 1~3 个数量级。因此也就不难理解,开采承压含水层往往会导致测压水位大面积、大幅度下降。

潜水与承压水在一定条件下可以相互转化,在孔隙含水层中转化更为频繁。承压水可以由潜水转化而来,潜水也可以获得承压水的补给。两者间的转化取决于两个含水层的水头差、两个含水层之间弱透水层的岩性、厚度、渗透性以及时间等因素。

1.3.6　上层滞水

地面以下通常分布有多层含水层,当包气带中局部分布有隔水层或弱透水层时,隔水层或弱透水层上会积聚具有自由水面的重力水,这种水通常称为上层滞水(图 1.8)。上层滞水的性质基本与潜水相同[1,10,16]。它的补给来源主要为大气降水,通过蒸发或向隔水底板的边缘下渗排泄。雨季获得补充,积存一定的水量,旱季水量逐渐消耗。当分布范围小且补给不经常时,不能终年保持有水。由于其水量小,动态变化剧烈,只有在缺水地区才能成为小型的供水水源地或暂时性供水水源。上层滞水受水文因素影响强烈,水质极易受污染。

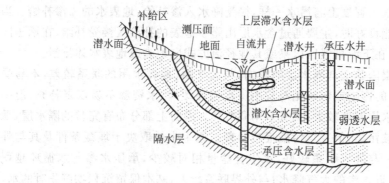

图 1.8　多层含水层剖面图

思　考　题

1. 简述水文循环及其特点。

2. 简述空隙、孔隙、裂隙、溶穴、裂隙网络的基本概念。

3. 简述结合水、重力水、毛细水、气态水的基本概念。

4. 简述岩石容水性、含水性、给水性、持水性、透水性、容水度、给水度、持水度等的基本概念。

5. 论述岩石水理性质的主要影响因素。

6. 简述包气带、饱水带、含水层、隔水层、弱透水层的基本概念。

7. 简述地下水的分类依据。

8. 简述潜水、承压水、上层滞水的概念。

第 2 章　地下水运动规律

　　本章重点讲授渗流的基本概念和重力水运动的基本定律。达西定律作为地下水运动的线性渗透定律,成为定量研究地下水运动的理论基础,是本教材的重点所在。此外介绍了饱和粘性土中水的运动。

2.1　渗流的基本概念

　　渗流是指地下水在岩石空隙中的运动,渗流场是指发生渗流的区域[1]。根据水质点的运动特征可将水流分为层流运动和紊流运动(图 2.1)。层流运动是指在岩石空隙中渗流时水的质点作有秩序的、互不混杂的流动。紊流运动指在岩石空隙中渗流时水的质点作无秩序的、互相混杂的流动。

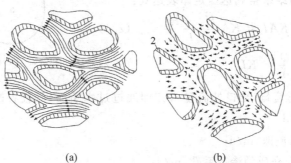

(a)　　　　　　　　　　(b)

图 2.1　空隙岩石中地下水的层流和紊流

(a) 层流;(b) 紊流

1—固体颗粒;2—结合水;箭头表示水流运动方向

　　根据渗流运动要素与时间的关系,可将渗流分为稳定流和非稳定流[1,2]。稳定流是指水在渗流场内运动过程中各个运动要素(水位、流速、流向等)不随时间改变的水流运动。非稳定流是指水在渗流场内运动过程中各个运动要素(水位、流速、流向等)随时间变化的水流运动。

2.2　重力水运动的基本规律

2.2.1　砂质土的线性渗透定律——达西定律

1. 达西定律表达式

法国工程师达西(Henry Darcy,1803—1858)于1856年通过实验得到著名的达西定律[1~6]。达西定律是在定水头、定流量、均质砂的实验条件下得到的渗透流量与水头差、渗透途径之间的分析表达式。实验装置由砂柱(见图2.2)、滤网、测压管、量杯、供水的马氏瓶组成。

实验中,水由砂柱的上端加入,流经砂柱并从砂柱的下端流出,在上、下测压管分别测得两个断面的水头,同时在出口测量流量。当水流由上向下运动达到稳定时,此时地下水作一维均匀运动,渗流速度与水力坡度的大小和方向沿流程不变。根据实验结果得到达西定律表达式:

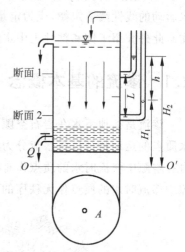

图 2.2　Darcy 实验装置

$$Q = KAI = KA\frac{H_1 - H_2}{L} \qquad (2.1)$$

$$v = \frac{Q}{A} = KI \qquad (2.2)$$

式中,Q——渗透流量(出口处流量),亦即通过过水断面(砂柱各断面)A 的流量,
　　　　m³/d;

　　v——渗透流速,m/d;

　　K——多孔介质的渗透系数,m/d;

　　A——过水断面面积,m²;

　　H_1、H_2——上、下游过水断面的水头,m;

　　L——渗透途径,m;

　　I——水力梯度,等于两个计算断面之间的水头差除以渗透途径,亦即渗透路径中单位长度上的水头损失,计算式为

$$I = \frac{H_1 - H_2}{L} \qquad (2.3)$$

达西定律反映了能量转化与守恒。根据达西定律,渗透流速与梯度的一次方成正比;如果渗透系数一定,当渗透流速增大时,水头差增大,表明单位渗透途径上

被转化成热能的机械能损失越多,即渗透流速与机械能的损失成正比关系;当渗透流速一定时,渗透系数越小,水头差越大,即渗透系数与机械能的损失成反比关系。

2. 达西定律适用范围

达西定律主要适用于雷诺数(Re)较小的层流。雷诺数 $Re<10$ 时,地下水运动速度低,粘滞力占优势,水流为层流,达西定律适用[1,2,7~9]。

当雷诺数 Re 为 10~100 时,地下水流速增大,地下水运动由粘滞力占优势的层流转变为以惯性力占优势的层流运动,为过渡带,虽然地下水仍为层流,但达西定律已不适用。

当雷诺数 $Re>100$ 时,地下水流为紊流,达西定律不适用。由于地下水流基本是雷诺数小于 10 的层流,所以达西定律基本适用。

2.2.2　渗透流速

渗透流速又称渗透速度、比流量,是渗流在过水断面上的平均流速[1,2,16]。它不代表任何真实水流的速度,只是一种假想速度。它描述的是渗流具有的平均速度,是渗流场空间坐标的连续函数,是一个虚拟的矢量。

因为计算渗透流速所用的面积为砂柱的横截面积而不是实际的过水断面面积,渗透流速与实际流速之间的关系为

$$v = \frac{A'}{A} \cdot u \tag{2.4}$$

式中,v——地下水的渗透流速,m/d。

A——砂柱横截面积,m^2;

A'——实际过水断面面积,m^2;

u——地下水的实际流速,m/d。

如果用有效孔隙度(n_e)来表示重力水流动的孔隙体积与岩石体积之比,那么 $n_e = \dfrac{V_g}{V_t} = \dfrac{A'}{A}$,于是有

$$v = n_e \cdot u \tag{2.5}$$

2.2.3　水力梯度

水力梯度,也称水力坡度,是指沿渗透途径水头损失与渗透途径长度的比值[1,2,16]。水在空隙中运动时,必须克服水与隙壁之间的阻力以及流动快慢不同的水质点之间的摩擦阻力,从而消耗机械能,造成水头损失。因此水力梯度可以理解为水流通过单位长度渗透途径为克服摩擦阻力所耗失的机械能,或为克服摩擦力

而使水以一定速度流动的驱动力。在渗流场中大小等于梯度值,方向沿等水头面的法线并指向水头下降方向的矢量,用 I 表示[2,9,10]:

$$I = -\frac{\mathrm{d}H}{\mathrm{d}n}n \tag{2.6}$$

式中,n——法线方向单位矢量。在空间直角坐标系中,其三个分量分别为

$$I_x = -\frac{\partial H}{\partial x}, \quad I_y = -\frac{\partial H}{\partial y}, \quad I_z = -\frac{\partial H}{\partial z} \tag{2.7}$$

2.2.4　渗透系数

渗透系数(K)是水力梯度等于 1 时的渗透流速,是表征岩石透水能力的重要的水文地质参数[1,2,9,20]。

渗透系数 K 大,表明岩石透水能力就强。渗透系数与岩石空隙性质、水的某些物理性质有关。岩性不同,渗透系数往往也不同;颗粒大小对渗透系数影响较大(表 2.1)。渗透系数与圆管通道的形状弯曲有关,圆管通道曲折变化时,渗透性较差。

表 2.1　渗透系数(K)与岩性之间的关系

岩性	亚粘土	亚砂土	粉砂	细砂	中砂	粗砂	砾石	卵石	漂石
粒径 D/mm				$0.1\sim0.25$	$0.25\sim0.5$	$0.5\sim2$	$2\sim20$	$20\sim60$	>60
K/(m/d)	$0.001\sim0.10$	$0.10\sim0.50$	$0.5\sim1.0$	$1.0\sim5.0$	$5.0\sim20$	$20\sim50$	$50\sim150$	$150\sim500$	

渗透系数的大小与水的物理性质也有关,粘滞性不同的两种液体,在其他条件相同时,粘滞性大的液体的渗透性会小于粘滞性小的液体。

利用渗透系数和透水率的大小可以划分岩石和土类的渗透性,依据《水力发电工程地质勘察规范》(GB 50287—2006),渗透性分级见表 2.2。

表 2.2　岩土渗透性分级[21]

渗透性等级	标　准		岩体特征	土　类
	渗透系数 K /(cm/s)	透水率 q /Lu		
极微透水	$K<10^{-6}$	$q<0.1$	完整岩石含等价开度,含等价开度 <0.025 mm 裂隙的岩体	粘土
微透水	$10^{-6}\leqslant K<10^{-5}$	$0.1<q<1$	含等价开度 $0.025\sim0.05$ mm 裂隙的岩体	粘土~粉土
弱透水	$10^{-5}\leqslant K<10^{-4}$	$1\leqslant q<10$	含等价开度 $0.05\sim0.01$ mm 裂隙的岩体	粉土~细粒土质砂

渗透性等级	标 准		岩体特征	土 类
	渗透系数 K /(cm/s)	透水率 q /Lu		
中等透水	$10^{-4} \leqslant K < 10^{-2}$	$10 \leqslant q < 100$	含等价开度 $0.01 \sim 0.5$ mm 裂隙的岩体	砂~砂砾
强透水	$10^{-2} \leqslant K < 1$	$q \geqslant 100$	含等价开度 $0.5 \sim 2.5$ mm 裂隙的岩体	砂砾~砾石、卵石
极强透水	$K \geqslant 1$	$q \geqslant 100$	含连通孔洞或等价开度 > 2.5 mm 裂隙的岩体	粒径均匀的巨砾

注：Lu——吕荣单位，是 1 MPa 压力下，每米试段的平均压入流量，以 L/min 计。

2.3　饱和粘性土中水的流动

根据多位学者的室内渗透试验结果，粘性土的渗透流速 v 与水力梯度 I 之间有三种关系[1,16]。

（1）v-I 关系为通过原点的直线，服从达西定律。

（2）v-I 关系为不通过原点。水力梯度小于某一值 I_0 时无渗透；大于 I_0 时，起初为一条向 I 轴凸出的曲线，然后转为直线。

（3）v-I 曲线为通过原点的曲线。I 小时曲线向 I 轴凸出，I 大时为直线。

达西定律的下限：地下水在粘性土中运动时存在一个起始水力坡度 I_0。当实际水力坡度 $I < I_0$ 时，几乎不发生运动（图 2.3）。

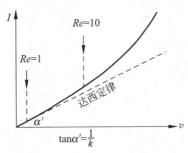

图 2.3　渗透系数与水力坡度的试验关系[1,16]（J. Bear）

偏离达西定律的试验结果可用来分析结合水的运动规律，I 小时，结合水也会运动，但此时 v 很小。I_0 称为初始水力梯度。v-I 曲线的直线部分可用罗查（1950）公式表示：

$$v = K(I - I_0) \qquad (2.8)$$

结合水是一种非牛顿流体，是性质介于固体与液体之间的异常液体，外力必须克服其抗剪强度方能使其流动。

思 考 题

1. 简述渗流、渗流场、层流运动、紊流运动、稳定流运动、非稳定流运动的基本概念。

2. 写出达西定律的基本表达式及各项符号的物理意义。

3. 简述渗透流速与实际流速的概念，两者之间的关系如何？

4. 简述水力梯度的概念，如何理解？

5. 简述渗透系数的定义，其影响因素有哪些？

6. 论述砂性土中达西定律的适用范围。

7. 饱和粘性土中水的运动有何特点？

8. 简述粘性土的渗透流速 v 与水力梯度 I 之间的关系。

第 3 章　地下水理化特征及形成作用

本章讲授地下水的基本物理及化学性质;重点讲授地下水的主要、次要化学成分,地下水化学成分的形成作用,包括溶滤作用、蒸发浓缩作用、脱碳酸作用、脱硫酸作用、阳离子交替吸附作用和混合作用;介绍地下水化学成分的基本类型及其分析内容、表达方式。

3.1　地下水的物理性质

地下水的物理性质包括地下水的比重、温度、透明度、颜色、臭、味、导电性、放射性等特性[20]。

3.1.1　温度

地壳表层的热源来自太阳的辐射、地球内部的热流。地壳表层可分为 3 个带,即变温带、常温带和增温带[1]。变温带是受太阳辐射影响的地表极薄的地带,厚度 1~2 m,下限 15~30 m。常温带是其地温基本等于当地平均年气温的地带(高出 1~2℃)。增温带是地温受地球内热影响的地带,地温梯度介于 1.5~4.0℃/100 m 之间,一般为 3℃/100 m。

地下水的温度受其赋存与循环所处的地温控制,表现为变温带浅埋地下水的水温呈现微小的季节变化;常温带中的地下水水温与当地年平均气温很接近;增温带中的地下水,其水温随其赋存与循环深度的加大而升高,可成为热水乃至蒸汽。

水温的变化是影响水的化学成分、水化学作用的重要因素。地下水温度的高低,主要受大气温度及埋藏深度控制。埋深接近地表的地下水,温度更易受气温高低的影响。随着气温季节性及昼夜变化,地下水的温度也发生变化,这种变化往往带有周期性。埋深较大时,地下水温度随着埋深增加而递增。

潜水及埋藏不深的承压水,温度一般为 10~20℃。水温超过 20℃时,称为温水。20~37℃之间的水称为低温水;而当水温大于 42℃时,则称为高温水(表 3.1)。

表 3.1 地下水按水温分类[20]

名　称	水温/℃	名　称	水温/℃
过冷水	<0	热水	37~42（37~50）
极冷水	0~4	高热水	42~100（50~100）
冷水	4~20	过热水	>100
温水	20~37		

我国著名的临潼华清池温泉,水温在 43℃左右。长白山区青山碧水环抱的抚松温泉,水温达 61℃,泉水含氡量较高。海南琼海官塘温泉有"世界少有,海南无双"之誉,温泉热矿水日流量达万吨,温度 70~90℃。西藏羊八井的水温则高达 150~160℃。希腊北部城市埃泽萨附近温泉的水温常年保持在 38℃。

地面下某一深度 H 处,地下水水温(T)的计算公式为

$$T = t + (H - h)r \tag{3.1}$$

利用实际观测的地下水水温(T),可以估算地下水的循环深度 H:

$$H = \frac{T - t}{r} + h \tag{3.2}$$

式中,H——地下水循环深度,m;

T——地下水水温,℃;

t——年平均气温,℃;

r——地温梯度,℃/m;

h——年常温带深度,m。

3.1.2　颜色

纯净的水是无色透明的,水深时才显示出淡蓝色。但当水中含有不同的离子、分子或固体悬浮物时,则呈现出不同的颜色。例如:含氧化铁的水呈暗红色,含氧化亚铁的水呈浅蓝绿色,含多量有机质时呈荧光黄、灰黄色,含硫化氢气体时呈翠绿色等。井水的颜色,就是由它所含的不同"杂质"而决定的(表 3.2)。

表 3.2 水中的物质及颜色[20]

水中含有物质	硬水	低价铁	高价铁	硫化氢	硫细菌	锰	腐殖酸
水的颜色	浅蓝	灰蓝	黄褐	翠绿	红色	暗红	暗黄、灰黄

3.1.3　味道

地下水的味道有淡有咸、有涩有甜。味道取决于水中所含的化学成分和气体

成分的种类及含量。纯水或常见的地下水(淡水)是无味道的,当地下水中溶解有多量的 CO_2 或含碳酸钙时,水清凉可口;含硫酸钠时为涩味;含氯化镁时为苦味等。

凭口尝地下水的味道,可以大致判断水质的好坏。比较好的淡水通常无味。含盐量在 $1\sim3$ g/L 时,已能感觉出水的咸味;含盐量在 $3\sim5$ g/L 时,咸苦味十分明显。

表 3.3 列举出不同矿物质含量情况下的味道感觉。

表 3.3　水中的物质及味道[20]

水中含有的物质	NaCl	Na_2SO_4	$MgCl_2$、$MgSO_4$	大量有机质	铁盐	腐殖质	H_2S、碳酸气	CO_2、$Ca(HCO_3)_2$ 及 $Mg(HCO_3)_2$
水的味道	咸	涩	苦	甜	涩	腥臭	酸	可口

3.1.4　透明度

地下水的透明度主要决定于水中固体和胶体悬浮物的含量。纯水和常见的地下水一般是透明的,如当地下水中含有淤泥、粘土微粒或有机胶体物时,其透明度将减低,减低的程度取决于悬浮物的性质及含量的多少,含量愈多,则透明度愈差(表 3.4)。

表 3.4　地下水的透明度分级[20]

透明度分级	特　征
透明的	无悬浮物及胶体,60 cm 水深可见 3 mm 的粗线
微浊的	有少量的悬浮物,大于 30 cm 水深可见 3 mm 的粗线
混浊的	有较多的悬浮物,半透明状
极浊的	有大量悬浮物或胶体,似乳状,水深很小也不能清楚看见 3 mm 的粗线

3.1.5　气味

常见的地下水是无气味的。但当地下水中含有不同成分的气体及有机质时,地下水便具有不同的气味。当地下水中溶解有硫化氢时,具有"臭鸡蛋"味;含腐殖质多的水有霉草味;含氧化亚铁多的水有铁腥味等。气味大小还与地下水的温度高低有关。在低温时,气味不明显,随着温度升高,气味变浓,在 40℃ 时气味最显著。具有明显气味的地下水不宜作生活饮用水。

3.1.6　比重

纯净的水温度在 4℃ 时比重为 1。地下水(淡水)在 4℃ 时亦可认为比重与纯水相同。当水中溶解的盐类成分的数量增多时,水的比重增大。水温升高,比重变小。地下水的比重有的可达 1.2～1.3 以上。

3.1.7 导电性

纯净的地下水是不导电的。地下水的导电性与所含盐总量及性质有关,盐类电离后产生各种离子,离子有电价,离子的存在使地下水具有导电性能。导电性能的大小决定于水中所含电解质(盐类)种类、浓度大小及地下水的温度高低。水温愈高,离子浓度愈大。离子电价愈高,地下水的导电性愈强。水的导电性一般用电导率表示,电导率为电阻率的倒数,单位为 S/cm,由于单位较大,一般用 μS/cm,电导率与水中盐分的多少成一定的关系,盐分越多,电导率越高。

地下水所显示的物理性质与人们的关系十分密切,不同用水目的,对地下水中某些物质含量多少有不同的要求。如饮用水要求地下水为无色、无味、透明、无异样气味,水温不能过高过低,任何一项超标往往都是不允许的;对养鱼而言,如果水有异样气味,温度过高过低(不超过适宜鱼类正常生长温度 3～5℃)、透明度差都是不利的;工业锅炉用水要求水越透明越好;防暑降温及工业冷却水,要求地下水温度越低越好,供热则要求地下水有较高的温度。

因此,研究地下水的物理性质,根据某些物理性质指标对地下水分类、评价,在生产、生活中都有重要的实际意义。

3.2 地下水的化学特征

地下水是一种复杂的溶液,而不是化学上纯的 H_2O。岩石中的地下水,与岩石发生化学反应,与大气圈、水圈和生物圈进行水量交换和化学成分交换。水是良好的溶剂,它溶解沿途的组分,搬运这些组分,并在某些情况下从水中析出。水是地球元素迁移、分散与富集的载体。许多地质过程都涉及地下水的化学作用。

地下水化学成分是地下水中各类化学物质之总称,包括离子、气体、有机物、微生物、胶体以及同位素成分等[2]。地下水化学成分是地下水与环境(自然环境、地质环境和人类活动)长期相互作用的产物,可用于追溯水文地质历史及阐明地下水的起源与形成。由于地下水中存在不同的离子、分子、化合物、气体成分等,使地下水具有各种化学性质。地下水中经常出现、分布最广、含量较多并能决定地下水化学基本类型和特点的元素称为常量元素(宏量元素);地下水中出现较少、分布局限、含量较低的化学元素称为微量元素,它们不决定地下水的化学类型,但却赋予地下水一些特殊性质和功能。

3.2.1　地下水中的气体成分

地下水中的气体成分主要有 O_2、N_2、CO_2、CH_4、H_2S、Rn 等[1,22]。通常情况下,地下水中所含气体的成分不高,每升水中只有几毫克到几十毫克,但地下水中的气体成分却可以说明地下水所处的地球化学环境,有些气体增加溶解盐类的能力,促进某些化学反应。

(1) 氧(O_2)、氮(N_2)

地下水中的氧气和氮气主要来源于大气。它们随同大气降水及地表水补给地下水,因此,以入渗补给为主。与大气圈关系密切的地下水中含 O_2 及 N_2 较多。

溶解氧含量愈多,说明地下水所处的地球化学环境愈有利于氧化作用进行。O_2 的化学性质较 N_2 为活泼,在封闭的环境中,O_2 将耗尽而只留下 N_2。因此,N_2 单独存在,通常可说明地下水起源于大气并处于还原环境。大气中的惰性气体(Ar、Kr、Xe)与 N_2 的比例恒定,即(Ar+Kr+Xe)/ N_2 =0.0118。比值等于此数,说明 N_2 是大气起源的;小于此数,则表明水中含有生物起源或变质起源的 N_2。

(2) 硫化氢(H_2S)、甲烷(CH_4)

地下水中出现 H_2S 与 CH_4,其意义恰好与出现 O_2 相反,说明处于还原的地球化学环境。这两种气体的生成,均在与大气隔绝的环境中,存在有机物,且与微生物参与的生物化学过程有关。其中,H_2S 是 SO_4^{2-} 的还原产物。

(3) 二氧化碳(CO_2)

作为地下水补给源的降水和地表水虽然也含有 CO_2,但是其含量通常较低。地下水中的 CO_2 主要来源于土壤。有机质残骸的发酵作用与植物的呼吸作用使土壤中源源不断地产生 CO_2 并溶入流经土壤的地下水中。

含碳酸盐类的岩石,在深部高温下,也可以变质生成 CO_2:

$$CaCO_3 \xrightarrow{400℃} CaO + CO_2$$

因此,在少数情况下,地下水中可能富含 CO_2,甚至高达 1 g/L 以上。

工业与生活中应用化石燃料(煤、石油、天然气),使大气中人为产生的 CO_2 明显增加。据统计,19 世纪中叶,大气中 CO_2 的质量分数为 $290×10^{-6}$,而到 1980 年,由于人为影响,CO_2 的质量分数上升至 $338×10^{-6}$。目前全世界每年排放的 CO_2 总量达 $53×10^8$ t 之多,由此引起了温室效应,使气温上升。

地下水中含 CO_2 愈多,其溶解碳酸岩、对结晶岩进行风化作用的能力便愈强。

3.2.2　地下水中的离子成分

1. 地下水中主要离子成分及其来源

地下水中常见的主要离子成分中,阴离子有 HCO_3^-、SO_4^{2-}、Cl^-、CO_3^{2-},阳离

子有 Ca^{2+}、Mg^{2+}、Na^+、K^+。

地下水中的离子成分一般来源于地壳中含量高、较易溶于水的元素,如 O_2、Ca、Mg、Na、K;也来自地壳中含量不大、极易溶于水的元素,如 S(以 SO_4^{2-} 的形式存在)、Cl;还来自地壳中含量很大、难溶于水的元素,如 Al、Si、Fe(表 3.5)。

表 3.5　地壳中主要元素的丰度

元素	O	Ca	Mg	Na	K	S	Cl
丰度/%	46.6	3.63	3.09	2.83	2.59	—	0.020

1) 钙(Ca)

钙广泛地分布于许多普通矿物中,是许多火成岩矿物,尤其是链状硅酸盐矿物(辉石、角闪石和长石)的基本部分。钙也广泛地分布于变质岩的矿物中。因此凡是与火成岩或变质岩接触的水中都含有 Ca^{2+},当然由于这些矿物溶解很缓慢,故其浓度一般均较低。在现代条件下,方解石的溶解也是天然水中 Ca^{2+} 的来源。

2) 镁(Mg)

在自然界中含镁的矿物种类较多,如火成岩中有橄榄石、辉石、角闪石、黑云母等暗色矿物;次生矿物有绿泥石、蒙脱石、蛇纹石等;沉积岩中有菱镁石($MgCO_3$)、水化菱镁石($MgCO_3 \cdot 3H_2O$,$MgCO_3 \cdot 5H_2O$)及羟基菱镁石[$Mg_4(CO_3)_3(OH)_2 \cdot 3H_2O$]、钙与镁的碳酸盐混合物 $CaMg(CO_3)_2$ 等。当这些矿物溶解时,镁进入水中,成为天然水的化学成分。

Mg^{2+} 存在于所有的天然水中,其含量仅次于 Na^+。但一般很少见到以 Mg^{2+} 为主要阳离子的天然水(淡水中阳离子通常以 Ca^{2+} 为主,咸水中阳离子以 Na^+ 为主)。在大多数水中,Mg^{2+} 的含量为 $1\sim40$ mg/L。

3) 钠(Na)

天然水中的钠(Na^+)来源于火成岩的风化产物和蒸发岩矿物,钠参与组成地壳中 25% 的矿物,钠以不同的数量存在于各种斜长石中,其中以在钠长石中的含量为最高。由于斜长石在风化过程中易于分解,释放出 Na^+,所以在与火成岩接触的河水中和地下水中普遍含有 Na^+。钠在一般碎屑沉积岩中含量不高,但在蒸发岩中含量很高。干旱区的岩盐是天然水中 Na^+ 的重要来源。

由于大部分钠盐的溶解度都很高,溶液中 Na^+ 很难被沉淀下来转为固相,通过阳离子交换反应被粘土矿物吸附的数量也有限。

4) 钾(K)

钾(K^+)和钠的克拉克值差别不大,两者的化学性质也近似。但在天然水中,K^+ 的含量一般为 Na^+ 的 4%~10%。在火成岩里钠的含量略多于钾,但在所有沉积岩中钾的含量均高于钠。含钠矿物由于易风化，Na^+ 倾向于转移至天然水中。而含钾矿物的抗风化能力大于含钠矿物，K^+ 不易从硅酸盐矿物中释放出来，即使释放出来，也倾向于迅速地结合于粘土矿物中，尤其是伊利石中。另外，K^+ 是植物的基本营养元素，在风化过程中释放出来的钾能被植物吸收与固定。大部分天然水中，K^+ 的含量远低于 Na^+。只有在极少数情况下，如在某些石英岩地区，天然水中 K^+ 的含量可以接近甚至超过 Na^+ 的含量，但两者含量均甚微，每升水中仅几毫克。

5）重碳酸根（HCO_3^-）与碳酸根（CO_3^{2-}）

HCO_3^- 是淡水中的主要成分。HCO_3^- 在水中出现主要是由于碳酸盐矿物的溶解，如：

$$CaCO_3 + CO_2 + H_2O = Ca^{2+} + 2HCO_3^-$$

$$CaMg(CO_3)_2 + 2CO_2 + 2H_2O = Ca^{2+} + Mg^{2+} + 4HCO_3^-$$

上述反应是可逆的，只有当水中溶有 CO_2 时，反应才向右进行。水中的 CO_2 与 HCO_3^- 存在着一定的数量关系，即 HCO_3^- 含量随 CO_2（水）的浓度（即 H_2CO_3 的浓度）而改变。

在一般河水与湖水中 HCO_3^- 含量不超过 250 mg/L，地下水中略高。较普遍的浓度是 50～400 mg/L，在少数情况下可达 800 mg/L。

6）氯（Cl）

地下水中氯离子的含量一般为每升水中几毫克到几十毫克，氯离子的特点是不为植物和细菌摄取；不被土壤颗粒表面吸附；溶解度大，在水中最为稳定；随矿化度增大，其含量增大。氯离子的主要来源有：

（1）沉积岩中盐岩、氯化物的溶解；

（2）岩浆岩含氯矿物氯磷灰石 $Ca_5(PO_4)_3Cl$、方钠石 $NaAlSiO_4 \cdot NaCl$ 的风化溶解；

（3）火山喷发物的溶滤；

（4）海水；

（5）人为污染，如工业、生活污水和粪便。

Cl^- 在天然水中分布广泛，几乎所有的水中都存在氯，但含量差别很大，某些河水中的氯含量每升水中仅几毫克，海水中为 19 g/L，而在某些卤水中含量达 190 g/L。

7）硫酸根（SO_4^{2-}）

SO_4^{2-} 是天然水中含量居中的阴离子。

硫以还原态金属硫化物的形式广泛地分布在火成岩中。当硫化物与含氧水接触时便被氧化，生成 SO_4^{2-} 离子。火山喷气中的 SO_2 及一些泉水中的 H_2S 也可被

氧化为 SO_4^{2-}；沉积岩中的石膏与无水石膏是天然水中 SO_4^{2-} 的重要来源；含硫的动植物残体分解也影响着天然水中 SO_4^{2-} 的含量；在还原条件下，SO_4^{2-} 是不稳定的，可被细菌还原为自然硫和 H_2S。

2. 地下水中主要离子成分与矿化度的关系

地下水的总矿化度，又称总溶解固体（总溶解固形物），是指地下水中各种离子、分子与化合物的总量，单位为 g/L。通常用 $105\sim110℃$ 时将水蒸发所得的干涸残余物总量表征，亦可用阴阳离子总和减去 HCO_3^- 含量的一半表征。

一般情况下，随着总矿化度（总溶解固体）的变化，地下水中主要的离子成分也随之发生变化。溶解度由大而小的顺序是 Cl^-、SO_4^{2-}、HCO_3^-。低矿化度水中常以 HCO_3^- 及 Ca^{2+}、Mg^{2+} 为主；高矿化度水（卤水）则以 Cl^- 及 Na^+ 为主；中等矿化度的地下水中，阴离子常以 SO_4^{2-} 为主，阳离子则可以是 Na^+，也可以是 Ca^{2+}。

总的来说，氯盐的溶解度最大，硫酸盐次之，碳酸盐较小。钙的硫酸盐，特别是钙、镁的碳酸盐，溶解度最小。随着矿化度增大，钙、镁的碳酸盐首先达到饱和并沉淀析出，继续增大时，钙的硫酸盐也饱和析出，因此，高矿化水中便以易溶的氯和钠占优势。但由于氯化钙的溶解度更大，因此在矿化度异常高的地下水中以氯和钙为主。

地下水按矿化度分类见表 3.6。

表 3.6   按矿化度对水的分类[20]

矿化度/(g/L)	<1.0	1～3	3～10	10～50	>50
水的分类	淡水	微咸水	咸水	盐水	卤水

3.2.3   地下水中的其他成分

除了以上主要离子成分外，地下水中还有一些次要离子，包括 H^+、Fe^{2+}、Fe^{3+}、Mn^{2+}、NH_4^+、OH^-、NO_2^-、NO^-、CO_3^{2-}、SiO_3^{2-}、PO_3^{3-} 等。地下水中 Fe^{2+}、Fe^{3+}、Mn^{2+} 含量超标多数是由于含水地层原生铁、锰含量较高所致。三氮（NH_4^+、NO_2^-、NO^-）含量增高多数是由于人类活动污染所致，特别是大量使用化肥所致。

地下水中的微量组分有 Br、I、F、B、Sr 等。

地下水中以未离解的化合物构成的胶体主要有 $Fe(OH)_3$、$Al(OH)_3$ 及 H_2SiO_3 等。

有机质也经常以胶体方式存在于地下水中。有机质的存在，常使地下水的酸度增加，有利于还原作用。

地下水中还存在各种微生物。例如,在氧化环境中存在硫细菌、铁细菌等;在还原环境中存在脱硫酸细菌等;此外,在污染水中,还有各种致病细菌。

3.3　地下水化学成分的形成作用

水文地球化学作用是在一定地球化学环境下,影响地下水化学成分形成、迁移和变化的作用[1,2,10,20,22]。

3.3.1　溶滤作用

溶滤作用是指地下水与岩土相互作用、岩土中一部分物质转入到地下水中的作用。地下水溶滤作用的结果是岩石中失去一部分可溶成分,地下水中则补充了新的组分。溶滤作用包括溶解作用和水解作用。

溶解作用是指岩石中矿物遇水后不同程度地溶解到水体中并成为水体中离子成分的过程。矿物盐类与水溶液接触,发生两种作用:一种是溶解作用,离子由结晶格架转入水中;另一种是结晶作用,离子由液体中固着于晶体格架中。当溶液达到饱和时,溶液中某种盐类的含量称为溶解度。温度上升时,溶解度增大。

水解作用是地下水与岩石相互作用下成岩矿物的晶格中发生阳离子被水中氢离子取代的过程。

溶滤作用的强度是岩土中的组分转入水中的速率。其大小取决于:

(1) 组成岩土的矿物盐类的溶解度。显然,含盐岩沉积物中的 $NaCl$ 易溶,而以 SiO_2 为主要成分的石英岩则很难溶解。

(2) 岩土的空隙特征。缺乏裂隙的致密基岩,水与矿物难以接触,较难溶滤。

(3) 水的溶解能力。水对某种盐类的溶解能力随该盐类浓度增加而减弱。某一盐类的浓度达到其溶解度时,水对此盐类便失去溶解能力。因此,低矿化水溶解能力较高矿化水强。

(4) 水中 CO_2、O_2 等气体成分的含量,决定着某些盐类的溶解能力。水中 CO_2 含量越高,溶解碳酸盐及硅酸盐的能力越强。O_2 的含量越高,水溶解硫化物的能力越强。

(5) 水的流动状况。地下水的径流与交替强度是决定溶滤作用强度的最活跃、最关键的因素。流动停滞的地下水,随着时间推移,水中溶解盐类增多,CO_2、O_2 等气体耗失,最终将失去溶解能力,溶滤作用停止。地下水流动迅速时,矿化度低且含有大量 CO_2、O_2 等气体的大气降水和地表水不断入渗更新含水层原有的溶解能力降低了的水,地下水便经常保持强的溶解能力。

3.3.2　蒸发浓缩作用

溶滤作用将岩土中的某些成分融入水中,地下水的流动又把这些溶解物质带到排泄区。在干旱和半干旱区平原与盆地的低洼处,地下水位埋藏不深,蒸发成为地下水的主要排泄去路。由于蒸发作用只能排走水分,盐分仍保留在余下的地下水中,随着时间延续,地下水溶液逐渐浓缩,矿化度不断增大。与此同时,随着地下水矿化度上升,溶解度较小的盐类在水中相继达到饱和而沉淀析出,易溶盐类(如NaCl)的离子逐渐成为主要成分。

设想未经蒸发浓缩前,地下水为低矿化水,阴离子以重碳酸为主,居第二位的是 SO_4^{2-},Cl^- 的含量很小,阳离子以 Ca^{2+} 及 Mg^{2+} 为主。随着蒸发浓缩,溶解度小的钙、镁的重碳酸盐部分析出,SO_4^{2-} 及 Na^+ 逐渐成为主要成分。继续浓缩,水中硫酸盐达到饱和并开始析出,便将形成以 Cl^-、Na^+ 为主的高矿化水。

产生浓缩作用必须同时具备下述条件:干旱或半干旱的气候,低平地势控制下较浅的地下水位埋深,有利于毛细作用的颗粒细小的松散岩土;另一个必备的条件是要有地下水流动系统的势汇——排泄处,因为只有水分源源不断地向某一范围供应,才能带来大量的盐分。在干旱气候下,蒸发浓缩作用的规模从根本上说取决于地下水流动系统的空间尺度及其持续的时间尺度。

上述条件都具备时,蒸发浓缩作用十分强烈,有的情况下可以形成矿化度大于 300 g/L 的地下咸水。

3.3.3　脱碳酸作用

脱碳酸作用是在温度升高、压力降低的情况下,CO_2 自水中逸出,而 HCO_3^- 含量则因形成碳酸盐沉淀而减少的过程。

$$Ca^{2+}/Mg^{2+} + 2HCO_3^- \longrightarrow CO_2\uparrow + H_2O + Ca/MgCO_3\downarrow$$

典型的例子是来自深部地下水的泉口的钙华(图 3.1 和图 3.2)。温度较高的深层地下水,由于脱碳酸作用使 Ca^{2+}、Mg^{2+} 从水中析出,阳离子通常以 Na^+ 为主。

图 3.1　钙华形成的黄龙五彩池　　　　图 3.2　土耳其的钙华梯池

3.3.4　脱硫酸作用和脱硝(氮)作用

脱硫酸作用是在封闭缺氧的还原环境中,在有机物和脱硫酸细菌作用下,硫酸盐被分解成 H_2S 和 HCO_3^- 的生物化学过程:

$$SO_4^{2-} + 2C + 2H_2O \longrightarrow H_2S + 2HCO_3^-$$

封闭的地质构造,如储油构造,成为产生脱硫酸作用的有利环境。因此,某些油田水中出现 H_2S,而 SO_4^{2-} 含量很低,可以作为寻找油田的辅助标志。

脱硝(氮)作用是水中氮氧化物在去氮菌作用下分解亚硝酸盐和硝酸盐,最后排出氮气的过程。该作用使水中富含 N_2 和 CO_2。

3.3.5　阳离子交替吸附作用

阳离子交替吸附作用是地下水与岩石相互作用,岩石颗粒表面吸附的阳离子被水中阳离子置换,并使水化学成分发生改变的过程。

不同的阳离子,其吸附于岩土表面的能力不同。按吸附能力,自大而小的顺序为

$$H^+ > Fe^{3+} > Al^{3+} > Ca^{2+} > Mg^{2+} > K^+ > Na^+$$

除 H^+ 外,离子价越高,离子半径越大,水化离子半径越小,则吸附能力越大。

当含 Ca^{2+} 为主的地下水进入主要吸附有 Na^+ 的岩土时,水中的 Ca^{2+} 便置换岩土所吸附的一部分 Na^+,使地下水中 Na^+ 增多而 Ca^{2+} 减小。

地下水中某种离子的相对浓度增大,则该种离子的交换吸附能力(置换岩土所吸附的离子的能力)也随之增大。例如,当地下水中以 Na^+ 为主,而岩土中原来吸附有较多的 Ca^{2+},那么,水中的 Na^+ 将反过来置换岩土吸附的部分 Ca^{2+}。海水浸入陆相沉淀物时,就是这种情况。

显然,阳离子交替吸附作用的规模取决于岩土的吸附能力,而后者决定于岩土的比表面积。颗粒愈细,比表面积愈大,交替吸附作用的规模也就愈大,因此,粘土及粘土岩类最容易发生交替吸附作用。

3.3.6　混合作用

成分不同的两种水汇合在一起,形成化学成分与原来两者都不相同的地下水,这便是混合作用。海滨、湖畔或河边,地表水往往混入地下水中;深层地下水补给浅部含水层时,则发生两种地下水的混合。

混合作用的结果是,可能发生化学反应而形成化学类型完全不同的地下水。例如,当以 SO_4^{2-}、Na^+ 为主的地下水与 HCO_3^-、Ca^{2+} 为主的水混合时,发生反应:

$$Ca(HCO_3)_2 + Na_2SO_4 \longrightarrow CaSO_4 \downarrow + 2NaHCO_3$$

石膏沉淀析出,便形成以 HCO_3^- 及 Na^+ 为主的地下水。

两种水的混合也可能不产生明显的化学反应。例如当高矿化的氯化钠型海水混入低矿化的重碳酸钙镁型地下水中,基本上不产生化学反应。这种情况下,混合水的矿化度与化学类型取决于参与混合的两种水的成分及其混合比例。

3.3.7　人类活动对地下水化学成分的影响

近年来,人类活动对地下水化学成分的影响越来越大,表现在生产生活中产生的废弃物污染地下水,人类活动改变了地下水形成条件,也改变了地下水的化学成分。

工业生产的废水、废气和废渣,以及农业上大量使用的化肥、农药,使地下水富集了原来含量很低的有害成分,如酚、氰、汞、砷、铬、亚硝酸等。

人类活动通过改变地下水形成条件而改变地下水的化学成分,如在滨海地区过量开采地下水引起海水入侵;不合理的打井取水使咸水运移;干旱和半干旱地区不合理地引入地表水灌溉,会使浅层地下水位上升,引起大面积次生盐渍化,并使浅层地下水变咸;原来分布有地下咸水的地区,通过挖渠打井,降低地下水位,减少蒸发量,可使地下水淡化;在地下咸水分布区,引来区外淡的地表水,合理补给地下水,也可使地下水变淡。

3.4　地下水化学成分的基本成因类型

地球上的水圈是原始地壳生成后,氢和氧随同其他易挥发组分从地球内部层圈逸出而形成的。地下水起源于深部层圈,其成因类型主要有 3 种:溶滤水、沉积水和内生水。

3.4.1　溶滤水

溶滤水是指由富含 CO_2 和 O_2 的水渗入补给并溶滤其所流经岩土而获得主要化学成分的地下水。其成分受岩性、气候、地貌等因素的影响。在大范围内,受气候控制而有分带性。

岩性对溶滤水的影响是显而易见的。石灰岩、白云岩分布区的地下水,HCO_3^-、Ca^{2+}、Mg^{2+} 为其主要成分。含石膏的沉积岩区,水中 SO_4^{2-} 与 Ca^{2+} 均较多。酸性岩浆岩地区的地下水,大都为 HCO_3-Na 型水。基性岩浆地区,地下水中常富含 Mg^{2+}。煤系地层分布区与金属矿床分布区多形成硫酸盐水。

但是,如果认为地下水流经什么岩土,必定具有何种化学成分,那就把问题过于简单化了。岩土的各部分组分,其迁移能力各不相同。在潮湿气候下,原来含有大量易溶盐类（如 $NaCl$、$CaSO_4$）的沉积物，经过长时期充分溶滤，易迁移的离子淋洗比较充分，到后来地下水所能溶滤的主要是难以迁移的组分（如 $CaCO_3$、$MgCO_3$、SiO_2 等）。因此，在潮湿气候区，尽管原来地层中所含的组分很不相同，有易溶的与难溶的，但其浅表部在丰沛降水的充分淋滤下，最终浅层地下水很可能都是低矿化度重碳酸水，难溶的 SiO_2 在水中占到相当比重。另一方面，干旱气候下平原盆地的排泄区，由于地下水将盐类不断携来，水分不断蒸发，浅部地下水盐分不断积累，不论其岩性有何差异，最终都将形成高矿化的氯化水。从大范围来说，溶滤作用主要受控于气候，显示受气候控制的分带性。

地形因素往往会干扰气候控制的分带性，这是因为在切割强烈的山区，流动迅速、流程短的局部地下水系统发育。地下水径流条件好，水交替迅速，即使在干旱地区也不会发生浓缩作用，因此常形成以低矿化的、难溶的离子为主的地下水。地势低平的平原与盆地，地下水径流微弱，水交替缓慢，地下水的矿化度与易溶离子均较高。

干旱地区的山间堆积盆地，气候、岩性、地形表现为统一的分带性，地下水化学分带也最为典型。山前地区气候相对湿润，颗粒比较粗大，地形坡度也大；向盆地中心，气候转为十分干旱，颗粒细小，地势低平。因此，地下水化学分带的特点为，盆地边缘洪积扇顶部为低矿化度重碳酸盐水，过渡地带为中等矿化硫酸盐水，盆地中心则是高矿化的氯化物水。

绝大部分地下水属于溶滤水。这不仅包括潜水，也包括大部分承压水。位置较浅或构造开启性好的含水系统由于其径流途径短，流动相对较快，溶滤作用发育，多形成低矿度的重碳酸盐水。构造较为封闭、位置较深的含水系统，则形成矿化度较高，易溶离子为主的地下水。同一含水系统的不同部位，由于经历条件与流程长短不同，水交替程度不同，从而出现水平的或垂直的水化学分带。

3.4.2　沉积水

沉积水（埋藏水）是在沉积过程中保存在成岩沉积物空隙中的水，即与沉积物大体同时形成的古地下水。

如海相淤泥中通常含有大量有机质和各种微生物，处于缺氧环境，有利于生物化学作用。淤泥中水的化学特征是：矿化度很高，可达 $300\ g/L$；SO_4^{2-} 减少或消失；Ca^{2+} 含量相对增加，Na^+ 减少，$r_{Na}/r_{Cl} < 0.85$；富集 Br、I，Cl/Br[①] 变小；出现 H_2S、CH_4、铵、N_2；pH 值增高。显示出沉积初期与河、湖相具有不同的原始成分，在漫长的地质年代中水质又经历了一系列复杂的变化，如蒸发浓缩作用、脱硫酸作用、

———————

① r_{Na}/r_{Cl} 为 Na、Cl 含量（$mmol/L$）的比值，Cl/Br 为 Cl、Br 含量（mg/L）的比值。

阳离子吸附交替作用等。海相淤泥在成岩过程中受到上覆地层的压力而密实时,其中所含的水一部分被挤压进入颗粒较粗且不易压密的相邻岩层,构成后沉积水,另一部分保留于淤泥中,这便是同生沉积水。

埋藏在地层中的沉积水,如果由于地壳的运动而出露于地表,或者由于开启性构造断裂使其与外界连通,经过长期入渗淋滤,沉积水可能完全被排走,为溶滤水所替换。在构造开启性不十分好时,补给区则分布低矿化的以难溶离子为主的溶滤水,较深处则出现溶滤水与沉积水的混合,深部仍为沉积水。

3.4.3　内生水

内生水又称原生水(初生水),是源自地球深部层圈的地下水,亦即来自地球内部在岩浆冷却等地质作用下形成的地下水。

内生水的研究迄今还不太成熟,但由于它涉及水文地质学乃至地质学的一系列重大理论问题,因此,今后水文地质学的研究领域将向地球深部层圈扩展,更加重视内生水的研究。

3.5　地下水化学成分分析

3.5.1　地下水化学成分的分析内容

地下水化学成分的分析项目,一般可包括:物理性质(温度、颜色、透明度、臭、味等)、HCO_3^-、SO_4^{2-}、Cl^-、CO_3^{2-}、NO_3^-、NO_2^-、Ca^{2+}、Mg^{2+}、Na^+、K^+、NH_4^+、Fe^{2+}、Fe^{3+}、Mn^{2+},H_2S、CO_2、COD、BOD_5、总硬度、pH 值、干涸残余物、电导率、氧化还原电位等。除 pH 值、电导率($\mu S/cm$)、氧化还原电位(mV)外,其余单位为mg/L 或 mmol/L。

地下水专项分析项目应根据研究目的、水的用途及水质要求确定,例如矿泉分析、饮用水分析等应按照国家现行标准进行。

3.5.2　地下水化学成分表达式

可采用库尔洛夫式简明表示水的化学特点。库尔洛夫式是表示单个水样化学成分的含量和组成的类似数学分式的方式[1,2],表示式为

$$微量元素(g/L)\ 气体成分(g/L)\ 矿化度(g/L)\ \frac{阴离子(毫摩尔百分数 > 10\% 者由大到小列入)}{阳离子(毫摩尔百分数 > 10\% 者由大到小列入)}$$

必要时分式中可将毫摩尔百分数<10%者列入用。表达式分式后端也可列出水温 T(℃) 和涌水量(L/s)。

3.5.3　地下水化学分类与图示方法

地下水化学类型通常采用舒卡列夫分类,该分类方法是根据地下水中 6 种主要离子(Na^+、Ca^{2+}、Mg^{2+}、HCO_3^-、SO_4^{2-}、Cl^-,K^+ 合并于 Na^+)及矿化度划分的。具体步骤如下:

(1) 根据水质分析结果,将 6 种主要离子中含量(mmol/L)大于 25% 的阴离子和阳离子进行组合,可组合出 49 型水,并将每型用一个阿拉伯数字作为代号。

(2) 按矿化度(M)的大小划分为 4 组:A 组,$M \leqslant 1.5$ g/L;B 组,1.5 g/L $<$ $M \leqslant 10$ g/L;C 组,10 g/L $< M \leqslant 40$ g/L;D 组,$M > 40$ g/L。

(3) 将地下水化学类型用阿拉伯数字(1~49)与字母(A、B、C 或 D)组合在一起的表达式表示。例如,1-A 型,表示矿化度(M)不大于 1.5 g/L 的 HCO_3-Ca 型水,沉积岩地区典型的溶滤水;49-D 型,表示矿化度大于 40 g/L 的 Cl-Na 型水,该型水可能是与海水及海相沉积有关的地下水或是大陆盐化潜水(表 3.7)。

表 3.7　舒卡列夫分类一览表[1]

阳离子 \ 阴离子	HCO_3	$HCO_3 + SO_4$	$HCO_3 + SO_4 + Cl$	$HCO_3 + Cl$	SO_4	$SO_4 + Cl$	Cl
Ca	1	8	15	22	29	36	43▲
Ca+Mg	2	9	16	23	30	37	44
Mg	3	10	17▲	24▲	31	38▲	45
Ca+Na	4	11	18	25	32	39	46
Na+Ca+Mg	5	12	19	26	33	40	47
Na+Mg	6	13	20▲	27	34	41	48
Na	7	14	21	28	35	42	49

注:▲表示未发现。

思　考　题

1. 简述地下水的主要物理性质。

2. 地下水的温度与循环深度有何关系?

3. 如何表示地下水的导电性?

4. 简述水化学、水文地球化学、地下水水质、水文地球化学环境、地下水化学成分、常量元素(宏量元素)、微量元素、地下水矿化度的概念。

5. 简述地下水化学成分的研究意义。

6. 地下水中主要气体成分有哪些？它们在地下水中存在说明了什么样的水文地质环境？

7. 地下水中有哪些主要离子成分？简述其来源。

8. 简述地下水中离子成分的富集原因。

9. 地下水中主要离子成分与矿化度有何关系？

10. 如何用库尔洛夫式表示地下水的化学成分？

11. 简述溶滤作用、蒸发浓缩作用、脱碳酸作用、脱硫酸作用、脱硝酸作用、阳离子交替吸附作用、混合作用的概念。

12. 从补给区到排泄区，可能发生哪些地下水化学成分的形成作用？

13. 地下水溶滤作用的主要影响因素有哪些？

14. 地下水蒸发浓缩作用的主要影响因素有哪些？

15. 人类活动对地下水化学成分有哪些影响？

16. 地下水化学成分的基本成因类型有哪些？

17. 地下水化学成分分析主要包括哪些主要内容？

18. 常用的地下水化学成分的分类方法有哪些？

第 4 章 地下水系统及其循环特征

　　地下水系统是由含水系统和流动系统构成的统一体。本章依据系统理论,阐述了地下水系统的概念、地下水含水系统和流动系统的特征、地下水系统的输入(地下水的补给)和输出(地下水的排泄)、各循环要素的影响因素等,是地下水资源评价的基础理论。

　　地下水积极参与水循环,与外界交换水量、能量、热量和盐量。补给、排泄与径流决定着地下水水量和水质的时空分布。

　　根据地下水循环位置,可分为补给区、径流区、排泄区。径流区是含水层中的地下水从补给区至排泄区的流经范围。

　　水文地质条件是地下水埋藏、分布、补给、径流和排泄条件、水质和水量及其形成地质条件等的总称。

4.1　地下水系统

4.1.1　地下水系统的概念

　　系统是由相互作用和相互依赖的若干个组成部分按一定规则结合而成的具有特定功能的整体,可以认为是诸要素以一定的规则组织起来并共同行动的整体。要素是构成系统的基本单元,是构成系统的物质实体。系统存在物质、能量、信息的输入,经过系统的变换,向环境产生物质、能量和信息的输出。环境对系统的作用称为激励,系统在接受激励后对环境的反作用称为响应。环境的输入经过系统变换而产生对环境的输出,取决于系统的结构。结构是物质系统内部各组成要素之间的相互联系和相互作用的方式,表现为各要素在时间上的先后顺序和在空间上一定排列组合的次序。结构决定功能,为基础;功能对结构具有反作用。

　　地下水系统是地下水含水系统和地下水流动系统的统一,是地下水介质场、流场、水化学场和温度场的空间统一体[1]。地下水含水系统是指由隔水层或相对隔水层圈闭的、具有统一水力联系的含水岩系,亦即地下水赋存的介质场。地下水流动系统是指由源到汇的流面群构成的、具有统一时空演变过程的地下水体(图 4.1),是地下水的流场、水化学场、温度场的统一体。

　　地下水系统是由若干个具有统一独立性而又互有联系、互相影响的不同级次的亚系统或子系统组成的,是水文系统的一个组成部分,与降水、地表水系统存在密切联系,互相转化,具有各自的特征与演变规律。地下水系统包括水动力系统和水化学系统等。

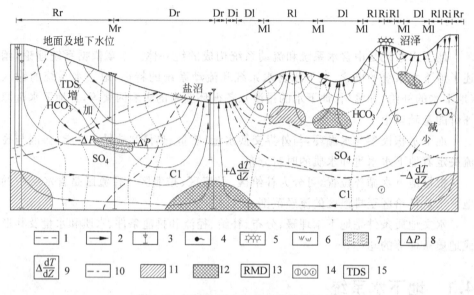

图 4.1　区域地下水系统及其伴生标志

(引自王大纯,张人权等. 水文地质学基础[M]. 北京:地质出版社,2002. 该书转引自 Tóth J. Cross-formational gravity-flow of groundwater: A mechanism of the transport and accumulation of petroleum[C]// Problems of petroleum migration. Tulsa: American Association of Petroleum Geologists,1980: 121-167.)

　　1—等水位线;2—流线;3—底部进水的井及其终孔水位;4—泉;5—耐旱植物;6—喜水植物;

　　7—渗透性良好的部位;8—负值为动水压力小于静水压力,正值为动水压力大于静水压力;

　　9—负值为地温梯度偏低,正值为偏高;10—水化学相界线;11—准滞流带;12—水力捕集;

　　13—补给区、中间区及排泄区;14—局部的、中间的及区域的地下水系统;15—总溶解性固体

4.1.2　地下水含水系统与流动系统的比较

　　含水系统与流动系统是内涵不同的两类系统,但也有共同点,两者从不同角度揭示了地下水赋存与运动的系统性(整体性)。含水系统的整体性体现于它具有统一的水力联系,存在于同一含水系统中的水是个统一的整体,在含水系统中的任何一部分加入(补给)或排出(排泄)水量,其影响均将波及整个含水系统。含水系统是一个独立而统一的水均衡单元,是一个三维系统;可用于研究水量乃至盐量和热量的均衡。边界属于地质零通量边界,为隔水边界,是不变的。

　　地下水流动系统的整体性体现于它具有统一的水流。沿着水流方向,盐量、热量和水量发生有规律的演变,呈现统一的时空有序结构;它以流面为边界,边界属于水力零通量边界,是可变的,因此流动系统是时空四维系统。

含水系统与流动系统都具有级次性,任意含水系统或流动系统都可能包含不同级次的子系统,图 4.2 是由隔水基底所限制的沉积盆地构成的一个含水系统,由于存在一个比较连续的相对隔水层,因此含水系统可划分为两个子含水系统。此沉积盆地中发育了两个流动系统,其中一个为简单流动系统,另一个为复杂流动系统,后者可分为区域、中间和局部的流动系统。

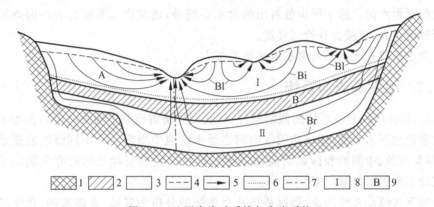

图 4.2　地下水流动系统与含水系统

1—隔水基底;2—相对隔水层(弱透水层);3—透水层;4—地下水位;5—流线;
6—子含水系统边界;7—流动系统边界;8—子含水系统代号;9—子流动系统代号;
Br、Bi、Bl 分别为流动系统 B 的区域的、中间的和局部的子流动系统

同一空间中含水系统和流动系统的边界是相互交叠的。流动系统可以穿越子含水系统,子含水系统的边界也可以限制流动系统的穿越。

控制含水系统发育的因素主要是地质结构。控制地下水流动系统发育的因素主要是水势场,由自然地理因素控制,在人为影响下会发生很大变化。强烈的人工开采会形成一个新的流线指向开采中心的辐辏式地下水流动系统。由于强烈的势场变化,流线普遍穿越相对隔水层。不过,无论人为影响加强到什么程度,新的地下水流动系统发育的范围不会超过大的含水系统的边界。

4.2　地下水含水系统与流动系统

4.2.1　地下水含水系统

地下水含水系统主要受地质结构的控制。在松散沉积物与坚硬基岩中的含水系统有一系列不同的特征[1]。

松散沉积物构成的含水系统发育于近代构造沉降堆积盆地中,其边界通常为不透水的坚硬岩石,含水系统内部一般不存在完全隔水岩层,含水层之间既可以通过"天窗"也可以通过相对隔水层越流产生广泛的水力联系。

基岩构成的含水系统总是发育于一定的构造之中,固结良好的泥质岩石构成良好的隔水层,岩相的变化导致隔水层尖灭,或者导水断层使若干个含水层发生联系,则数个含水层构成一个含水系统,显然,这种情况下,含水系统各部分的水力联系是不同的。另外,同一个含水层也可以由于构造的原因形成一个以上的含水系统。

含水系统是由隔水或相对隔水岩层圈闭的,并不是说它的全部边界都是隔水的或相对隔水的。除了极少数封闭的含水系统外,通常含水系统总有些向外界环境开放的边界,以接受补给与排泄。

含水系统在概念上是含水层系统的扩大。

4.2.2　地下水流动系统

J. Tóth(1963)在严格的假定条件下,利用解析解绘制了均质各向同性潜水盆地中理论地下水系统,得出均质各向同性潜水盆地中出现 3 个不同级次的流动系统,即局部的、中间的和区域的流动系统[1,6,16,18]。此后层状非均质介质场的地下水流动系统也被绘制出来。

地下水流动系统理论,是以势场及介质场的分析为基础,将渗流场、化学场和温度场统一于新的地下水流动系统概念框架之中。

1. 水动力特征

地下水在流动中必须消耗机械能以克服粘滞性摩擦,主要驱动力是重力势能,源于地下水的补给。大气降水或地表水转化为地下水时,便将相应的重力势能加之于地下水。不同部位重力势能的积累有所不同。地形低洼处通常为低势区——势汇,地势高处为势源,由地形控制的势能叫地形势。

静止水体中各处的水头相等,而在流动的水体中则不然,势源处流线下降,在垂直断面上自上而下,水头越来越低,任意点的水头均小于静水压力;反之,势汇处流线上升,垂向上由下而上,水头由高而低,任意点的水头均大于静水压力;中间地带流线成水平延伸,垂直断面各点水头均相等,并等于静水压力。

介质场中地下水流动系统发育规律表现为,同一介质场中存在两种或更多的地下水流动系统时,它们所占据的空间大小取决于两个因素:①势能梯度(I),等于源、汇的势差除以源、汇的水平距离,I 越大,其地下水所占据的空间亦大;②介质渗透系数(K),渗透性好,发育于其中的流动系统所占据的空间就大。

在各级流动系统中,补给区的水量通过中间区输向排泄区。与中间区相比,补给区水分不足,排泄区水分过剩。

2. 水化学特征

在地下水流动系统中任意一点的水质取决于：输入水质、流程、流速、流程上遇到的物质及其可迁移性、流程上经受的各种水化学作用。

地下水流动系统中,水化学存在垂直分带和水平分带。不同部位发生的主要化学作用不同,溶滤作用存在于整个流程,局部系统、中间及区域系统的浅部属于氧化环境,深部属于还原环境,上升水流处因减压将产生脱碳酸作用。粘性土易发生阳离子交替吸附作用。不同系统的汇合处,发生混合作用。干旱和半干旱地区的排泄区,发生蒸发浓缩作用。系统的排泄区是地下水水质复杂变化的地段。

3. 水温度特征

垂向上,年常温带以下地温的等值线通常是上低下高。地下水流动系统中,补给区因入渗影响而水温偏低,排泄区因上升水流带来深部地热而水温偏高,地温梯度变大。对无地势异常区,可根据地下水温度的分布,判定地下水流动系统。

可利用介质场(取决于地层、构造、第四纪地质等因素)、势场(取决于地形、水文、气候等因素)、渗流场(地下水流动系统)、水化学场与水温度场的综合信息进行水文地质条件和地下水系统的研究。

4.3　地下水补给

自然界中的地下水通过补给、径流和排泄等途径处于不断的运动之中,从而改变地下水的水量、盐量、能量和热量,这一过程通常称为地下水循环。地下水循环条件包括地下水的补给、径流和排泄条件。

地下水补给是指含水层或含水系统从外界获得水量的过程[1,2,20,23]。地下水补给来源主要有大气降水、地表水、凝结水、相邻含水层之间的补给以及与人类活动有关的地下水补给等。地下水补给区是含水层出露或接近地表接受大气降水和地表水等入渗补给的地区。

4.3.1　大气降水对地下水的补给

1. 降水入渗补给量

降水落到地面,一部分蒸发返回大气层,一部分形成地表径流,另一部分渗入地下。后者中相当一部分滞留于包气带中,构成土壤水;补足包气带水分亏损后其余部分的水才能下渗补给含水层,成为补给地下水的入渗补给量(Q_{pr})。

　　大气降水入渗补给的方式有两种。一种是活塞式下渗,指入渗水的湿润锋面整体向下推进,犹如活塞式的运移,其特点是降水入渗全部补充包气带水分亏缺后,其余的入渗水才能补给含水层,入渗补给过程中新水推动老水,老水先到达潜水面。另一种是捷径式入渗,指降水强度较大时,由于岩土质多为非均质,粒间孔隙、集合体间孔隙、根孔、虫孔、裂隙中的细小孔隙来不及吸收全部水分时,一部分入渗的雨水就沿着渗透性良好的大孔道优先快速下渗,并且水分沿下渗通道向周围的细小孔隙扩散。其特点是新水可超越老水向下运动,不必全部补充包气带水分亏缺。砂砾质土以活塞式下渗为主,粘性土中两者同时发生。

　　2. 影响大气降水补给地下水的因素

　　影响大气降水补给地下水的因素比较复杂,其中主要有年降水总量,降水特征,包气带的岩性、厚度和含水量,地形,植被等[1,20,23]。

　　(1) 年降水总量。降水首先需要补足包气带的水分亏损,因此降水量小时补给地下水的有效降水量就小。年降水总量大,则有利于补给地下水。

　　(2) 降水特征也影响降水入渗量的大小。降水特征主要指降水强度、延续时间。降水强度大、降水时间短,则地表径流多,补给地下水少;降水强度小、降水时间短,则仅够补给包气带的水分亏缺;降水强度合适、降水时间长,则有利于补给地下水。

　　(3) 包气带渗透性较强,有利于地下水的补给。包气带厚度过大,包气带中滞留水分也较多,则不利于地下水的补给;但如果包气带厚度较小,毛细饱和带到达地面也不利于降水入渗补给。如果包气带的含水量大,则无需补给水分亏缺,地下水得到补给量可能会略大。

　　(4) 地形坡度大,会使降水强度超过地面入渗速率,形成地表径流迅速流走,不利于补给地下水;地形平缓,甚至局部低洼,有利于滞积地表径流,增加地下水入渗补给的份额。

　　(5) 森林、植被发育可滞留地表坡面流,保护土壤结构,有利于降水入渗补给地下水。

　　影响降水入渗补给地下水的因素也是相互制约的,互为条件的。如强岩溶化地区,即使地形陡峻,地下水位埋深达数百米,由于包气带渗透性强,连续集中的暴雨也可以全部被吸收。又如地下水埋深较大的平原,经长期干旱后,一般强度的降水不足以补足水分亏缺,集中的暴雨反而可成为地下水的有效补给来源。

　　3. 大气降水入渗补给量的确定

　　(1) 平原区大气降水入渗补给量

$$Q_{pr} = \alpha P_r F \times 10^3 \qquad\qquad (4.1)$$

式中,Q_{pr}——降水入渗补给地下水量,m^3/a;

　　P_r—— 年降水量,mm/a;

　　α——降水入渗系数,可采用地中渗透仪测定法和地下水动态资料推求法确定;

　　F——补给区面积,km^2。

（2）山区降水入渗补给量的确定

可通过测定地下水的排泄量反求其补给量,地下水排泄量包括河川基流量(泉流量)、潜流量、开采量、蒸发量等,其中河川基流量可以通过基流切割法确定。

4.3.2　地表水对地下水的补给

地下水与地表水之间有着密切的水力联系,通常在山区地下水主要补给地表水,进入平原区后地表水补给地下水。有时江河的一侧接受地下水补给,而另一侧会补给地下水(图4.3)。

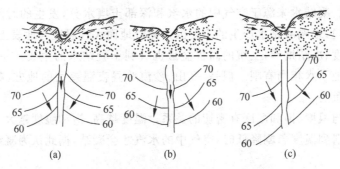

图 4.3　河水与地下水的补排关系(单位:m)

(a) 地下水补给河水;(b) 河水补给地下水;(c) 左侧地下水补给河水,右侧河水补给地下水

地表水补给地下水时,补给量的大小取决于以下因素:透水河床的长度和浸水周界的乘积(相当于过水断面)、过水断面大小、河床的透水性、河水位与地下水的高差、河水过水时间等因素。过水断面大、河床的透水性好、河水位与地下水的高差大、河水过水时间长,则地下水获得的补给量就大。

地表水补给地下水的数量可采用下式计算:

$$Q_{sr} = KIAt\sin\theta \tag{4.2}$$

式中,Q_{sr}——河水渗漏补给地下水的量,m^3/a;

　　K——渗透系数,m/d;

　　I——水力梯度;

　　A——过水断面面积,m^2;

　　t——补给时间,d/a;

　　θ——河水流向与地下水流向之间的夹角,$(°)$。

为确定河水补给地下水的量,可在渗漏河段上、下游分别测定河水流量,则河水渗漏补给地下水量也可采用下式计算:

$$Q_{sr} = (q_u - q_d)t \qquad (4.3)$$

式中,q_u、q_d——河流上、下游测量断面处的流量,m³/d;

　　t——河水补给地下水的时间,d/a。

4.3.3　凝结水的补给

　　凝结作用指气温下降到一定程度由气态水转化为液态水的过程。凝结水是一种特殊的降水,是水分总收入的一部分,在水分平衡中起着一定的补充作用。

　　凝结水的分布受自然地带的影响,产生凝结水的多少随天气状况而不同,晴天比阴天多,它与风速、气温、地温成反比,与降水、相对湿度成正比。对植物的生长起着重要的作用,它可减弱植物叶面的蒸腾和夜间的呼吸作用,因而减少植物体内的水分消耗。凝结水来源于空气中的水汽和深部土壤水分,发生的时间基本在晚上至次日凌晨;影响凝结水产生的主要因素为近地面大气温度与地表土壤温度差、空气相对湿度、冻结期等,土壤的高含盐量也有利于凝结水的生成。一般情况下,凝结形成的地下水相当有限。但是,高山、沙漠等昼夜温差大的地方,凝结水对地下水补给很重要。

　　凝结水与温度、饱和湿度有密切的关系。温度越高,饱和湿度越大。当空气和土壤中水汽遇到温度急剧降低时,空气中的水汽才会凝结,据此认为凝结水补给的计算公式为

$$W = W_1 + W_2 \qquad (4.4)$$

$$W_1 = nH(S_0 - S_{l0}) \qquad (4.5)$$

$$W_2 = \int_{t_1}^{t_2} \left(-D \frac{\partial \rho}{\partial t} \right) dt \qquad (4.6)$$

式中,W_1——土壤孔隙中水汽凝结量,t/(d·m²);

　　W_2——空气向土壤扩散的水蒸气量,t/(d·m²);

　　S_{l0}——土壤孔隙最低温度时的饱和湿度,t/m²;

　　S_0——土壤孔隙中最大绝对湿度,t/m²;

　　H——非饱和带厚度,m;

　　n——土壤的空隙率;

　　D——扩散系数,m²/d;

　　$\frac{\partial \rho}{\partial t}$——水蒸气密度梯度,t/(d·m³);

　　t——时间,d。

4.3.4　含水层之间的补给

在水平方向上,相邻含水层之间可通过地下径流发生水量交换,侧向径流补给量(对于上游含水层而言为侧向径流排泄量)可采用达西定律计算:

$$Q_{lr} = KIBMt \tag{4.7}$$

式中,Q_{lr}——地下水径流流入量,m³/a;

K——含水层平均渗透系数,m/d;

I——地下水水力坡度;

B——垂直地下水流向的计算断面宽度,m;

M——天然情况下,潜水或承压水含水层厚度,m;

t——地下水径流补给时间,d/a。

在垂直方向上,潜水可以补给承压水,承压水也可以补给潜水。断层、钻孔都有利于补给。多层松散层中含水层通过天窗及越流发生补给(图4.4)。能否发生越流的主要影响因素有上、下含水层之间的水头差、中间隔水层的渗透性及厚度、越流时间等。

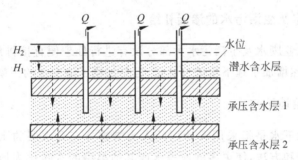

图 4.4　承压含水层的越流补给

越流量计算公式为

$$Q_l = FKIt = FK\frac{H_A - H_B}{M}t \tag{4.8}$$

式中,Q_l——越流补给量,m³/a;

K——弱透水层的渗透系数,m/d;

M——弱透水层的厚度,m;

H_A、H_B——含水层 A、B 的水头,m;

I——水力梯度;

F——越流面积,m²;

t——越流时间,d/a。

4.3.5　地下水的其他补给来源

1. 水库渗漏

库水沿透水岩土带向库外低地渗水的现象称为水库渗漏。水库蓄水后,水位升高,回水面积增大,库水充满库底和库边岩土体的空隙,库周地下水位随之壅高。库水往往将通过松散岩土层的孔隙和坚硬岩层的层面、断层、节理裂隙、不整合面、溶隙溶洞、风化壳等渗流通道,产生坝基及绕坝渗漏,向邻谷洼地或坝下游等低地排泄,使库水成为地下水的补给来源。通常会出现与库水位涨落密切相关的新泉,原有泉、井、暗河出口的流量、承压水头增大等现象。

2. 灌溉渗漏

包括灌溉渠系、灌溉田间渗漏补给地下水。灌溉用水目前仍是用水大户,灌溉水一部分蒸发消耗,一部分作为弃水排走,另一部分则通过渗漏补给地下水,成为灌区地下水的重要补给来源。

3. 工业废水及生活污水的渗漏补给

由于目前工业废水及生活污水大部分没有进行处理便直接排放,产生渗漏并补给地下水,虽然增加了地下水的补给量,但是加剧了地下水的污染。

4. 人工补给地下水

人工补给地下水是指采用有计划的人为措施补充含水层的水量[1, 25]。人类利用不同的工程和方法,使更多的地表水或其他类型的水转化为地下水。人工补给地下水的主要目的是:补充与储存地下水资源,抬升地下水位,增加可利用地下水资源;利用含水层多年调节功能调蓄地表水或雨洪水,实现雨洪水资源化;利用地层的自净能力改善供水水质;储存热源、冷源,在地热异常区或干热地层中通过人工注入冷水,经地下循环,加热成热水后再取出使用,或利用含水层年内温度变化小的特性,通过冬灌夏用或夏灌冬用,从而做到地下储冷或储热;通过人工回灌控制地下水水头,进而控制地面沉降;防止海水倒灌、咸水入侵,通过注水回灌,形成高于附近海水或高矿化地下水位的地下淡水帷幕,从而阻止海水或高矿化水对地下淡水的入侵等。

人工补给地下水的方式主要有:

（1）地面渗水法,即人为地引补给水至入渗池等地面工程,使之渗入地下,补给地下水;

（2）井回灌法，即通过各种井使补给水进入地下，补给地下水；

（3）坑池蓄水法，即利用各种类型的坑池进行蓄水，产生渗漏并补给地下水。

4.4　地下水排泄

地下水的排泄是指含水层或含水层系统失去水量的过程。排泄方式有点状、线状和面状，包括泉向江河泄流、蒸发、蒸腾、径流及人工开采（井、渠、坑等）。含水层中的地下水向外部排泄的范围称为排泄区[1,2,10]。

4.4.1　泉

泉是地下水的天然露头，是地下含水层或含水通道呈点状出露地表的地下水涌出现象，为地下水集中排泄形式[1,2]。它是在一定的地形、地质和水文地质条件的结合下产生的。适宜的地形、地质条件下，潜水和承压水集中排出地面成泉。

泉往往是以一个点状泉口出现，有时是一条线或是一个小范围。泉水多出露在山区与丘陵的沟谷和坡角、山前地带、河流两岸、洪积扇的边缘和断层带附近，而在平原区很少见。泉水常常是河流的水源。在山区，如沟谷深切排泄地下水，会使许多清泉汇合成为溪流。在石灰岩地区，许多岩溶大泉本身就是河流的源头。

泉水流量主要与泉水补给区的面积和降水量的大小有关。补给区越大，降水越多，则泉水流量越大。泉水的流量随时间而变，一般在一年内某一时刻达到最大值，以后流量逐渐减小。泉可以单个出现，也可以成群出现，泉水的流量相差很大。

根据含水层性质可分为上升泉和下降泉，上升泉由承压含水层补给，下降泉由潜水含水层补给。根据出露原因，下降泉包括侵蚀下降泉（图 4.5(a)、(b)）、接触下降泉（图 4.5(c)）、溢流泉（图 4.5(d)、(e)、(f)、(g)），上升泉包括侵蚀上升泉（图 4.5(h)）、断层泉（图 4.5(i)）、接触带泉（图 4.5(j)）。

下降泉是地下水受重力作用自由流出地表的泉；侵蚀泉是沟谷等侵蚀作用切割含水层而形成的泉；接触泉是由于地形切割沿含水层和隔水层接触处出露的泉；溢流泉是当潜水流前方透水性急剧变弱或由于隔水底板隆起使潜水流动受阻而溢出地表的泉；此外还有悬挂泉（属于季节泉），是由上层滞水补给在当地侵蚀基准面以上出露的泉。

上升泉是承压水的天然露头，是地下水在静水压力作用下上升并溢出地表的泉。上升泉按其出露原因，可分为侵蚀（上升）泉、断层泉及接触带泉。当河流、冲沟切穿承压含水层上部的隔水顶板时形成侵蚀（上升）泉；地下水沿断层带出露地表所形成的泉称为断层泉；地下水沿接触带冷凝收缩的裂隙上升成泉，则称为接触带泉。

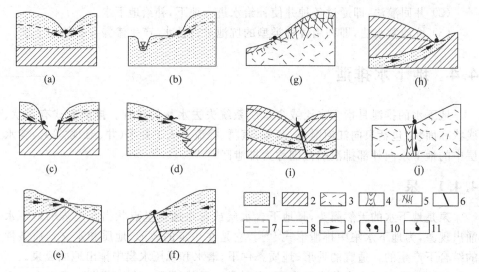

图 4.5 泉的类型[1]

1—透水层；2—隔水层；3—坚硬基岩；4—岩脉；5—风化裂隙；6—断层；7—潜水位；
8—测压水位；9—地下水位；10—下降泉；11—上升泉

此外，泉还有其他特殊的类型，例如，间歇泉是周期性间断地喷发热水和蒸汽的泉；多潮泉是在岩溶地区的岩溶通道中由于虹吸作用具有一定规律的周期性流出的泉；水下泉是地表水体以下岩石中流出的泉；矿泉是矿水的天然露头；冷泉是水温低于年平均气温的泉；温泉是水温超过当地年平均气温而低于沸点的泉；沸泉是温度约等于当地沸点的地热流体露头；全排泄型泉是排泄泉域内的全部地下水的泉；部分排泄型泉是排泄泉域内的部分地下水的泉。

泉水流量达到最大后，将随时间衰减，其衰减方程[16]为

$$Q = Q_0 e^{-at} \tag{4.9}$$

$$a = \frac{\pi^2 Kh}{4\mu L} \tag{4.10}$$

式中，Q——泉水流量，m^3/d；

$\quad Q_0$——泉水最大流量，m^3/d；

$\quad a$——泉水衰减系数；

$\quad \mu$——给水度；

$\quad L$——泉域长度，km；

$\quad t$——时间，d。

$\quad h$——潜水含水层厚度，cm；

$\quad K$——渗透系数，m/d；

根据泉水的有关信息可以：①判明地下水的排泄条件；②判明含水层特

征——环境;③说明地下水补给条件,圈定富水区;④判定山区泉域的含水性、导水性;⑤判定泉所在含水层的化学特征。

4.4.2　泄流

泄流是指河流切割含水层时地下水沿河呈带状向河流排泄的现象[1]。泄流只在地下水位高于地表水位的情况下发生。泄流量的大小,决定于含水层的透水性能、河床切穿含水层的面积以及地下水位与地表水位之间的高差,可采用断面测流法、水文分割法和地下水动力学法确定。

4.4.3　蒸发蒸腾

蒸发包括水面蒸发、土面蒸发和叶面蒸发(蒸腾),通常统称为蒸发蒸腾或蒸散发。蒸散发量的确定比较困难,可采用水均衡、水分通量等方法确定。

土壤蒸发是土壤中的水分由液态变成气态进入大气的过程,与气候、包气带岩性有关。

地下水蒸发是潜水以气体形式通过包气带向大气排泄水量的过程。潜水蒸发是潜水进入支持毛细水带,最后转化为气态形式进入大气的过程。可引起水中及土壤中积盐,产生盐渍化。

蒸腾指叶面蒸发,是植物生长过程中经由根系吸收水分并在叶面转化为气态水而进入大气中的过程。

在地下水以蒸发排泄为主的平原地区,水力梯度较小,当地下水位的下降主要由蒸发引起时,可采用潜水蒸发经验公式(阿维里扬诺夫公式)确定潜水的蒸发强度[23],公式为

$$\varepsilon = \varepsilon_0 \left(1 - \frac{z}{z_0} \right)^n \tag{4.11}$$

$$\varepsilon = \mu \Delta H \tag{4.12}$$

式中,ε——地下水(潜水)消耗于蒸发与蒸腾的强度,mm/d;

ε_0——$z = 0$ 时水面蒸发强度,mm/d;

z——地下水位埋深,m;

z_0——地下水位临界埋深($1 \leqslant z_0 \leqslant 5$),m;

n——指数,一般 $1 \leqslant n \leqslant 3$;

μ——水位变动带给水度;

ΔH——由于蒸发蒸腾而产生的地下水位下降值,mm/d。

潜水蒸发的影响因素很多,也是决定土壤与地下水盐化程度的因素,包括气候、潜水埋藏深度、包气带岩性、地下水流动系统的规模等。气候越干燥、相对湿度越小,地下水蒸发就越强烈;潜水埋藏深度越浅,蒸发就越强烈,一般水位埋深小于

2.0 m 时蒸发量显著增大,而随着水位埋深的增大,蒸发量也明显减弱;包气带岩性决定土的毛细上升高度和潜水蒸发速度,影响潜水蒸发,一般粉质亚粘土、粉砂等毛细上升高度较大、毛细上升速度较快,潜水蒸发最为强烈;地下水流动系统中干旱、半干旱地区的低洼排泄区是潜水蒸发最为强烈的地方。此外,蒸腾的深度还受植物根系分布深度的控制。

4.4.4　径流排泄

主要指向相邻含水层的排泄,通常可采用达西公式确定。能否发生径流排泄,取决于两个含水层的水头差。

4.4.5　人工开采

目前,许多地区人工开采地下水已经成为地下水的主要排泄途径,进而导致地下水循环发生了巨大变化。

据 2007 年《中国水资源公报》,全国总供水量 5818.7 亿 m³,比 2000 年增加 287.7 亿 m³。其中,地表水源供水量 4723.5 亿 m³,占总供水量的 81.8%;地下水源供水量(地下水开采量)1069.5 亿 m³,占总供水量的 18.38%;其他水源供水量 25.7 亿 m³,占总供水量的 0.44%。

4.5　地下水循环对地下水水质的影响

地下水循环不但影响地下水系统的水量,也影响地下水的水质。地下水径流是地下水由补给区向排泄区流动的过程,是径流的一个组成部分。除存在于封闭的地质构造中的埋藏水和潜水面水平的潜水湖以外,地下水都处于不断的流动过程中。径流是连接补给与排泄的中间环节,通过径流,地下水的水量和盐量由补给区传送到排泄区,达到重新分配。

地下水的循环条件对地下水水质有很大的影响。地下水在获得水量的同时,也获得水中的物质成分,当获得矿化度与化学类型不同的补给水,其水质也发生变化;地下水在径流过程中,不断与岩石相互作用,改变了水的化学成分;地下水通过排泄,不但失去水量,还要失去盐分。

根据对水质的影响,地下水的排泄可分为两类:一类是径流排泄,其特点是水随盐走,水量排走时,也排走盐分;另一类是蒸发型的,水走盐留。地下水循环也可分为两大类:渗入-径流型和渗入-蒸发型。前者是长期循环的结果,使岩土与其中的地下水向溶滤淡化方向发展;后者长期循环,使补给区的岩土与地下水淡化脱盐,排泄区的地下水盐化、土壤盐碱化。

思　考　题

1. 简述地下水系统、地下水含水系统、地下水流动系统的概念。

2. 简述地下水补给、地下水排泄、地下水径流的概念。

3. 简述降水入渗补给地下水的影响因素。

4. 简述大气降水入渗补给地下水的机制。

5. 如何确定大气降水入渗补给量？

6. 简述地表水与地下水的相互关系。

7. 分析论述在干旱沙漠地区凝结水补给地下水的意义。

8. 简述泉的概念、分类及其水文地质意义。

9. 如何分析确定河流对地下水的补给？

10. 论述潜水蒸发的影响因素。

11. 如何确定潜水蒸发量？

12. 简述地下水径流补给和径流排泄的确定方法。

13. 人工开采对地下水循环有什么影响？

14. 地下水循环条件对地下水水质有何影响？

第5章　地下水动态与均衡

本章主要讲授地下水动态与均衡的基本概念,地下水动态的形成机制、影响因素和动态类型,地下水均衡方程及各均衡要素。为地下水资源评价提供基础理论。

5.1　地下水动态

5.1.1　地下水动态的研究意义

含水层(含水系统)经常与环境发生物质、能量和信息的交换,时刻处于变化中。在与环境相互作用下,含水层各要素(如水位、水量、水化学成分、水温等)随时间的变化,称为地下水动态[1,2,26]。

地下水资源不同于其他矿产资源的最主要区别,在于其质和量总是随时间不停变化着。地下水动态是含水层水量、盐量、热量、能量收支不平衡的结果。地下水动态表征地下水数量和质量的各种要素(如水位、流量、开采量、溶质成分与含量、温度及其他物理特征等)随时间而变化的规律,含周期性、趋势性变化。

当含水层的补给水量大于其排泄水量时,储存水量增加,地下水位上升;反之,当补给量小于排泄量时,储存水量减少,水位下降。同时,盐量、热量与能量收支不平衡,会使地下水水质、水温或水位相应地发生变化。

以往,人们把地下水位的变化完全归之为水量均衡的反映,这是不全面的。地下水位的变化反映了地下水所具有的势能的变化。而地下水势能变化可以是由于获得水量补给、储存水量增加引起,也可以与水量增减无关。例如,当含水层受到地应力作用,赋存地下水的含水介质受到压力并将其传递到地下水时,地下水位也会上升;显然,后一种情况地下水位虽有上升但并不意味着其水量增加。

地下水动态反映了地下水要素随时间变化的状况,为了合理利用地下水或有效防范其危害,必须掌握地下水动态。地下水动态与均衡分析的研究对水文地质工作具有重要的意义,可以帮助查清地下水的补给与排泄,阐明其资源条件,确定含水层之间以及含水层与地表水体的关系。地下水动态提供关于含水层或含水系统的不同时刻的系统化信息,因此,可以用来检验所作出的水文地质结论。

5.1.2　影响地下水动态的因素

对地下水产生影响的主要因素有两类：一类是环境对含水层的信息输入，包括降水、地表水对地下水的补给以及人工开采地下水、地应力对地下水的影响等；另一类是变换输入信息的因素，即赋存地下水的地质地形条件等[1]。

1. 气象（气候）因素

气象因素对潜水动态的影响最为普遍。降水的数量及其时间分布，影响潜水的补给，从而使潜水含水层水量增加，水位抬升，水质变淡。气温、湿度、风速等与其他条件结合，影响着潜水的蒸发排泄，使潜水水量变少，水位降低，水质变咸。气候要素周期性地发生昼夜、季节与多年变化，因此潜水动态也存在着昼夜变化、季节变化及多年变化。图 5.1 反映了潜水动态变化基本呈现单峰型，与降水、蒸发关系密切。

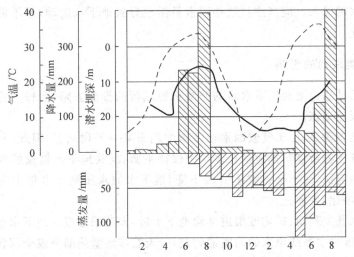

图 5.1　潜水动态曲线（1954—1955，北京）[1]

虚线为气温；实线为潜水埋深线；向上柱状为降水量，向下柱状为蒸发量

2. 水文因素

地表水体补给地下水而引起地下水位抬升时，随着远离河流，水位变幅减小，发生变化的时间滞后，影响距离可达几百米至几千米，此范围以外，主要受气候因素的影响。

3. 地质因素

地质因素是影响信息输入变换的因素。降水入渗补给地下水时，包气带岩性和厚度控制着地下水位对降水的响应。水位埋深大、包气带渗透性弱,对降水脉冲的滤波作用就越弱,反之就越强。含水层给水度的大小对水位的升降有明显的影响,相同补给量时,给水度大则水位上升幅度就小,反之水位上升幅度就大。河水引起潜水位变动时,含水层的透水性愈好,厚度愈大,含水层的给水愈小,则波及范围愈远。

对于承压含水层来说,隔水顶板限制了它与外界的联系,它主要通过补给区(潜水分布区)与大气圈和地表水圈发生联系;当顶板为弱透水层时,还通过弱透水顶板与外界联系。承压水动态变化通常比潜水小。在前一种情况下,接受降水补给时,补给区的潜水位变化比较明显,随着远离补给区,变化渐弱,以至于消失。从补给区向承压区传递降水补给影响时,含水层的渗透性愈好,厚度愈大,则波及的范围愈大。承压含水层埋藏愈深,构造封闭性愈好,与外界的水力联系愈弱,则由于大气圈及地表水圈变化而引起的动态变化微弱。

承压含水层的水位变动还可以由于固体潮、地震等引起,这时地质因素成为环境对地下水的输入。应当注意这些因素虽然也导致地下水波动,但不涉及地下水储量的变化。

4. 人类活动的影响

人类活动通过增加地下水新的补给来源或新的排泄去路,会较大程度地改变地下水的天然动态。

在天然条件下,由于气候因素在多年中趋于某一平均状态,因此,一个含水层或含水系统的补给量与排泄量在多年中保持平衡,反映地下水储量的地下水位在某一范围内起伏,而不会持续上升或下降,地下水的水质则在多年中向某一方向(盐化或者淡化)发展。

地下水开发利用、矿坑或渠道排除地下水后,人工采排成为地下水新的排泄去路;含水层或含水系统原来的均衡遭到破坏,天然排泄量的部分或全部转为人工排泄量,天然排泄量不再存在,或数量减少,如泉流量、泄流量减少,蒸发渐弱,并可能增加新的补给量,如含水层由向河流排泄变成接受河流补给;原先潜水埋深过浅降水入渗受限制的地段,因水位埋深加大而增加降水入渗补给量。

如果地下水开采一段时间后,新增的补给量及减少的天然排泄量与人工排泄量相等,含水层水量收支达到新的平衡。

开采水量过大,当天然排泄量的减量与补给量的增量的总和不足以补偿人工排泄量时,则将不断消耗含水量储存水量,导致地下水位持续下降。

5.1.3 地下水天然动态类型

地下水动态成因类型是根据影响地下水动态的主导因素进行分类的。主要有渗入-蒸发型、渗入-径流型、径流型、水文型、开采型、灌溉型、越流型以及冻结型等地下水动态成因类型。

地下水动态曲线是根据观测点的地下水动态观测资料绘制的地下水水位、流量、水温及水化学成分随时间变化的曲线图。

地下水动态类型的划分主要依据地下水的补给、径流与排泄因素。潜水有蒸发、径流、弱径流型，承压水均属于径流型。动态变化取决于构造封闭条件，开启好则动态变化强烈，水质淡化（表 5.1）。当开发利用地下水对动态的影响成为地下水动态变化的主要因素时，地下水的动态类型就成为开采型。沿江和两岸地下水位变化受到江河水位涨落影响的地段，地下水动态属于水文型。

表 5.1　地下水动态类型

类 型	出 现 地 区	动 态 特 征
渗入-蒸发型	干旱、半干旱区，地形切割微弱的平原、盆地。	径流微弱，年水位变化小，水质季节变化明显，盐化、土壤盐渍化。大陆盐化水。
渗入-径流型	山区、山前、水位深埋区。	年水位变化大而不均，水质季节变化不明显，水质趋于淡化。
渗入-弱径流型	气候湿润的平原、盆地，地形切割弱。	年水位变幅小，各处接近，水质季节变化不明显，淡化。
径流型	地下水径流条件较好，补给面积辽阔，地下水埋藏较深或含水层上部有隔水层覆盖的地区。	地下水位变化平缓，年变幅很小，水位峰值多滞后于降水峰值。
水文型	沿江河两岸的条带地段	年水位变化随江河水位变化而变化，但幅度小于江河水位变化幅度。
开采型	城市及集中开采区	水位变化受开采量影响。
灌溉型	引入外来水源的灌区，包气带土层有一定的渗透性，地下水埋藏深度不十分大。	地下水位明显地随着灌溉期的到来而上升，年内高水位期常延续较长。
越流型	分布在垂直方向上含水层与弱透水层相间的地区。开采条件下越流现象表现明显。	当开采含水层水位下降低于相邻含水层时，相邻含水层（非开采层）的地下水将越流补给开采含水层，水位动态亦随开采层变化，但变幅较小，变化平缓。
冻结型	分布于有多年冻土层的高纬度地区或高寒山区。	冻结层上水水位起伏明显，呈现与融冻期和雨期对应的两个峰值。冻结层下水年内水位变化平缓，变幅不大，峰值稍滞后于降水峰值，或水位峰值不明显。

人类活动通过增加新的补给来源或新的排泄去路,而改变地下水的天然动态,地下水动态类型可能出现人工型(人工开采型、灌溉型等)。

　　由于人类活动的影响,地下水动态类型不是一成不变的。例如,地表水灌溉可以导致地下水位抬升,使地下水动态发生变化,多表示为渗入-蒸发型;控制灌溉定额、衬砌渠道或人为加强径流排泄(渠道排水,浅井开发潜水)后,地下水动态由蒸发型转变为(人工)径流型。

　　干旱和半干旱平原或盆地,地下水天然动态多属蒸发型,灌溉水入渗抬高地下水位,蒸发进一步加强,促进土壤进一步盐渍化。有时,即使原来潜水埋深较大,属径流型动态,连年灌溉后,也可转为蒸发型动态,造成大面积土壤次生盐渍化。气候湿润的平原或盆地,由于地表水灌溉过多抬高地下水位,耕层土壤过湿,会引起土壤次生沼泽化。

5.2　地下水均衡

5.2.1　地下水均衡的有关概念

　　某一时间段某一地段内地下水水量(盐量、热量、能量)的收支状况称为地下水均衡。地下水均衡研究的实质就是应用质量守恒定律分析参与水循环的各要素的数量关系[1,2]。

　　地下水均衡是以地下水为对象的均衡研究,目的在于阐明某个地区在某一时间段内地下水水量(盐量、热量)收入与支出之间的数量关系。研究收入、支出项,列出均衡方程式,确定各均衡项,并推求未知项[1,20,23,27,28]。

　　均衡期是进行均衡计算的时间段,可为年、季、月。

　　均衡区是进行均衡计算所选定的地区,亦即在水均衡计算中和均衡观测工作中所选择的某一基准面以上具有明显边界的水文地质单元或地段。它最好是一个具有隔水边界的完整的水文地质单元。

　　正均衡是某一均衡区在某一均衡期内总补给量大于总消耗量时的水均衡,表现为地下水储存量(热量、盐量)增加。

　　负均衡是某一均衡区在某一均衡期内总补给量小于总消耗量时的水均衡,表现为地下水储存量(热量、盐量)减少。

5.2.2　水均衡方程

1. 水均衡方程

　　水均衡方程是在某一地区某一时段内(天然水)各补给量总和与各消耗量总和

的差值等于均衡期始末水的储存量的变化量的关系式,亦即表示水均衡收入项和支出项之间关系的方程[2]。

陆地上某一地区(面积为 F)天然状态下总的水均衡,由收入项、支出项及水量变化量三者之间的关系构成。其收入项(A)一般包括大气降水量(P)、地表水流入量(R_1)、地下水流入量(G_1)、水汽凝结量(Z_1),支出项(B)一般为地表水流出量(R_2)、地下水流出量(G_2)、蒸发量(Z_2),均衡期水的储存量变化为 ΔW,则水均衡方程式为

$$A - B = \Delta W \tag{5.1}$$

即

$$(P + R_1 + G_1 + Z_1) - (R_2 + G_2 + Z_2) = \Delta W \tag{5.2}$$

$$P - (R_2 - R_1) - (G_2 - G_1) - (Z_2 - Z_1) = \Delta W \tag{5.3}$$

或

$$P + (R_1 - R_2) + (G_1 - G_2) + (Z_1 - Z_2) = \Delta W_s + \Delta W_a + \Delta W_u + \Delta W_c \tag{5.4}$$

$$\Delta W_u = \mu \Delta h F \tag{5.5}$$

$$\Delta W_c = \mu^* \Delta h_c F \tag{5.6}$$

式中,ΔW——水量储存量的变化量,包括地表水变化量(ΔW_s)、包气带水变化量
　　　　　　(ΔW_a)、潜水变化量(ΔW_u)、承压水变化量(ΔW_c),m^3;

　　　　μ——含水层的给水度或饱和差;

　　　　μ^*——承压含水层的贮水系数;

　　　　Δh——均衡期潜水位变化值(上升为正、下降为负),m;

　　　　Δh_c——承压水测压水位变化值,m;

　　　　F——研究区计算面积,m^2。

2. 地下水均衡方程

地下水均衡方程是表示地下水均衡收入项和支出项关系的方程。

在研究区内某一时段内某一含水层地下水各补给量总和(Q_r)与各消耗量总和(Q_d)之差值等于均衡期始末的地下水储存量的变化量 ΔQ,即

$$\Delta Q = Q_r - Q_d \tag{5.7a}$$

地下水储存量变化量是在均衡区内,在均衡期的起止两时刻的水位变动带内的重力水量,通常以水层厚度($\mu \Delta h$)计算,其中 μ 是变动带内岩石的给水度,Δh 是均衡期水位变化的平均值。

潜水的收入项(A)包括降水入渗补给量(Q_{pr})、地表水渗漏补给量(Q_{sr})、凝结水补给量(Q_{zr})、上游断面潜流量(Q_{gr})、下伏承压含水层越流补给量(Q_{lr}),支出项

(B)包括潜水蒸发量(Q_e,包括土面蒸发量Q_{es}和叶面蒸发量Q_{et})、潜水以泉方式排泄量(Q_{sp})、潜水以泄流方式排泄量(Q_{sd})、下游断面潜水流出量(Q_{gd}),则潜水均衡方程式的一般形式为

$$A - B = \mu \Delta h F \tag{5.7b}$$

$$\mu \Delta h F = (Q_{pr} + Q_{sr} + Q_{zr} + Q_{gr} + Q_{lr}) - (Q_e + Q_{sp} + Q_{sd} + Q_{gd}) \tag{5.8}$$

在干旱和半干旱地区(平原),多年情况下有 $\mu \Delta h = 0$,因而有

$$Q_{pr} + Q_{sr} + Q_{zr} + Q_{gr} + Q_{lr} = Q_e + Q_{sp} + Q_{sd} + Q_{gd} \tag{5.9}$$

由于凝结水量很小,Q_{zr}可以忽略不计;地下水径流微弱的平原区,Q_{gr}和Q_{sd}可认为趋于零。无越流情况时,$Q_{lr} = 0$,于是有 $Q_{pr} + Q_{sr} = Q_e$,表示潜水的补给量全部消耗于潜水的蒸发量。

在湿润地区(平原),多年情况下有 $\mu \Delta h = 0$,则有

$$Q_{pr} + Q_{sr} + Q_{gr} + Q_{lr} = Q_e + Q_{sp} + Q_{sd} + Q_{gd} \tag{5.10}$$

同上,也有 $Q_{pr} + Q_{sr} = Q_{sd}$,表示潜水的补给量全部消耗于径流排泄。

3. 人类活动下的地下水均衡方程

人类活动下,地下水的收入项增加了灌溉入渗补给量(Q_{ir},包括灌溉渠系补给量Q_{cr}和灌溉田间补给量Q_{fr})、其他方式人工补给量(Q_{ar}),支出项包括排水沟渠排泄量(Q_{cd})、人工开采量(Q_p)、矿山排水量(Q_{md})等,地下水均衡方程为

$$A - B = \Delta Q \tag{5.11}$$

$$(Q_{pr} + Q_{sr} + Q_{zr} + Q_{gr} + Q_{lr} + Q_{ir} + Q_{ar})$$
$$- (Q_e + Q_{sp} + Q_{sd} + Q_{gd} + Q_{cd} + Q_{md} + Q_p) = \mu \Delta h F + \mu^* \Delta h_c F \tag{5.12}$$

式中,各项符号含义同前。

4. 大区域地下水均衡研究

大区域地下水均衡计算,除进行含水层系统的计算外,还需进行上、下游含水系统各部分的计算,因此需注意上下游之间、潜水与承压水之间、地表水与地下水之间的水量转换与计算。

堆积平原含水层系统的水均衡方程式为

$$(Q_{pr} + Q_{sr} + Q_{zr} + Q_{gr} + Q_{lr}) - (Q_e + Q_{sp} + Q_{sd} + Q_{gd})$$
$$= \mu \Delta h F + \mu^* \Delta h_c F_c \tag{5.13}$$

其中山前平原潜水:

$$(Q_{pr} + Q_{sr} + Q_{zr} + Q_{gr}) - (Q_e + Q_{sp} + Q_{sd} + Q_{gd}) = \mu \Delta h_1 F_1 \tag{5.14}$$

冲积平原潜水：

$$(Q_{pr} + Q_{sr} + Q_{zr} + Q_{gr1} + Q_{lr}) - (Q_e + Q_{sd} + Q_{gd1}) = \mu \Delta h_2 F_2 \qquad (5.15)$$

冲积平原承压水：

$$Q_{gr2} - (Q_{gd2} + Q_{ld} + Q_{gd3}) = \mu^* \Delta h_c F_c \qquad (5.16)$$

式中各项符号含义同前，其中 F_i 为面积（$i=1,2,\cdots,c$）。

$Q_{gd} = Q_{gr1} + Q_{gr2}$，为系统内部水量转换量，亦即山前孔隙潜水的侧向径流流出量等于冲积平原孔隙潜水和孔隙承压水的侧向流入补给量之和。

$Q_{lr} = Q_{ld}$，为冲积平原含水系统的内部水量转化量，表示孔隙潜水的越流补给量来自孔隙承压水的越流排泄量。

各种重复水量，在计算时应特别注意。在地下水资源计算时，要正确处理地下水系统内部的交换水量及地下水系统与外界之间的交换水量，合理扣除重复水量，保证地下水资源计算的精度。

5.3　地下水动态与均衡的关系

地下水动态与均衡关系紧密，均衡是地下水动态变化的内在原因（实质），动态是地下水均衡的外部表现[4]。均衡的性质和数量决定了动态变化的方向与幅度，地下水动态反映了地下水要素随时间变化的状况。

地下水动态与均衡研究的意义表现在：

（1）在天然条件下，地下水的动态是地下水埋藏条件和形成条件的综合反映，可根据地下水动态特征来分析、认识地下水的埋藏条件、水量、水质形成条件和区分不同类型的含水层。

（2）地下水动态是均衡的外部表现，可利用地下水动态资料去计算地下水的某些均衡要素，如入渗系数、储存量、蒸发量等。

（3）地下水的数量和质量均随时间而变化，因此一切水量、水质的计算与评价都必须有时间的概念，地下水动态资料是地下水资源评价和预测时必不可少的依据。

思　考　题

1. 简述地下水动态、地下水均衡、均衡期、均衡区、正均衡、负均衡、均衡方程等基本概念。

2. 论述地下水动态与地下水均衡的关系。

3. 简述地下水动态与均衡研究的意义。

4. 简述地下水动态形成的机制。

5. 分析地下水动态的主要影响因素。

6. 地下水天然动态的主要类型有哪些？

7. 人类活动影响下的地下水动态有何特点？

8. 如何建立某一地区地下水均衡方程？

第6章 不同介质中地下水的基本特征

多孔介质包括孔隙介质、裂隙介质和岩溶介质,其中赋存的地下水分别称为孔隙水、裂隙水和岩溶水。不同介质中地下水的特征明显不同。本章主要讲授三大类型多孔介质中地下水的类型、渗流特征及运动规律等基本理论和相应的研究方法。

6.1 孔隙水

孔隙水是指赋存于松散沉积物颗粒或集合体构成的孔隙网络中的地下水[2]。按含水层埋藏条件,孔隙水可分为孔隙潜水和孔隙承压水。

6.1.1 冲洪积扇中的地下水

冲洪积扇是指半干旱山区河流出口处由冲积洪积物组成的扇形堆积地貌。当半干旱山区的河流携带的物质出山口后,形成延伸很广、坡度较缓的扇形地[1]。在洪水期,扇上又常堆积洪积物及具有二元结构的冲积物。洪流所携带的物质以山口为中心堆积成扇形,故称扇形地。扇形地多在山前成群分布,构成扇群,扇间为洼地。

由于水动力条件控制着沉积作用,冲洪积扇由山口向平原具有明显的地貌岩性分带性:由山口向平原(盆地),地貌上由扇顶至扇中至扇前缘,地形由高变低,地面坡度由陡变缓,岩性由粗变细。同时,由于水动力条件逐渐减弱,由集中的洪流到辫状散流,水流速度和搬运能力由大变小,沉积作用由弱变强,水流携带的物质随地势和流速的变化而依次堆积,先堆积粗粒物质,后堆积细粒物质。所以在扇顶多为砾石、卵石、漂石等,沉积物不显层理,或仅在所夹细粒中显示层理;向外过渡为砾及砂为主,出现粘性土夹层,层理明显;没入平原部分为砂及粘性土夹层(图 6.1)。

此外,扇顶物质颗粒粗大,多直接出露于地表,地势高,潜水埋藏深,岩石透水性好,补给充沛,地下径流强烈,蒸发微弱,形成低矿化水,属潜水深埋带或盐分溶滤带,多为 HCO_3-Ca、Ca·Na、Ca·Mg 型水,水位变化大;向下游,地形变缓,颗粒变细,透水性变差,地下水流受阻,潜水位壅高接近地表,形成泉和沼泽,蒸发增强,水的矿化度增高,为地下水溢出带或盐分过路带,地下水位动态变化小。此带向下游进入平原区,地势变平,颗粒变细,潜水埋深不大,蒸发强烈,土壤常发生盐渍化,为潜水下沉带或盐分堆积带。所以,由扇顶至前缘,含水层物质颗粒由粗变细,透水性由强变弱,水位埋深由大变小,地下水径流由强变弱,渗透速度由大变小;水化学作用由单一的溶滤作用为主变为多种作用共存,如溶滤、蒸发浓缩、阳离子交替吸附等,水化学类型由单一变复杂,水质由好变差,矿化度由低增高。

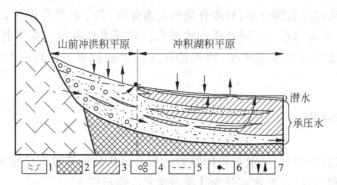

图 6.1　堆积平原含水系统地下水均衡模式

1—透水岩层;2—不透水岩层;3—粘性土;4—砂砾石;

5—潜水;6—泉;7—均衡收支项

6.1.2　冲积平原中的地下水

冲积平原是由河流沉积作用形成的平原地貌。在河流的下游,由于水流没有上游急速,而下游的地势一般都比较平坦。河流从上游侵蚀了大量的泥沙,到了下游后因流速不再足以携带泥沙,结果这些泥沙便沉积在下游。尤其当河流发生水侵时,泥沙在河的两岸沉积,冲积平原便逐渐形成。任何河流在下游都会有沉积现象,尤以一些较长的河流为甚。世界上最大的冲积平原是亚马孙平原,由亚马孙干流、支流冲积而成。中国的东北平原、黄淮海平原、长江中下游平原、珠江三角洲平原等均属于冲积平原。其特征是地势低平,起伏和缓,相对高度一般不超过 50 m,坡度一般在 5°以下。沉积物以冲积物为主,常夹有湖积物、风积物甚至海相堆积物。一般形成砂质土层与粘性土层叠置的多层结构含水系统,砂质土层多为各种级别的砂乃至砾卵石,构成含水层,往往成为当前供水水源的主要开采层;粘性土层构成相对隔水层(弱透水层)。

河谷冲积平原中的含水层颗粒较粗大,沿江河呈条带状有规律的分布,与地表水水力联系密切,补给充分,水循环条件好,水质较好,开采技术条件好,一般可构成良好的地下水水源地。

6.1.3　湖积物中的地下水

湖积物属于静水沉积,颗粒分选良好,层理细密,岸边浅水处沉积砂砾等粗粒物质,向湖心过渡为粘土,湖积物颗粒的大小与气候、构造及是否有河流进入或穿越有关。气候的周期性干湿交替,或构造下降与停顿交替,可造成砂砾层与粘土层交替堆积,形成多个被粘土分隔的含水砂层。

我国第四纪初期,湖泊众多,湖积物发育;后期湖泊萎缩,湖积物多被冲积物所覆盖。侧向分布广泛的粗粒湖积含水砂砾层主要通过进入湖泊的冲积砂层与外界联系,而垂向上有粘土层分布,越流补给比较困难。湖积物通常有规模大的含水砂砾层,但因其与外界联系差,补给困难,地下水资源一般并不丰富。

6.1.4　黄土高原的地下水

我国西部黄土高原普遍分布黄土,其粉粒含量大于 60%,富含钙质,结构较为疏松。下、中更新统(Q_{1+2})黄土,多为粉质亚粘土,呈棕黄色,局部微显红色,厚度最大 200 m,形成 10 余层深棕色、黑色的古土壤层,层下为钙质结核层。上更新统(Q_3)黄土呈淡黄色,厚度几米到几十米,主要为粉质亚粘土,结构格外疏松。

黄土均发育垂直节理,且多虫孔、根孔等以垂向为主的大孔隙,其垂直渗透系数(K_v)比水平渗透系数(K_h)大许多。如甘肃黄土,$K_v = 0.19 \sim 0.37$ m/d,$K_h = 0.002 \sim 0.003$ m/d(张宗祜,1966)。随深度加大,K_v 明显变小。

总体来说,黄土高原地下水水量不丰富,地下水埋深大,水质较差。这是岩性、地貌、气候综合作用的结果。

黄土厚度大,结构疏松,在流水侵蚀作用下,纵横的沟谷把黄土高原切割成由松散沉积物构成的丘陵。在流水侵蚀下,原始地貌保持较好的、规模较大的黄土平台称为黄土塬,长条带的黄土垅岗称为黄土梁,浑圆形的黄土土丘称为黄土峁。

黄土塬有利于降水入渗(降水入渗补给系数 $\alpha = 0.05 \sim 0.10$),地下水较丰富,由中心向四周地下水散流,中心水位浅,边缘水位深,矿化度向四周增大,至沟谷成泉、泄流。黄土梁、黄土峁切割强烈,不利于降水入渗($\alpha < 0.01$),水量贫乏,水质较差,水位浅埋。

此外,风积物、冰水沉积物、残破积物、海积物中也可以赋存地下水,这里不再赘述。

6.2　裂隙水

坚硬基岩在应力作用下产生各种裂隙,成岩过程中形成成岩裂隙,经历构造变动产生构造裂隙,风化作用可形成风化裂隙。裂隙水是指赋存并运移于坚硬基岩裂隙中的地下水。

与孔隙水相比,裂隙水表现出更强烈的不均匀性和各向异性,基岩的裂隙率比较低,裂隙在岩层中所能占有的赋存空间很有限,这一有限的空间在岩层中分布很不均匀,并且裂隙通道在空间上的展布具有明显的方向性。裂隙岩层一般并不形成具有统一水力联系、水量分布均匀的含水层,而通常由部分裂隙在岩层中某些局部范围内连通构成若干带状或脉状裂隙含水系统。

岩层中各裂隙含水系统内部具有统一的水力联系,水位受该系统最低出露点控制,系统之间没有或仅有微弱的水力联系,各有自己的补给范围、排泄点及动态特征,其水量的大小取决于自身的规模。规模大的系统补给范围广、水量丰富、动态稳定;规模小的系统储存与补给有限,水量小而动态不稳定(图 6.2)。

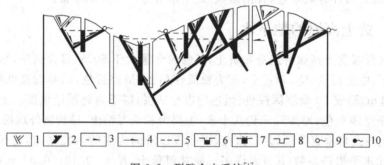

图 6.2　裂隙含水系统[1]

1—不含水张开裂隙;2—含水张开裂隙;3—包气带水流向;4—饱水带水流向;
5—地下水水位;6—水井;7—自流井;8—无水干井;9—季节性泉;10—常年性泉

带状或脉状裂隙含水系统,一般是由一条或几条大的导水通道为骨干汇同周围的中小裂隙而形成的。这些大的导水通道在空间上的分布往往表现出随机性,而且在不同方向上的延展长度存在很大差别,表现出强烈的不均匀性和各向异性。

6.2.1　裂隙水的类型

按介质中空隙成因,裂隙水可分为成岩裂隙水、风化裂隙水和构造裂隙水,其空间分布、规模、水流特性存在一定差异。

1. 成岩裂隙水

成岩裂隙是岩石在成岩过程中受内部应力作用而产生的原生构造。沉积岩固结脱水、岩浆岩冷凝收缩等均产生成岩裂隙。沉积岩及深成岩浆岩的成岩裂隙多为闭合的,含水意义不大。

陆地喷发的玄武岩成岩裂隙最为发育。岩浆冷凝收缩时,由于内部张力作用产生垂直于冷凝面的六方柱状节理及层面节理,该类成岩裂隙大多张开,密集均匀,连通良好,常构成储水丰富、导水通畅的层状裂隙含水系统。另外玄武岩喷发时,上部因冷凝作用常形成孔洞发育层,孔洞之间连通性较好,使玄武岩富水性更强。玄武岩成岩裂隙发育程度因层因地而异;致密块状、裂隙不发育的玄武岩通常也构成隔水层。另外玄武岩喷发一般呈现多期性,各层玄武岩层之间常沉积有粘性土层或砂砾石层,分别构成隔水层和含水层。美国的夏威夷是太平洋中部的一组火山岛,由 8 个大岛和 124 个小岛组成。首府檀香山(火奴鲁鲁)位于瓦胡岛,檀香山以玄武岩裂隙水为供水水源,钻孔总涌水量为 7.5 m^3/s,水量十分丰富(夏威夷群岛)。泉阳泉水源地位于吉林省白山市抚松县泉阳境内,地处长白山原始森林的核心地带,泉水自地下呈多股自然涌出,水温常年 8℃,涌水量 12 万 m^3/d。

　　岩脉及侵入岩接触带,张开裂隙发育,常形成近乎垂直的带状裂隙含水系统。侵入岩冷凝收缩以及岩浆运动产生应力,熔岩流冷凝时,形成喷气孔道;或表层凝固,下部熔岩流走而形成熔岩孔洞或管道。熔岩孔洞或管道的直径有的可达数米,往往水量可观。海南岛琼山县一钻孔深 26 m,打到宽 8 m、高 6.8 m 的熔岩孔道,水位降深 0.17 m 时出水量达 1700 m^3/d。

2. 风化裂隙水

　　地表岩石在温度变化和水、空气、生物等风化营力作用下形成风化裂隙。常在成岩、构造裂隙的基础上进一步发育,形成密集均匀、无明显方向性、连通良好的裂隙网络。风化营力决定着风化裂隙层呈壳状包裹于地表,一般厚度为几米至几十米,未风化的母岩构成隔水底板,一般为潜水含水系统,局部可为承压水(图 6.3)。

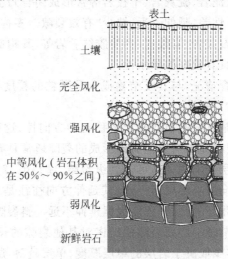

图 6.3　残积土的典型剖面

(引自 Fredlund D G,Rahardjo H. Soil Mechanics for Unsaturated Soils [M].
New York:John Wiley & Sons, Inc., 1993.)

风化裂隙的发育受岩性、气候及地形的控制。多种矿物组成的粗粒结晶岩,风化裂隙往往发育,而单一稳定矿物岩石不易风化,泥质岩石虽易风化,但裂隙易被土质充填;干燥而温差大的地区,有利于形成导水的风化裂隙,而热气候区以化学风化为主,往往下部半风化带较富水;地形较平缓、剥蚀及堆积作用弱的地区,有利于风化壳的发育与保存,如汇水条件好,可形成较好的风化裂隙含水层,但正常情况下,风化壳规模相当有限,水量亦有限。

水流切割及人工开挖可形成卸荷裂隙,使透水性增强。

风化裂隙的特点是:裂隙延伸短而弯曲,裂隙面曲折而不光滑,分支较多;裂隙分布较密集,无固定方向,呈不规则网状相互连接;裂隙发育程度向深处逐渐减弱,深度一般在 10～50 m 不等;风化带上部裂隙发育,岩石破碎,但裂隙多被泥质充填;裂隙一般是导水的,但导水能力不强;条件适宜时形成层状含水带,富水性一般;花岗岩、片麻岩中往往更易发育风化裂隙。

3. 构造裂隙水

构造裂隙是地壳运动过程中岩石在构造应力作用下产生的,是所有裂隙成因类型中最常见、分布范围最广、与各种水文工程地质问题关系最为密切的类型,为裂隙水研究的主要对象。构造裂隙水具有强烈的非均匀性、各向异性和随机性等。

构造裂隙的张开宽度、延伸长度、密度及导水性等在很大程度上受岩石性质(如岩性、单层厚度、相邻岩层的组合等)的影响。

塑性岩石如页岩、泥岩、凝灰岩、千枚岩等常形成闭合乃至隐蔽的裂隙,其裂隙密度往往很大,但张开性差,延伸不远,缺少"有效裂隙",多构成相对隔水层。

脆性岩石如致密石灰岩、岩浆岩、钙质胶结砂岩等,其构造裂隙一般比较稀疏,但张开性好、延伸远,具有较好的导水性。

沉积岩中裂隙发育情况,与其胶结物成分及颗粒的粒度有一定的关系。钙质胶结呈脆性,泥质胶结呈塑性。

构造裂隙的特点是具有明显而又比较稳定的方向性,这种方向性主要由构造应力场控制,不同岩层在同一构造应力下形成的裂隙通常具有相同或相近的方向。

按构造裂隙与地层走向的关系可分为纵裂隙、横裂隙、斜裂隙、层面裂隙及顺层裂隙。纵裂隙的走向与岩层层面一致,其延伸方向往往是岩层导水能力最大的方向。横裂隙一般是张开的,张开程度大但延伸不远。斜裂隙为剪应力形成的,实际上包括两组共轭剪节理。层面裂隙的疏密对其他裂隙的长短、疏密和均匀程度存在较大的影响,其多少取决于岩层的单层厚度,单层越薄,层面裂隙越密集。

裂隙水富集规律为:应力集中的部位,裂隙往往较发育,岩层透水性也好;同一裂隙含水层中,背斜轴部常较两翼富水;倾斜岩层较平缓,岩层富水;夹于塑性岩层中的薄层脆性岩层,往往发育密集而均匀的张开裂隙,易含水;断层带附近往往格外富水;裂隙岩层的透水性通常随深度增大而减弱。

6.2.2　裂隙介质及其渗流

1. 裂隙及裂隙网络

不同方向的裂隙相互交切构成导水网络,在一定范围内具有传输地下水的功能。不同规模、不同方向的裂隙通道相互连通构成导水裂隙网络,形成裂隙含水系统。由于岩性变化和构造应力分布不均匀,通常很难在整个含水层中形成分布均匀的相互连通的张开裂隙网络。在风化卸荷裂隙作用下,各种裂隙张开,形成风化层普遍连通的网络。玄武岩可形成密集而均匀的网络,构成整个岩层内的层状裂隙系统。

构造裂隙含水系统在空间上构成脉状分布,处于应力集中、岩层有利的部位,其裂隙网络通常由一条或若干条大的导水通道汇同周围中小裂隙形成脉状结构网络。分为 3 个级别:

(1) 微小裂隙:密集但延伸和张开性都很差(肉眼不易发现),导水能力差,有一定储水能力;

(2) 中裂隙:一般每米一条至数条,延伸几米至几十米,野外肉眼可见;

(3) 大裂隙(含断层):数量少,但张开宽度大,延伸远,在导水上主要起控制作用。

断裂带是应力集中释放所造成的岩石破裂形变,大的断层构成具有特殊意义的水文地质体。

断层两盘的岩性及断层力学性质控制着断层的导水、储水特征。导水断层带是有特殊水文地质意义的水文地质体,起到储水空间、集水廊道和导水通道的作用。

脆性岩石中的张性断裂,使中央及两侧常具良好的导水能力。脆性岩层中的压性断裂,使中央透水性差,两侧有开张性良好的扭张裂隙,成为导水带。泥质塑性岩层中的张性断裂,往往导水不良或隔水;而塑性岩层中的压性断裂、扭节理,通常是隔水的。扭性断裂的导水性介于张性、压性断裂之间。

断裂带的复合部位往往成为地下水的富集地段,大断层可将厚层隔水层切割成块段而错开,这种块段与外界的水力联系微弱,甚至断绝,利于排水不利于供水,这种阻隔作用使大的断层往往构成地下含水系统的边界。

2. 裂隙介质中的渗流

裂隙含水系统通常具有树状或脉状结构,裂隙水具有明显的不均匀性,有时表

现出突变性,井孔的出水量相差悬殊。裂隙水流均有两个特征:

(1) 裂隙水流只发生在组成导水网络的各裂隙通道内,通道以外没有水流,流场实际上是不连续的,渗流场的势除了裂隙中的若干点外都是虚拟的;

(2) 水流被限制在迂回曲折的网络中运行,其局部流向与整体流向往往不一致,有时甚至相反。

6.3 岩溶水

岩溶是指岩溶作用和由此产生的各种现象,是指水对可溶岩石进行化学溶解,并伴随以冲蚀作用和重力崩坍,在地下形成大小不等的空洞,在地表造成各种独特的地貌现象以及特殊的水文现象。岩溶水,又称喀斯特水,指赋存并运移于岩溶化岩层中的水[1,2]。

岩溶水在流动过程中,不断扩展空间,改变形状,从而改造自己的补给、径流、排泄等动态特征,使其处于不同的演化阶段。处于演化初期,岩溶水与裂隙水没有多大不同。处于演化后期,岩溶水系统管道发育,大范围内的水汇成一个完整的地下河系,某种程度带有地表水特征;空间分布极不均一,时间变化强烈,流动迅速,集中排泄。岩溶水系统是一个能够通过水与介质相互作用不断自我演化的动力系统。水量丰富的岩溶含水系统是理想的供水水源,岩溶区有奇峰异洞和大泉,易渗漏,危及采矿。

6.3.1 岩溶发育的基本条件与影响因素

1. 岩溶发育的条件

岩溶发育必不可少的两个基本条件是:岩层具有可溶性和地下水具有侵蚀能力。由此派生出 4 个必备条件为:可溶岩的存在、可溶岩必须是透水的、具有侵蚀能力的水以及水是流动的。水量大、分布不均的岩溶水往往构成岩溶发育条件,所带来的问题是对采矿的巨大威胁,易于发生渗漏的岩溶化地层难以修建大坝工程。

2. 岩溶发育的影响因素

首先是可溶岩的存在,可溶岩的成分与结构是控制岩溶发育的内因;可溶岩必须是透水的,水流才能进入岩石进行溶蚀;其次水具有侵蚀能力,含有 CO_2 或其他酸类,侵蚀能力才明显增强;水是流动的,水的流动是保证岩溶发育的充要条件,水不流动,终究会达到饱和而停止发展;此外还有其他因素,如植被土壤发育的湿热气候条件下岩溶格外发育;构造作用产生的裂隙影响岩石的透水性和水的流动等,都对岩溶的发育产生影响。

6.3.2   岩溶水系统的演变

地下水流对可溶性介质具有不同程度的改造作用[29]。具有化学侵蚀作用的水进入可溶岩层,对原有的狭小通道(原生裂隙和构造裂隙)进行扩展,水流不断溶蚀裂隙壁面,溶于水的岩石成分被流动的水流带走,裂隙通道不断加宽。岩溶发展的过程实质上就是介质的非均质化过程和水流的集中过程,岩溶演化是个典型的正反馈过程:

不均匀介质→不均匀水流→差异性溶蚀→更不均匀介质→更不均匀水流→进一步的差异性溶蚀→……

岩溶发育基本上分 3 个阶段,即起始阶段(图 6.4(a))、快速发展阶段(图 6.4(b)、(c))及停滞衰亡阶段(图 6.4(d))。

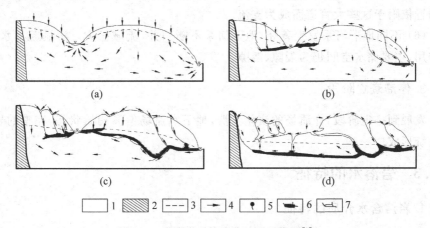

图 6.4   岩溶水系统演化过程示意图[1]

(a)岩溶发育初期;(b)局部岩溶水系统形成阶段;(c)岩溶水系统的袭夺;(d)统一地下河系的形成
1—碳酸盐岩;2—隔水层;3—地下水位;4—水的流向;5—泉;6—充水岩溶管道;7—干涸管道

1. 起始阶段

地下水对介质以化学溶蚀作用为主,水流通道比较狭小,地下水几乎没有机械搬运能力,岩溶发育比较缓慢。所需时间取决于环境因素(气候)和初始裂隙水流场(取决于边界与介质)。隔水边界对地下水径流的分散或集中起重要控制作用。介质不均匀,水流不均匀,有利于岩溶的快速演化。

2. 快速发展阶段

差异性溶蚀使少数通道优先扩展成为主要通道,岩溶水系统的水优先进入主径流通道流动。当主体通道宽度达 5～50 mm 时,开始出现紊流,地下水开始具有一定的机械搬运能力,水流越来越向少数通道集中,并使其优先发展,形成较畅通的径流排泄网,水流的机械侵蚀能力也增强。介质场和流场发生如下变化:

(1) 地下水流对介质的改造由化学溶蚀为主变为以机械侵蚀和化学溶蚀共存,机械侵蚀变得愈加重要。

(2) 地下出现各种规模的洞穴。

(3) 地表形成溶斗及落水洞,并以它们为中心形成各种规模的洼地,汇集降水。

(4) 随着介质导水能力迅速提高,地下水位总体下降,新的地下水面以上洞穴干涸,失去进一步发展的能力。

(5) 争夺水流的竞争变得更加剧烈,最后只剩少数几个大的管道优先发展,其余的皆依附于这些大管道而成为支流。

(6) 不同地下河系发生袭夺,地下河系不断归并,流域扩大。溶洞起集水、导水作用,主要储水空间仍为裂隙、溶隙。

3. 停滞衰亡阶段

发展到一定阶段,介质场的演化停滞,地下水流场偏离初始状态,完整的岩溶水系统形成。

6.3.3　岩溶水的特征

1. 岩溶含水介质的特征

岩溶含水介质具有很大的不均匀性,有规模巨大的管道溶洞(长达 10 km),又有十分细小的裂隙及孔隙,实际为尺寸不等的空隙所构成的多级次空隙系统。

广泛分布的细小孔隙与裂隙是主要的储水空间,大的岩溶管道与开阔的溶蚀裂隙构成主要导水通道,介于两者之间的裂隙网络兼具储水空间和导水通道的作用。

岩溶水量分布极不均匀,宏观上统一的水力联系与局部水力联系不好,是由岩溶含水介质的多级次性与不均匀性决定的。

2. 岩溶水的运动特征

通常为层流、紊流共存,细小孔隙与裂隙中的地下水一般为层流运动,大管道中的地下水一般呈紊流运动;在岩溶水系统中,局部流向与整体流向常常是不一致的;岩溶水可以是潜水,也可以是承压水。

3. 岩溶水的补、径、排与动态特征

强烈的岩溶化地区,降水易汇集于低洼的溶斗、落水洞等灌入式补给岩溶水,南方降水入渗补给系数 $\alpha=0.40\sim0.80$,北方 $\alpha=0.10\sim0.30$。灌入式的补给、畅通的径流、集中的排泄(大泉、泉群)加上岩溶含水介质空隙率(相当于给水度 μ)不大,决定着岩溶水水位动态变化非常强烈,补给区水位变化达到几米到几十米,变化迅速而缺乏滞后,泉流量变化也很大。由于岩溶水集中排泄,系统范围大,而水力梯度较小。因而作为补给区的岩溶化山区,岩溶水的埋深可达数百米,无泉水与地表水,为严重的缺水区。

6.3.4 我国南北方岩溶及岩溶水的差异

以秦岭淮河为界,我国南方与北方的岩溶与岩溶水的发育都存在一系列的差别。

总体来说,南方岩溶发育比较充分,岩溶现象较典型,地表可有峰丛、峰林、溶蚀洼地、溶斗、落水洞、竖井等,地下多发育较为完成的地下河系;北方岩溶发育多不完整,地表少有溶斗、落水洞等,地表多呈常态的山形。

南方岩溶含水介质常是高度管道化与强烈不均匀的,岩溶水对降水的响应十分灵敏,流量随季节变化很大;北方岩溶含水介质相对均匀,成井率较高,岩溶大泉汇水面积大,流量相对稳定。

南方岩溶区多分布巨厚到块状的纯净碳酸盐岩,多发育有裸露型岩溶,介质可溶性强,受构造应力作用时易形成稀疏而宽大的裂隙;北方碳酸盐岩一般成层较薄,夹泥质与硅质夹层,碳酸盐岩多与非可溶岩互层,一般发育覆盖型岩溶;介质可溶性差,形成密集、均匀而短小的构造裂隙。

南方在地质构造上属于较紧密的褶皱,向斜核部多易发育地下河系。降水充沛,补给强;而北方因多为宽缓的向斜或单斜,不利于水流的集中分布、降水少,水的侵蚀力弱,岩溶发育弱。

思 考 题

1. 何谓冲洪积扇?其有何供水水文地质意义?
2. 扇形地的水文地质特征有哪些?
3. 简述河谷冲积平原的水文地质特征。
4. 湖积物中的地下水有何特征?
5. 简述黄土中地下水的埋藏分布特征。

6. 简述裂隙水的类型划分。

7. 简述成岩裂隙水的特点。

8. 简述风化裂隙水的特征。

9. 简述构造裂隙水的供水意义。

10. 何谓裂隙网络？

11. 简述裂隙水流的基本特征。

12. 简述断裂带的水文地质意义。

13. 简述岩溶发育的基本条件。

14. 简述岩溶发育的影响因素。

15. 简述地下水流对岩溶介质的改造特征。

16. 地下水流动系统与岩溶发育的空间特征有何关系？

17. 简述岩溶含水介质的特征。

18. 岩溶水的运动特征有哪些？

19. 简述岩溶水的补、径、排及动态特征。

20. 论述我国南、北方岩溶水的异同。

第7章　地下水运动的基本理论

本章主要讲授地下水渗流理论基础、含水层中地下水的运动、地下水向完整井的运动、地下水向边界井及非完整井的运动,以理论公式为主。本章是地下水计算的核心内容。

7.1　地下水渗流理论基础

7.1.1　多孔介质及其特性

多孔介质是指地下水动力学中具有空隙的岩石,广义上包括孔隙介质、裂隙介质和岩溶不十分发育的由石灰岩和白云岩组成的介质。孔隙介质指含有孔隙的岩层,如砂层、疏松砂岩等;裂隙介质指含有裂隙的岩层,如裂隙发育的花岗岩、石灰岩等[2,16]。

1. 多孔介质的性质

(1) 孔隙性

孔隙性是多孔介质含有孔隙的性质,用孔隙度表示。从地下水运动的角度看,只有连通的孔隙才具有实际意义。一般把多孔介质中相互连通的、不为结合水所占据的那一部分孔隙称为有效孔隙,用有效孔隙度表征。有效孔隙度(n_e)是多孔介质中有效孔隙体积与多孔介质总体积之比,可表示为小数或百分数,$n_e = V_e/V$。而死端孔隙,即多孔介质中一端与其他孔隙连通、另一端是封闭的孔隙,则是无效的。但是,其中的水在疏干时能够排出,所以对于排水时是有效的。因此,严格地说,研究地下水运动时所指的有效孔隙度和研究排水时所指的有效孔隙度是不完全相同的。

(2) 压缩性

压缩性是天然条件或人为条件下在上覆荷载的压力作用下多孔介质体积减小的性质,以多孔介质压缩系数表征。多孔介质压缩系数由固体颗粒的压缩系数和孔隙的压缩系数构成,一般认为固体颗粒本身的压缩性要比孔隙的压缩性小得多。

（3）多相性

多相性指多孔介质中固、液、气三相可共存的性质。其中固相称为骨架，气相主要分布在非饱和带中，液相的地下水以吸着水、薄膜水、毛管水（毛细水）和重力水等形式存在。

2. 多孔介质中的地下水运动

多孔介质中的地下水运动比较复杂，主要包括两大类，运动特点各不相同，分别满足于孔隙水和裂隙岩溶水的特点。第一类为地下水在多孔介质的孔隙或遍布于介质裂隙中的运动，具有统一的流场，运动方向基本一致；另一类为地下水沿大裂隙和管道的运动，方向没有规律，分属不同的地下水流动系统。

7.1.2 渗流

渗透是地下水在岩石空隙或多孔介质中的运动，这种运动是在弯曲的通道中，运动轨迹在各点处不等，因此研究个别孔隙或裂隙中地下水的运动很困难[2,16]。为了便于研究，以假想水流代替真实的水流，这种假想水流的性质与真实地下水流相同，充满含水层空隙空间和岩石颗粒所占据的空间，运动时所受的阻力与实际水流所受阻力相等，通过任一断面的流量及任一点的压力或水头与实际水流相同，这种假想水流称为渗流（图 7.1）。这样可以把实际上并不连续的水流当作连续的水流来研究，既能利用水力学和流体力学的成果，又能得到流量、阻力和水头等与实际相符的水流。假想水流所占据的空间区域称为渗流场，包括空隙和岩石颗粒所占的全部空间。

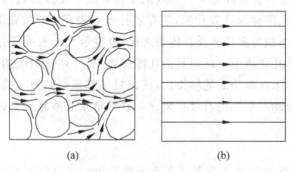

(a)　　　　　　　　　(b)

图 7.1　岩石中的渗流

(a) 实际渗透；(b) 假想渗流

1. 地下水的水头

在水力学中定义总水头为位置水头、压力水头和流速水头之和,即

$$H = Z + \frac{p}{\gamma} + \frac{u^2}{2g} \tag{7.1}$$

式中,H——总水头,L;

Z——位置水头,L;

$\frac{p}{\gamma}$——压力水头,是以水柱高度表示的该点水的压强,L。其中,p 为该点水的压强;γ 为水的容重,$\gamma = \rho g$;

$\frac{u^2}{2g}$——速度水头,某点水所具有的动能转变为势能时所达到的高度,L。其中,u 为水的流动速度;g 为重力加速度。

测压管水头为位置水头与压力水头之和,即

$$H_p = Z + \frac{p}{\gamma} \tag{7.2}$$

地下水水头为渗流场中任意一点的总水头,通常称为渗流水头。由于在地下水中水流的运动速度很小,故速度水头 $\frac{u^2}{2g}$ 可以忽略,所以总水头近似等于测压水头,即 $H \approx H_p$,亦即

$$H \approx H_p = Z + \frac{p}{\gamma} = Z + \frac{p}{\rho g} \tag{7.3}$$

意义:渗流场中任意一点的水头实际上反映该点单位质量液体具有的总机械能,地下水在运动过程中不断克服阻力,消耗总机械能,因此沿地下水流程,水头线是一条降落曲线。

2. 地下水运动

为了便于对地下水运动进行研究,可以用不同的标准对地下水运动进行分类。表征渗流运动特征的物理量,主要有渗流量(Q)、渗流速度(v)、压强(p)、水头(H)等,称为渗流运动要素。按照渗流运动要素和时间的关系,可将地下水运动分为稳定运动和非稳定运动,相应的渗流称为稳定流和非稳定流。必须指出,严格说来地下水运动都是非稳定的,稳定运动只是一种暂时的平衡状态。

根据地下水运动方向与空间坐标的关系,可分为一维运动、二维运动和三维运动,相应的渗流称为一维流、二维流和三维流。

当地下水沿一个方向运动,且取为坐标轴方向,此时地下水的渗透速度只有沿

该坐标轴的方向有分速度,其余坐标轴方向的分速度为零,这样的地下水运动称为一维流运动,也称单向运动,其流线彼此平行(图7.2)。

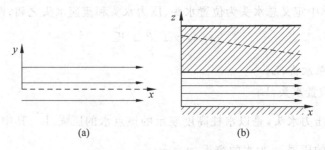

图 7.2　承压水的一维流动

(a) 平面图;(b) 剖面图

若地下水的渗透速度沿两个坐标轴方向都有分速度,仅一个坐标轴方向的分速度为零,则称为二维流运动,也称平面运动,其流线与某一固定平面平行(图7.3)。平面二维流由两个水平速度分量所组成,剖面二维流由一个垂直速度分量和一个水平速度分量组成。渗流场中过水断面单位宽度的渗流量称为单宽流量,等于总流量 Q 与宽度 B 之比,即

$$q = \frac{Q}{B} \tag{7.4}$$

式中,Q——通过过水断面的总渗流量,m^3/d;

  q——单宽流量,m^2/d;

  B——过水断面的宽度,m。

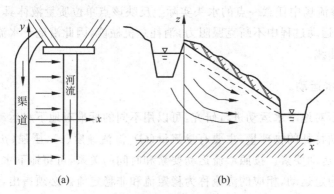

图 7.3　渠道向河流渗漏的地下水二维流动

(a) 平面图;(b) 剖面图

地下水的渗透流速沿空间 3 个坐标轴的分量均不为零的运动称为三维流运

动,也称空间运动,其水头、流速等渗流要素随空间 3 个坐标变化(图 7.4、图 7.5)。

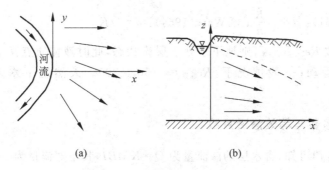

图 7.4　河弯处潜水的三维流动
(a) 平面图;(b) 剖面图

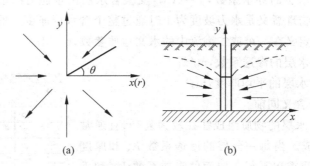

图 7.5　均质各向同性含水层中潜水井抽水时的地下水运动
(a) 平面图;(b) 剖面图

地下水运动的维数和所选的坐标系有关。例如在轴对称条件下,如选用直角坐标系则为三维运动,而选用柱坐标系则为二维运动。

地下水的运动有层流和紊流两种状态。水流流束彼此不相混杂、运动迹线呈近似平行的流动称为层流,水流流束相互混杂、运动迹线呈不规则的流动则称为紊流。

根据雷诺(Reynolds)数判别地下水的流态,即

$$Re = \frac{vd}{\nu} = \frac{vd_0}{(0.75n + 0.23)\nu} \tag{7.5}$$

式中,v——地下水的渗流速度,cm/s;

　　d——含水层颗粒的平均粒径,cm;

　　d_0——含水层颗粒的有效粒径,cm;

　　ν——地下水的运动粘度(粘滞系数),cm^2/s;

　　n——孔隙度。

含水层颗粒的平均粒径,通常采用以下方法确定:① $d = d_{10}$(有效粒径);

②Collins(1961): $d = \sqrt{\dfrac{K}{n}}$;③Ward(1964): $d = \sqrt{K}$。

若雷诺数 $Re < Re_{临界}$,则地下水处于层流状态,此时液体质点互不混杂,呈有秩序的层状运动;一般情况下,$Re_{临界} \approx 150 \sim 300$。天然地下水多处于层流状态。

3. 导水系数与等效渗透系数

由达西定律可知,含水层的渗流量为 $Q = KMBI$,其单宽流量为

$$q = \frac{Q}{B} = KMI = TI \tag{7.6}$$

式中,T——含水层的导水系数,$T = KM$,反映含水层出水能力的水文地质参数,其物理意义是水力坡度为 1 时通过整个含水层厚度上的单宽流量,它是定义在一维或二维流中的水文地质参数,m^2/d;

  K——含水层的渗透系数,m/d;

  M——含水层的平均厚度,m;

  其余符号含义同前。

实际上,含水层的物质组成往往较为复杂,且通常由多层岩性组成。当每一分层的渗透系数 K_i 和厚度面 M_i 已知时,可求出平行于层面的渗透系数 K_p 和垂直于层面的渗透系数 K_v。

当岩层水平分布、水流平行层面且为稳定流时,各段流量之和等于各部分流量之和,且各段具有统一的水头和相同的水力坡度(图 7.6)。

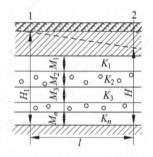

图 7.6 层状岩层中平行于层面的渗流

根据达西定律有 $q = \displaystyle\sum_{i=1}^{n} q_i = \sum_{i=1}^{n} K_i M_i \frac{\Delta H}{l}$,若把其视为整体时有 $q = K_p M \dfrac{\Delta H}{l}$,故 $K_p M \dfrac{\Delta H}{l} = \displaystyle\sum_{i=1}^{n} K_i M_i \frac{\Delta H}{l}$。

于是,水平岩层的等效渗透系数为

$$K_p = \frac{\displaystyle\sum_{i=1}^{n} M_i K_i}{M} \tag{7.7}$$

相应地,等效导水系数为

$$T_p = \sum_{i=1}^{n} T_i = \sum_{i=1}^{n} M_i K_i \tag{7.8}$$

当水流垂直层面运动时,每段水流具有相同的单宽流量,且每段水力坡度不同(图7.7)。此时岩层的等效渗透系数为

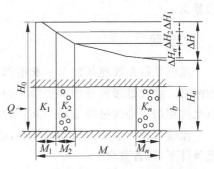

图 7.7　层状岩层中垂直于层面的渗流

$$K_v = \frac{\sum\limits_{i=1}^{n} M_i}{\sum\limits_{i=1}^{n} \dfrac{M_i}{K_i}} \qquad (7.9)$$

可见,K_v 取决于 K_i 最小的分层(阻力最大),$K_i = 0$,则 $K_v = 0$。另外,总是有 $K_p > K_v$。

7.1.3　流网与折射定律

研究地下水运动时,地下水的流场分析是最为重要的环节。可以采用地下水等水位线图(潜水等水位线图、承压水等压线图)和流网进行分析[1,2,16,20]。

1. 等水位线图

由一系列地下水位高程相等的各点连线所构成的反映地下水位空间变化特征的平面图,称为地下水等水位线图,亦称为地下水位等值线图。潜水位等值线图常称为潜水等水位线图;承压水头等值线图称为承压水等水头线图。等水位线图是最基本的水文地质图件,具有重要的实用价值,可以研究和解决许多实际水文地质问题。下面以潜水为例说明等水位线图的应用。

潜水面是一个起伏不平的连续变化的曲面。利用潜水等水位线图:①可以确定地下水的流向,潜水和地表水一样,均由高向低沿最大倾斜方向流动,即垂直等水位线方向流动;②确定地下水与地表水的互相补给关系;③可以确定任意一点的地下水位高程和水位埋藏深度,水位埋深等于地面高程与地下水位高程之差;④可以确定流线上任意两点的水力坡度 I;⑤在相同点的底板标高已知时,可以确定任意一点潜水含水层的厚度;⑥在无地形因素影响的情况下,等水位线的疏密变化可以分析和推测含水层厚度、岩性的变化;⑦可根据等水位线图布置地下水引排工程和开挖深度,开采井群及排水沟等要垂直地下水流向布置,可根据地下水埋藏深度适当确定排水沟的开挖深度。

地下水等埋深线图是用一系列的地下水位埋藏深度等值线构成的平面图。可分为潜水埋深等值线图和承压水头埋深等值线图。地下水等埋深线图不仅用于分析地下水的形成条件,而且对农田灌溉有比较实际的意义,潜水的埋藏深度直接关系着土壤的盐碱化问题且影响开采条件,同时潜水的埋藏深度图直接反映了某一时期的潜水面(也是含水层顶面)至地表的距离,对指导生产具有重要

的意义。

2. 流网

流网是指在渗流场的某一典型剖面或切面上由一系列等水头线和流线所组成的网络。流线是渗流场中某一瞬时的一条线,线上各个水质点在此时刻的流向均与此线相切。迹线是渗流场中某一时间段内某一水质点的运动轨迹[1,2]。

流线可看作水质点运动的摄影,迹线则是对水质点运动所拍的电影。在稳定流条件下,两者重合。

流网的作用主要包括分析渗流场的水流特征,追踪污染物质的运移。流网的特点是在均质各向同性介质中,流线与等水头线构成正交网格。在绘制流网中,要注意边界类型的确定,边界包括已知水头边界、隔水边界、地下水面边界。通常,河渠的湿周可视为等水头线,平行隔水边界为流线,地下水面无补排时为流线。流线由源指向汇(图7.8、图7.9)。

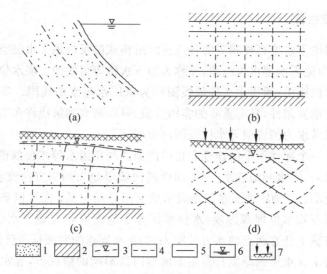

图7.8　等水头线、流线与各类边界的关系

1—含水层;2—隔水层;3—潜水面;4—等水头线;5—流线;6—河渠水面;7—降水入渗

绘制流网时,首先绘制易确定的等水头线、流线,等水头线与流线正交;然后插补其余的流线、等水头线。

3. 水流折射定律

根据水流连续性条件,当水流斜向由一种介质进入另一种介质时,会发生折射。

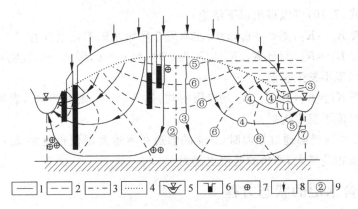

图 7.9　河间地块流网图

1—流线；2—等水头线；3—分流线；4—潜水面；5—河水位；6—井,涂黑部分有水；

7—矿化度大小的符号,圆圈越多,矿化度越大；8—降水入渗；9—绘制流网的大致顺序

　　如图 7.10 所示,水流由介质Ⅰ进入介质Ⅱ中,二者交界面上某一点的渗流速度和水头在两介质中的值依次为 v_1、v_2 和 H_1、H_2。

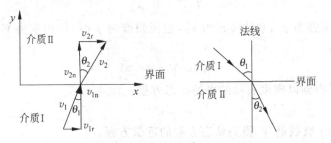

图 7.10　渗透水流的折射

　　对于界面上的任一点应满足以下条件：$H_1 = H_2$,$v_{1n} = v_{2n}$,由图 7.10 中几何

条件有 $\tan \theta_1 = \dfrac{v_{1r}}{v_{2n}}$,$\tan \theta_2 = \dfrac{v_{2r}}{v_{2n}}$,则有 $\dfrac{\tan \theta_1}{\tan \theta_2} = \dfrac{v_{1r}}{v_{2r}} = \dfrac{-K_1 \dfrac{\partial H_1}{\partial x}}{-K_2 \dfrac{\partial H_2}{\partial x}}$,因为 $\dfrac{\partial H_1}{\partial x} = \dfrac{\partial H_2}{\partial x}$,

则得到水流折射定律(渗流折射时必须满足的方程)：

$$\frac{\tan \theta_1}{\tan \theta_2} = \frac{K_1}{K_2} \tag{7.10}$$

式中,K_1——地下水流入岩层(K_1 层)的渗透系数,m/d；

　　　K_2——地下水流出岩层(K_2 层)的渗透系数,m/d；

　　　θ_1——地下水流向与流入岩层(K_1 层)层界法线之间的夹角,(°)；

　　　θ_2——地下水流向与流出岩层(K_2 层)层界法线之间的夹角,(°)。

讨论式(7.10)可以得出以下结论：

(1) 若 $K_1 = K_2$，则 $\theta_1 = \theta_2$，表明在均质介质中水流不发生折射。

(2) 若 $K_1 \neq K_2$，而且 K_1、K_2 均不为 0 时，如 $\theta_1 = 0$，则 $\theta_2 = 0$，表明水流垂直通过界面时水流不发生折射。

(3) 若 $K_1 \neq K_2$，且 K_1、K_2 均有限值时，如 $\theta_1 = 90°$，则 $\theta_2 = 90°$，表明水流平行于界面时水流不发生折射。

(4) 当水流斜向通过界面时，介质的渗透系数越大，θ 值也越大，流线也越靠近界面。介质相差越大，两角的差值也越大。

7.1.4　含水层的状态方程

含水层的状态方程主要包括地下水的状态方程和多孔介质的状态方程。

1. 地下水的状态方程

根据水力学基础知识，等温条件下，体积为 V 的水的压缩系数为

$$\beta = -\frac{1}{V}\frac{\mathrm{d}V}{\mathrm{d}p} \tag{7.11}$$

设初始压强为 p_0，水的体积为 V_0，当压强变为 p 时，体积变为 V，积分得到水的状态方程：

$$V = V_0 e^{-\beta(p-p_0)} \tag{7.12a}$$

同理，可得到以密度表示的水的状态方程：

$$\rho = \rho_0 e^{\beta(p-p_0)} \tag{7.12b}$$

按 Taylor 级数展开，得到状态方程的近似方程：

$$V = V_0[1 - \beta(p - p_0)] \tag{7.13}$$

和

$$\rho = \rho_0[1 + \beta(p - p_0)] \tag{7.14}$$

根据质量守恒，即 $\rho V =$ 常数，$\mathrm{d}(\rho V) = \rho\mathrm{d}V + V\mathrm{d}\rho = 0$，故有

$$\mathrm{d}\rho = -\rho\frac{\mathrm{d}V}{V} = \rho\beta\mathrm{d}p \tag{7.15}$$

2. 多孔介质的状态方程

多孔介质压缩系数是表示多孔介质在压强变化时的压缩性的指标，用 α_b 表示，表达式为

$$\alpha_b = -\frac{1}{V_b}\frac{\mathrm{d}V_b}{\mathrm{d}\delta} \tag{7.16}$$

式中，V_b——多孔介质中所取单元体的总体积，$V_b = V_s + V_v$；

V_s——单元体中固体骨架体积，$V_s = (1-n)V_b$；

V_v——单元体中的孔隙体积，$V_v = nV_b$；

δ——介质表面压强。

$$\alpha_b = -\frac{1}{V_b}\frac{dV_s}{d\delta} - \frac{1}{V_b}\frac{dV_v}{d\delta} = -\frac{1-n}{V_s}\frac{dV_s}{d\delta} - \frac{n}{V_v}\frac{dV_v}{d\delta} \qquad (7.17)$$

$$\alpha_b = (1-n)\alpha_s + n\alpha_p \qquad (7.18)$$

式中，α_s——多孔介质固体颗粒压缩系数，表示多孔介质中固体颗粒本身的压缩性

的指标，$\alpha_s = -\dfrac{1}{V_s}\dfrac{dV_s}{d\delta}$，$\alpha_s \ll \alpha_p$；

α_p——多孔介质中孔隙压缩系数，表示多孔介质中孔隙的压缩性的指标 $\alpha_p =$

$-\dfrac{1}{V_v}\dfrac{dV_v}{d\delta}$；

n——多孔介质的孔隙度。

因 $(1-n)\alpha_s \ll \alpha_b$，故 $\alpha_b \approx n\alpha_p$。

3. 有效应力原理

太沙基(Terzaghi)于 1925 年提出有效应力原理[1,6]。考虑承压含水层受力情况(图 7.11)，按太沙基的观点有

$$\sigma = \lambda\sigma_s + (1-\lambda)p \qquad (7.19)$$

式中，σ——上覆荷重引起的总应力；

σ_s——作用在固体颗粒上的粒间应力；

λ——横截面面积中颗粒与颗粒接触面积所占的水平面积比；

p——水的压强。

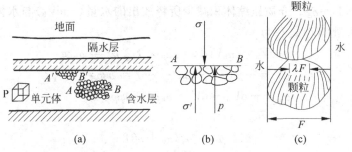

图 7.11　一个可压缩的承压含水层[2,16]

太沙基令 $\lambda\sigma_s = \sigma'$，称为有效应力。$\lambda$ 很小，$(1-\lambda)p \approx p$，因此有

$$\sigma = \sigma' + p \qquad (7.20)$$

在水位下降为 ΔH 时,有 $\sigma = (p - \gamma\Delta H) + (\sigma' + \gamma\Delta H)$,即作用于固体骨架上的力增加了 $\gamma\Delta H$。作用于骨架上力的增加会引起含水层的压缩,而水压力的减少将导致水的膨胀。含水层本来就充满了水,骨架的压缩和水的膨胀都会引起水从含水层中释出,前者就像用手挤压充满了水的海绵会挤出水一样。这就是有效应力原理。

利用太沙基有效应力原理可以解释由于抽水引起的地面沉降。砂层是通过颗粒的接触点承受应力的,孔隙水压力降低,有效应力增加,颗粒发生位移,排列更趋于紧密,颗粒接触面积增加,孔隙度降低,砂层受到压密。砂砾质土,基本呈弹性变形。但是,如果同样的压密发生于粘性土中,则由于粘性土释水压密,其孔隙度、给水度、渗透系数等参数均变小,即使孔隙水压力复原,粘性土基本上仍保持压密状态,出现地面沉降现象。由于砂砾质土和粘性土在压密形式上的差别一般不大,地面沉降形成的主要原因是粘性土释水压密的结果。近年研究表明,长期过量开采地下水不仅粘性土压密释水难以恢复;而且砂砾质土被压密,地面沉降形成之后,想恢复也是非常困难的。

4. 贮水率和贮水系数

因 $V_s = $ 常数,故 $\dfrac{\mathrm{d}V_b}{V_b} = \dfrac{\mathrm{d}n}{1-n}$。只在垂直方向上有压缩,$\dfrac{\mathrm{d}V_b}{V_b} = \dfrac{\mathrm{d}(\Delta z)}{\mathrm{d}z}$,故有

$$\mathrm{d}(\Delta z) = \Delta z\alpha_b \mathrm{d}p \tag{7.21a}$$

$$\mathrm{d}n = (1-n)\alpha_b \mathrm{d}p \tag{7.21b}$$

上式表示垂直厚度的变化、孔隙度的变化与水的压强变化的关系。

为了讨论水头降低时含水层释出水的特征,取面积为 1 m²、厚度为 1 m(即体积为 1 m³)的含水层,考察当水头下降 1 m 时释放的水量。此时,有效应力增加了 $\gamma\Delta H = \rho g \times 1 = \rho g$。介质压缩体积减少所释放出的水量($-\mathrm{d}V_b$)与水体积膨胀所释放出的水量($\mathrm{d}V$)之和为

$$-\mathrm{d}V_b = \alpha_b V_b \mathrm{d}p = \alpha_b \times 1 \times \rho g = \alpha_b \rho g$$

$$\mathrm{d}V = -\beta \mathrm{d}p = -\beta n(-\rho g) = n\beta\rho g$$

$$\mu_s = -\mathrm{d}V_b + \mathrm{d}V = \alpha_b \rho g + n\beta\rho g$$

或

$$\mu_s = \rho g(\alpha_b + n\beta) \tag{7.22}$$

$$\mu^* = \mu_s M$$

式中,μ_s——贮水率(释水率),为弹性释水(贮水),L^{-1};

$\quad M$——含水层厚度,m;

$\quad \mu^*$——贮水系数。

贮水系数 μ^* 和贮水率 μ_s 都是表示含水层弹性释水能力的参数，在地下水动力学计算中具有重要的意义。

贮水率表示含水层水头变化一个单位时，从单位体积含水层中，因水体积膨胀（压缩）以及骨架的压缩（或伸长）而释放（或储存）的弹性水量。贮水率是描述地下水三维非稳定流或剖面二维流中的水文地质参数，既适用于承压水也适用于潜水。

对于平面二维非稳定流地下水运动，当研究整个含水层厚度上的释水情况时，用贮水系数来体现。贮水系数，又称释水系数或储水系数，为含水层水头变化一个单位时，从底面积为一个单位，高度等于含水层厚度的柱体中所释放（或储存）的水量；或指面积为一个单位、厚度为含水层全厚度 M 的含水层柱体中，当水头改变一个单位时弹性释放或储存的水量，无量纲。既适用于承压含水层（此时为弹性释水系数），也适用于潜水含水层（此时为给水度）。

$$E = \begin{cases} \mu_\mathrm{s} M = \mu^*, & \text{承压含水层} \\ \mu_\mathrm{s}(H - Z) = \mu, & \text{潜水含水层} \end{cases}$$

μ^* 的范围值为 $10^{-5} \sim 10^{-3}$，μ 的范围值为 $0.05 \sim 0.3$。实际测出的值往往小于理论值。

贮水系数与给水度不同，主要因为释水机理不同，给水度是水位下降时潜水含水层释放的岩石孔隙中的水；贮水系数是测压水位下降时所释放出来的水，一方面来自含水层中水体积的膨胀，另一方面来自含水介质的压密。显然测压水位下降时承压含水层以此种方式释出的水，远较潜水含水层水位下降时释放的水量为小。

5. 导压系数

导压系数是描述含水层水头变化的传导速度的参数，其数值等于含水层的导水系数与贮水系数之比或渗透系数与贮水率之比，常用单位为 m^2/d。

$$a = \frac{T}{E} = \frac{K}{\mu_\mathrm{s}} \tag{7.23}$$

7.1.5　渗流连续方程

由于渗流场中各点的渗流速度大小、方向都不同，为了反映液体运动的质量守恒关系，需要在三维空间中建立微分方程形式表达的连续性方程，称为渗流连续方程。

由质量守恒定律，得到非稳定流的渗流连续性方程：

$$\Delta M_x + \Delta M_y + \Delta M_z = \Delta M$$

$$-\left[\frac{\partial(\rho v_x)}{\partial x} + \frac{\partial(\rho v_y)}{\partial y} + \frac{\partial(\rho v_z)}{\partial z}\right]\Delta x \Delta y \Delta z = \frac{\partial}{\partial t}(\rho n \Delta x \Delta y \Delta z)\Delta t \tag{7.24}$$

或
$$-\mathrm{div}(\rho v)\Delta x \Delta y \Delta z = \frac{\partial}{\partial t}(\rho n \Delta x \Delta y \Delta z)$$

式中,ΔM、ΔM_x、ΔM_y、ΔM_z——单元体及其在 x、y、z 方向上在 Δt 时间内的水质量变化量;

　　v_x、v_y、v_z——x、y、z 方向上的渗流速度;

　　Δx、Δy、Δz——特征单元体在 x、y、z 方向上的边长;

　　ρ、n——水的密度、介质的有效孔隙度。

　　上述非稳定流的渗流连续方程,表明渗流场中任意体积含水层流入、流出该体积含水层中水质量之差永远恒等于该体积中水质量的变化量。它表达了渗流区内任何一个"局部"所必须满足的质量守恒定律。

　　若把含水层看作刚体,ρ=常数,n 不变,即水和介质没有弹性变形或渗流为稳定流,则渗流连续性方程为

$$\mathrm{div}(v) = \frac{\partial v_x}{\partial x} + \frac{\partial v_y}{\partial y} + \frac{\partial v_z}{\partial z} = 0 \tag{7.25}$$

此式表明,在同一时间内流入单元体的水体积等于流出的水体积,即体积守恒。

　　连续性方程是研究地下水运动的基本方程,各种研究地下水运动的微分方程都是根据连续性方程和反映质量守恒定律的方程建立起来的。

7.1.6　承压水运动的基本微分方程

　　基本假设:单元体体积无限小,为承压含水层,边长分别为 Δx、Δy 和 Δz;含水层侧向受到限制,Δx、Δy 为常量,Δz 为变量,存在垂向压缩,水的密度 ρ、孔隙度 n 和 Δz 随压力 p 而变化;由 ρ 引起的变化$\left(v_x \frac{\partial \rho}{\partial x} + v_y \frac{\partial \rho}{\partial y} + v_z \frac{\partial \rho}{\partial z} \right)\Delta x \Delta y \Delta z$ 远小于单元体内液体质量的变化量(含 ρ)$v\mathrm{grad}v \ll n\Delta z \frac{\partial \rho}{\partial c}$,可忽略不计;水流服从达西定律;$K$ 不因 $\rho = \rho(p)$ 的变化而变化;μ_s 和 K 也不受 n 变化(由于骨架变形)的影响。

　　根据质量守恒定律,单位时间内流入和流出单元体积的水量差,等于该时间段内单元体弹性释放(或储存)的水量,推导可得到承压水运动的三维流微分方程:

$$\frac{\partial}{\partial x}\left(K \frac{\partial H}{\partial x} \right) + \frac{\partial}{\partial y}\left(K \frac{\partial H}{\partial y} \right) + \frac{\partial}{\partial z}\left(K \frac{\partial H}{\partial z} \right) = \mu_s \frac{\partial H}{\partial t} \tag{7.26}$$

式中,H——地下水水头,m;

　　K——含水层的渗透系数,m/d;

　　μ_s——含水层的贮水系数,无量纲。

式(7.26)的物理意义为,渗流空间内任一单位体积含水层在单位时间内流入与流出该体积含水层中的弹性水量的变化量,即单位体积含水层的水量均衡方程。其数学意义是,渗流空间内任一点任一时刻的渗流规律。

基本微分方程是研究承压含水层中地下水运动的基础。它反映了承压含水层中地下水运动的质量守恒关系,表明单位时间内流入、流出单位体积含水层的水量差(左端)等于同一时间内单位体积含水层弹性释放(或弹性储存)的水量(右端)。它还通过应用 Darcy 定律反映了地下水运动中的能量守恒与转化关系。可见,基本微分方程表达了渗流区中任何一个"局部"都必须满足质量守恒和能量守恒定律。

由地下水流基本微分方程式(7.26),在均质各向同性介质中,方程简化为

$$\frac{\partial^2 H}{\partial x^2} + \frac{\partial^2 H}{\partial y^2} + \frac{\partial^2 H}{\partial z^2} = \frac{\mu_s}{K}\frac{\partial H}{\partial t} \tag{7.27}$$

在二维流情况下,基本微分方程可表示为

$$\frac{\partial}{\partial x}\left(T\frac{\partial H}{\partial x}\right) + \frac{\partial}{\partial y}\left(T\frac{\partial H}{\partial y}\right) = \mu^* \frac{\partial H}{\partial t} \tag{7.28}$$

上式即为承压水平面二维流微分方程,该方程是研究承压水含水层中地下水运动的基础,反映了承压水含水层中地下水运动的质量守恒关系,表明单位时间流入、流出单位体积含水层的水量差等于同一时间内单位体积含水层弹性释放(或贮存)的水量。

在实际渗流问题中若存在抽、注水及越流影响,只要在微分方程中的左端中通过加、减 W 项,通常把该项称为源汇项。所谓的源表示在垂直方向上有水流入含水层,此时 W 为正;汇指在垂直方向上有水流出含水层,此时 W 为负。

此时式(7.26)变成

$$\frac{\partial}{\partial x}\left(K\frac{\partial H}{\partial x}\right) + \frac{\partial}{\partial y}\left(K\frac{\partial H}{\partial y}\right) + \frac{\partial}{\partial z}\left(K\frac{\partial H}{\partial z}\right) + W = \mu_s\frac{\partial H}{\partial t} \tag{7.29}$$

二维流情况下:

$$\frac{\partial}{\partial x}\left(T\frac{\partial H}{\partial x}\right) + \frac{\partial}{\partial y}\left(T\frac{\partial H}{\partial y}\right) + W = \mu^* \frac{\partial H}{\partial t} \tag{7.30}$$

在二维流情况下,令压力传导系数(导压系数)$a = T/\mu^*$,则均质各向同性含水层基本微分方程为

$$\frac{\partial^2 H}{\partial x^2} + \frac{\partial^2 H}{\partial y^2} + W = \frac{1}{a}\frac{\partial H}{\partial t} \tag{7.31}$$

非均质各向同性含水层中的稳定流运动:

$$\frac{\partial}{\partial x}\left(K\frac{\partial H}{\partial x}\right) + \frac{\partial}{\partial y}\left(K\frac{\partial H}{\partial y}\right) + \frac{\partial}{\partial z}\left(K\frac{\partial H}{\partial z}\right) = 0 \tag{7.32}$$

均质各向同性含水层中的稳定流运动:

$$\frac{\partial^2 H}{\partial x^2}+\frac{\partial^2 H}{\partial y^2}+\frac{\partial^2 H}{\partial z^2}=0 \tag{7.33}$$

上式也称拉普拉斯(Laplace)方程。稳定运动方程的右端都等于零,意味着同一时间内流入单元体的水量等于流出的水量。这个结论不仅适用于承压含水层,也适用于潜水含水层和越流含水层。

7.1.7　潜水运动的基本微分方程

1. 裘布依(Dupuit)假设

潜水的 Dupuit 假设:

(1) 潜水面比较平缓,等水头面呈铅直,水流基本水平,可忽略渗流速度的垂直分量 v_z;

(2) 隔水底板水平,铅垂剖面上各点的水头都相等,各点的水力坡度和渗流速度都相等,$H(x,y,z,t)$ 可以近似地用 $H(x,y,t)$ 代替。

在潜水面上任意取一点 P(图 7.12),有

$$J=-\frac{\mathrm{d}H}{\mathrm{d}s}=-\frac{\mathrm{d}z}{\mathrm{d}s}=-\sin\theta \tag{7.34}$$

该点的流速 v 方向与潜水面相切,则由达西定律有:$v_s=-KJ=-K\sin\theta$。

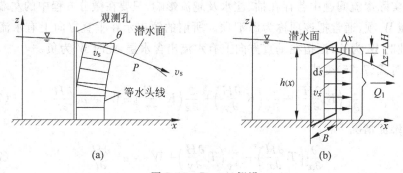

图 7.12　Dupuit 假设

当 θ 很小时,$\tan\theta=\sin\theta$。

渗流速度为

$$v_x=-K\frac{\mathrm{d}H}{\mathrm{d}x},\quad H=H(x)$$

通过宽度 B 的铅直平面的流量为

$$Q_x = - Kh \frac{\mathrm{d}H}{\mathrm{d}x}, \quad H = H(x)$$

式中，Q_x——x 方向的流量；

　　h——潜水含水层厚度，$h = H$（隔水层水平时）。

　　对于更一般情况，$H = H(x, y)$，有

$$v_x = - K \frac{\partial h}{\partial x}, \quad v_y = - K \frac{\partial H}{\partial y}$$

则得

$$Q_x = - KhB \frac{\partial H}{\partial x}, \quad Q_y = - KhB \frac{\partial H}{\partial y} \tag{7.35}$$

2. 潜水三维流方程

若不用 Dupuit 假设，Boussinesq 方程的一般形式为

$$\frac{\partial}{\partial x}\left(K \frac{\partial H}{\partial x} \right) + \frac{\partial}{\partial y}\left(K \frac{\partial H}{\partial y} \right) + \frac{\partial}{\partial z}\left(K \frac{\partial H}{\partial z} \right) = \mu_s \frac{\partial H}{\partial t} \tag{7.36}$$

在上面的潜水基本运动微分方程中右端项为贮水率而不是给水度，其原因在于，当不考虑 Dupuit 假设时，单元体位于渗流区内部，其贮存量的变化只能是弹性释水而不是疏干排水，因此推导出的潜水非稳定运动方程与承压水非稳定运动方程形式一样。在这种情况下，地下水非稳定运动的特点由边界条件来反映。

假设固体骨架是不可压缩的，$\mu_s = 0$，同时假设忽略水的压缩性，即 $\rho =$ 常数，有

$$\frac{\partial}{\partial x}\left(K \frac{\partial H}{\partial x} \right) + \frac{\partial}{\partial y}\left(K \frac{\partial H}{\partial y} \right) + \frac{\partial}{\partial z}\left(K \frac{\partial H}{\partial z} \right) = 0 \tag{7.37}$$

3. 潜水稳定运动的微分方程

没有入渗和蒸发时，潜水稳定运动的方程式为

非均质：

$$\frac{\partial}{\partial x}\left(Kh \frac{\partial H}{\partial x} \right) + \frac{\partial}{\partial y}\left(Kh \frac{\partial H}{\partial y} \right) = 0 \tag{7.38}$$

均质：

$$\frac{\partial}{\partial x}\left(h \frac{\partial H}{\partial x} \right) + \frac{\partial}{\partial y}\left(h \frac{\partial H}{\partial y} \right) = 0 \tag{7.39}$$

4. 地下水运动基本微分方程的统一形式

$$\frac{\partial}{\partial x}\left(F \frac{\partial H}{\partial x} \right) + \frac{\partial}{\partial y}\left(F \frac{\partial H}{\partial y} \right) + W = E \frac{\partial H}{\partial t} \tag{7.40}$$

其中

$$F = \begin{cases} T = KM, & \text{在承压含水层区} \\ Kh = K(H-Z), & \text{潜水含水层区} \end{cases}$$

$$E = \begin{cases} \mu^*, & \text{在承压含水层区} \\ \mu, & \text{潜水含水层区} \end{cases}$$

式中,Z——含水层底板标高。

7.1.8　数学模型及其解法

同一形式的偏微分方程代表了整个一大类的地下水流的运动规律,而对于不同边界性质、不同边界形状的含水层,水头的分布是不同的。而且对于偏微分方程而言,方程本身并不包含反映特定渗流区条件的全部信息,方程可能存在无数个解,如需要从大量的可能解中求得与特定区域条件相对应的唯一特解,就必须提供反映特定区域特征的信息。这些信息包括:

(1) 微分方程中的有关参数 T、μ^*、W,当这些参数确定后,微分方程才能被确定下来;

(2) 渗流区范围和形状,当微分方程所对应的区域被确定之后才能对方程求解;

(3) 边界条件是表示渗流区边界所处的条件,用以表示水头 H(或渗流量 q)在渗流区边界上所应满足的条件,也就是渗流区内水流与其周围环境相互制约的关系;

(4) 初始条件是表示渗流区的初始状态,某一选定的初始时刻($t=0$)渗流区内水头 H 的分布情况。

将边界条件和初始条件并称为定解条件,微分方程和定解条件一起构成渗流场的数学模型。

数学模型是描述某一研究区地下水流运动的数学方程与其定解条件共同构成的表示某一实际问题的数学结构。亦即从物理模型出发,用简洁的数学语言,即一组数学关系式,来刻画它的数量关系和空间形式,从而反映所研究地质体的地质、水文地质条件和地下水运动的基本特征,达到复制或再现一个实际水流系统基本状态的目的的一种数学结构。

数学模型中的微分方程表示地下水的流动规律;定解条件表明研究对象所处的特定环境条件,即所研究的地下水流的真实状态。

给定了方程(或方程组)和相应定解条件的数学物理问题称为定解问题。建立数学模型的过程通常简称为建立模型。

1. 定解条件

定解条件指水头、流量等渗流运动要素在流场边界上的已知变化规律,这种变化规律是由流场外部条件引起的,但它不断地影响流场内部的渗流过程,并在整个期间一直起作用。

定解条件包括边界条件和初始条件。

2. 边界条件

边界条件是渗流区边界所处的条件,用以表示水头 H(或渗流量 q)在渗流区边界上所应满足的条件,也就是渗流区内水流与其周围环境相互制约的关系。

(1) 第一类边界条件(Dirichlet 条件):如果在某一部分边界(设为 S_1 或 Γ_1)上,各点在每一时刻的水头都是已知的,则这部分边界就称为第一类边界或给定水头的边界,表示为

$$H(x,y,z,t)\,|_{S_1} = \varphi(x,y,z,t), \quad (x,y,z) \in S_1 \tag{7.41a}$$

或

$$H(x,y,t)\,|_{\Gamma_1} = \varphi(x,y,t), \quad (x,y) \in \Gamma_1 \tag{7.41b}$$

给定水头边界不一定就是定水头边界。

(2) 第二类边界条件(Neuman 条件):当知道某一部分边界(设为 S_2 或 Γ_2)单位面积(二维空间为单位宽度)上流入(流出时用负值)的流量 q 时,称为第二类边界或给定流量的边界。相应的边界条件表示为

$$K\frac{\partial H}{\partial n}\bigg|_{S_2} = q_1(x,y,z,t), \quad (x,y,z,t) \in S_2 \tag{7.42a}$$

或

$$T\frac{\partial H}{\partial n}\bigg|_{\Gamma_2} = q_2(x,y,t), \quad (x,y) \in \Gamma_2 \tag{7.42b}$$

式中,n——边界 S_2 或 Γ_2 的外法线方向;

q_1、q_2——已知函数,分别表示 S_2 上单位面积和 Γ_2 上单位宽度的侧向补给量。

3. 初始条件

初始条件:某一选定的初始时刻($t=0$)渗流区内水头 H 的分布情况。

$$H(x,y,z,t)\,|_{t=0} = H_0(x,y,z), \quad (x,y,z) \in D \tag{7.43a}$$

或

$$H(x,y,t)\,|_{t=0} = H_0(x,y), \quad (x,y,z) \in D \tag{7.43b}$$

其中，H_0 为 D 上的已知函数。

4. 渗流数学模型的解法

(1) 解析法

用参数分析及积分变换等方法直接求解数学模型解的方法。解析解又称精确解，是用解析方法求解数学问题所得到的解析表达式。该方法使用简单；但也存在一定的局限性，只适用于含水层几何形状规则、方程式简单、边界条件单一的情况。例如均质各向同性、等厚的含水层，渗流区是圆形、矩形或者无限的，只有定水头边界或隔水边界等。实际问题往往复杂得多，一般找不到解析解。

(2) 数值法

用数值方法（离散化方法）求解数学模型的方法，其解为近似解。该方法是求解大型地下水流问题的主要方法。它把整个渗流区分割成若干个形状规则的小单元，每个小单元近似处理成均质的，然后建立每个单元地下水流动的关系式。把形状不规则的、非均质的问题转化为形状规则的、均质问题。根据研究需要，确定单元划分数量，对于非稳定流还要对时段进行划分。最后，把局部整合起来，加上定解条件。

数值解是用数值方法求得的数值解，是一种近似解。

数值法可以很方便地处理解析法难以解决的困难。事实上，它对任何复杂的地下水流问题都能给出有足够精度的解，适用于水文地质的很多领域，如水量计算、水质模拟等。常用的数值法有有限差分法和有限元法等。

7.2 地下水稳定流计算公式

7.2.1 含水层中地下水稳定流公式

1. 潜水含水层稳定流公式

无入渗补给时，应用 Dupuit 假设，含水层为均质各向同性，底部隔水层水平分布，潜水流可视为一维流，且是渐变流并趋于稳定。忽略渗流垂向分速度的情况下，可以导出潜水稳定流的 Dupuit 公式[6,16]，即

$$h^2 = h_1^2 - \frac{h_1^2 - h_2^2}{l}x \tag{7.44}$$

$$q = K\frac{h_1^2 - h_2^2}{2l} \tag{7.45}$$

式中,h——从左端断面 1 起距离为 x 处的潜水含水层厚度,m;

　　h_1、h_2——左端断面 1、右端断面 2 处的潜水含水层厚度,m;

　　q——通过断面 x 处潜水含水层的单宽流量,$m^3/(d \cdot m)$或 m^2/d;

　　K——潜水含水层的渗透系数,m/d;

　　l——断面 1 和断面 2 之间的水平距离,m。

　　式(7.44)、式(7.45)表明,潜水水位降落曲线的形状已经不是椭圆曲线,而是二次抛物线;通过所有断面的单宽流量处处相等。用式(7.44)计算出的浸润曲线较实际浸润曲线偏低;潜水面坡度愈大,两曲线间的差别也愈大。恰尔内(И. А. Чарный)证实按式(7.45)计算的流量仍然是准确的。

2. 承压含水层中稳定流公式

　　承压含水层在没有入渗补给,含水层厚度为 M,其他条件同潜水含水层,为一维流,则可得到断面 1 和断面 2 之间距离断面 1 处的水头及单宽流量公式:

$$H = H_1 - \frac{H_1 - H_2}{l}x \tag{7.46}$$

$$q = KM\frac{H_1 - H_2}{l} \tag{7.47}$$

　　上述结果表明,在厚度不变的承压水流中,降落曲线是均匀倾斜的直线。若含水层厚度变化时,则 M 取上、下游断面含水层厚度的平均值。

3. 双层介质含水层稳定流公式

　　在自然界中,除了上述均质含水层外,还经常见到含水层为非均质的情况。常见的有双层结构的含水层,其上层渗透系数(K_2)往往比下层的渗透系数(K_1)小得多(图 7.13)。

　　在这种情况下,可以将地下水流分成两部分,分界面以上视为潜水,以下视为承压水。通过整个含水层的单宽流量等于通过下层的单宽流量和通过上层的单宽流量之和,即

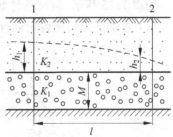

图 7.13　双层岩层中的渗流

$$q = K_1 M\frac{h_1 - h_2}{l} + K_2\frac{h_1^2 - h_2^2}{2l} \quad (7.48)$$

式中,h_1、h_2——断面 1、断面 2 处的潜水流厚度,m;

　　K_1、K_2——上、下相邻两种岩层的渗透系数,m;

　　l——断面 1、断面 2 到岩层分界面的距离,m。

4. 承压水-无压流的稳定流公式

在地下水坡度较大的地区,若上游为承压水,下游由于水头降至隔水底板以下转为无压水的情况,形成承压-无压流,见图 7.14。

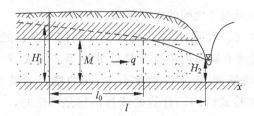

图 7.14　承压-无压流

此时,采用分段法计算,前段为承压水段,后段为潜水段,根据水流连续性原理,$q_1 = q_2 = q$,推导可得承压-无压流的单宽流量公式:

$$q = K \frac{M(2H_1 - M) - H_2^2}{2l} \tag{7.49}$$

利用上述含水层中地下水稳定运动的单宽流量公式,一旦测得单宽流量(q),就可以计算含水层的渗透系数。

5. 河渠间地下水的稳定运动

在降水入渗补给和蒸发等的影响下,河渠间潜水的运动是非稳定的。若存在入渗补给,且补给均匀分布。为了简化计算,可以把潜水的运动作为稳定运动进行研究。

如图 7.15 所示,假设条件如下:

(1) 含水层为均质各向同性,底部隔水层水平分布,上部有均匀入渗(用入渗

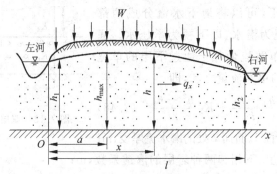

图 7.15　河渠间潜水的运动

强度 W 表示,为常数);

(2) 河渠基本上彼此平行,潜水流可视为一维流;

(3) 潜水流是渐变流并趋于稳定[6]。

河渠间地下水运动的单宽流量公式:

$$q_x = K\frac{h_1^2 - h_2^2}{2l} - \frac{1}{2}Wl + Wx \qquad (7.50)$$

式中,q_x——距左河 x 处任意断面上潜水流的单宽流量,m³/(d·m);

　　K——含水层的渗透系数,m/d;

　　W——均匀入渗强度,m/d;

　　h_1、h_2——两个断面的水位,m;

　　l——两河渠之间的距离,m;

　　x——自左河起算的距离,m。

若已知两个断面上的水位值,可以用它来计算两断面间任一断面的流量。

有入渗时,河渠间的浸润曲线形状为一椭圆曲线的上半支。河渠间形成分水岭,由于分水岭上水位最高,可用求极值的方法求出分水岭的位置。分水岭位置的计算公式:

$$a = \frac{l}{2} - \frac{K}{W}\frac{h_1^2 - h_2^2}{2l} \qquad (7.51)$$

式中,a——自左河起算的分水岭位置,m;

　　其余符号含义同前。

分水岭位置 a 与两侧河渠水位 h_1、h_2 的关系:若 $h_1 = h_2$,则 $a = l/2$,分水岭位于河渠中央;若 $h_1 > h_2$,则 $a < l/2$,分水岭靠近左河;若 $h_1 < h_2$,则 $a > l/2$,分水岭靠近右河。由此可见,分水岭的位置总是靠近高水位河渠的。

分水岭处的地下水位 $h_{\max}$ 计算公式:

$$h_{\max}^2 = h_1^2 + \frac{h_2^2 - h_1^2}{l}a + \frac{W}{K}(la - a^2) \qquad (7.52)$$

上式可用于计算排水沟合理间距 l,具体计算时可采用试算法。

在两渠水位相等的特殊条件下,即 $h_1 = h_2 = h_w$,分水岭位置 $a = l/2$,这时式(7.52)可简化为

$$l = 2\sqrt{\frac{K}{W}(h_{\max}^2 - h_w^2)} \qquad (7.53)$$

可见,当水位条件一定时,在入渗强度愈大和渗透性愈弱的含水层中,排水渠间距愈小,反之则愈大。

7.2.2　完整井稳定流公式

1. 水井及其分类

水井是常用的集水建筑物,用以开采、排泄地下水。可分为水平集水建筑物(排水沟、集水管、集水廊道等)和垂直集水建筑物(钻孔、水井、竖井等)[6,20]。

(1)按井径大小和成井方法分类

管井是直径通常小于 0.5 m、深度比较大、采用钻机开凿的水井。筒井是直径通常大于 0.5 m 甚至数米、深度比较浅、通常用人工开挖的水井。

(2)按揭穿含水层的程度及进水条件分类

完整井:贯穿整个含水层,在全部含水层厚度上都安装有过滤器并能全断面进水的井。

非完整井:未揭穿整个含水层、只有井底和含水层的部分厚度上能进水或进水部分仅揭穿部分含水层的井。或揭穿整个含水层,但只有部分含水层厚度上进水的井。

(3)按揭穿含水层的类型分类

潜水井:揭露潜水含水层的水井,又称无压井。

承压水井:揭露承压含水层的水井,又称有压井。当水头高出地面自流时又称为自流井;当地下水埋深很大时,可出现承压-无压井。

(4)按井工作的方式分类

抽水井是从井中抽取地下水的水井。注水井是将水注入地下的水井。

(5)按井工作时相互影响的程度分类

可分为干扰井和非干扰井。

实际上,水井类型可交叉命名,如承压水完整井、潜水非完整井等。

从井中抽水时,井周围含水层中的地下水向井中运动,井中和井附近的水位降低。设某点 (x,y) 的初始水头为 $H_0(x,y,0)$,抽水 t 时间后的水头为 $H(x,y,t)$,则该点的水头降低值为 s,$s= H_0(x,y,0)-H(x,y,t)$,将 s 称为水位降深,简称降深。降深亦即抽水井及其周围某时刻的水头比初始水头的降低值[6,16]。

水位降深 s 在不同的位置上是不同的。井中心降深最大,离井越远,降深越小。抽水井周围总体上形成漏斗状水头下降区,亦即由抽水(排水)而形成的漏斗状的水头(水位)下降区,称为降落漏斗。

2. 承压完整井稳定流 Dupuit 公式

基本假设(水文地质概念模型):

（1）含水层为均质、各向同性，产状水平、厚度不变（等厚）、分布面积很大，可视为无限延伸或呈圆岛状分布，岛外有定水头补给（图 7.16）。

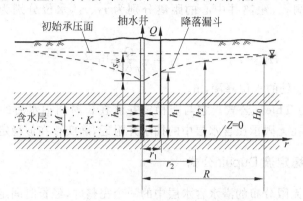

图 7.16　承压完整井的径向流

（2）抽水前地下水面是水平的，并视为稳定的；含水层中的水流服从达西定律，并在水头下降的瞬间将水释放出来，可忽略弱透水层的弹性释水。

（3）完整井，定流量抽水，在距井一定距离上有圆形补给边界，水位降落漏斗为圆域，半径为影响半径；经过较长时间抽水，地下水运动出现稳定状态。

（4）水流为平面径向流，流线为指向井轴的径向直线，等水头面为以井为共轴的圆柱面，并和过水断面一致；通过各过水断面的流量处处相等，并等于抽水井的流量。

经过推导，可得到承压完整井的 Dupuit 公式：

$$H_0 - h_w = s_w = \frac{Q}{2\pi KM}\ln\frac{R}{r_w} \tag{7.54}$$

或

$$Q = \frac{2\pi KMs_w}{\ln\dfrac{R}{r_w}} \tag{7.55}$$

式中，s_w——井中水位降深，m；

　　　Q——抽水井流量，m³/d；

　　　M——含水层厚度，m；

　　　K——渗透系数，m/d；

　　　r_w——井半径，m；

　　　R——影响半径（圆岛半径），m。

距离抽水井中心 r 处有一观测孔，其对应水位为 H，则有

$$H - h_w = s_w - s = \frac{Q}{2\pi KM}\ln\frac{r}{r_w} \tag{7.56}$$

若存在两个观测孔，距离井中心的距离分别为 r_1、r_2，水位分别为 H_1、H_2，则有

$$H_2 - H_1 = s_1 - s_2 = \frac{Q}{2\pi KM}\ln\frac{r_2}{r_1} \tag{7.57}$$

式中，s_1、s_2——r_1、r_2 处的水位降深，m。

式(7.57)也称为 Thiem 公式。它与非稳定井流在长时间抽水后的近似公式完全一致。这表明，在无限承压含水层中的抽水井附近，确实存在似稳定流区。

3. 潜水完整井稳定流 Dupuit 公式

图 7.17 所示为无限分布的潜水含水层中的一个完整井，经长时间定流量抽水后，在井附近形成相对稳定的降落漏斗。由于降落漏斗是在潜水含水层中发展，存在着垂向分速度，等水头面不是圆柱面，而是共轴的旋转曲面，为空间径向流，对于这类问题用解析法很难求解。

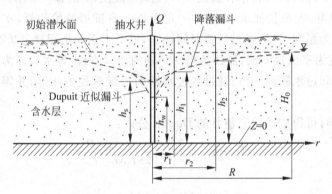

图 7.17　潜水完整井的径向流

为实用目的，对上述潜水井应用 Dupuit 假设，认为流向井的潜水流是近似水平的，因而等水头面仍是共轴的圆柱面，井和过水断面一致，这一假设，在距抽水井 $r>1.5H_0$ 的区域是足够准确的。同时认为，通过不同过水断面的流量处处相等，并等于井的流量。推导可得到潜水井的 Dupuit 公式：

$$H_0^2 - h_w^2 = (2H_0 - s_w)s_w = \frac{Q}{\pi K}\ln\frac{R}{r_w} \tag{7.58}$$

$$Q = \frac{\pi K(2H_0 - s_w)s_w}{\ln\dfrac{R}{r_w}} \tag{7.59}$$

式中，R——潜水井的影响半径，其余符号含义和承压水井的相同。

同理,可以分别给出有一个观测孔和两个观测孔时的计算式:

$$h^2 - h_w^2 = \frac{Q}{\pi K} \ln \frac{r}{r_w} \qquad (7.60)$$

$$h_2^2 - h_1^2 = \frac{Q}{\pi K} \ln \frac{r_2}{r_1} \qquad (7.61)$$

上式也称潜水井的 Thiem 公式。它同 Theis 公式在长时间抽水后的近似式完全一致。

4. 承压-潜水完整井公式

在承压水井中大降深抽水时,如果井中水位低于含水层顶板,井附近就会出现无压水流区,变成承压-潜水井。用于疏干的水井常出现这种情况,见图 7.18。

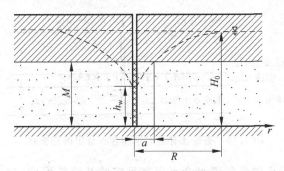

图 7.18　承压-潜水井

可用分段法计算流向井的流量,推导可得承压-潜水井公式:

$$Q = \frac{\pi K (2H_0 M - M^2 - h_w^2)}{\ln \dfrac{R}{r_w}} \qquad (7.62)$$

5. 注水井或补给井完整井流公式

当进行地下水人工补给或利用含水层人工储能时,需要向井中注水。在某些情况下,为了求得含水层参数,也需要进行注水试验。注水井的工作情况正好和抽水井相反。井水位最高,周围水位逐渐降低,成锥体状。地下水的运动为发散的径向流。如作粗略的估算,只要把前面几节公式中的水位降深换成水位升高,便适用于注水井。例如,对承压水注水井有

$$Q = \frac{2\pi K M (h_w - H_0)}{\ln \dfrac{R}{r_w}} \quad 或 \quad Q = 2.73 \frac{K M (h_w - H_0)}{\lg \dfrac{R}{r_w}} \qquad (7.63)$$

式中,$h_w - H_0$——井中的水位升高值。

对于潜水注水井有

$$Q = \frac{\pi K(h_w^2 - H_w^2)}{\ln \dfrac{R}{r_w}} \quad 或 \quad Q = 1.3666\frac{K(h_w^2 - H_w^2)}{\lg \dfrac{R}{r_w}} \tag{7.64}$$

7.2.3　越流系统中完整井稳定流公式

考虑有越流补给时,在无限承压含水层中的一口完整井(图 7.19)。因从井中抽水,造成水头降低,与相邻含水层(图中为潜水含水层)之间产生水头差或将原有的水头差扩大,相邻含水层中的水通过弱透水层越流补给抽水含水层。当抽水延续一定时间后,进入抽水含水层降落漏斗范围内的越流量和抽水量平衡时,水流达到稳定状态。

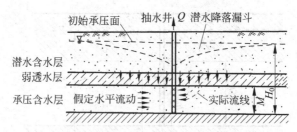

图 7.19　有越流补给时承压含水层中的完整井

此时假设:发生越流的潜水含水层有足够的补给量维持初始水位不变;弱透水层的弹性释放量很小,可以忽略不计,流向井的水流基本上仍保持水平流动。此时近似有 Hantush-Jacob 公式:

$$s \approx \frac{Q}{2\pi KM}K_0\left(\frac{r}{B}\right) \tag{7.65}$$

式中,$K_0\left(\dfrac{r}{B}\right)$——一阶第二类虚宗量 Bessel 函数;

其余符号含义同前。

在抽水井附近,$r/B \ll 1$。对于第二类虚宗量 Bessel 函数,当 $x \ll 1$ 时,$xK_1(x) \approx \ln(1.123/x)$。因此式(7.65)又可简化为

$$s \approx \frac{Q}{2\pi T}\ln\frac{1.123B}{r} \tag{7.66}$$

采用此式计算,误差不大。当 $r/B < 0.35$ 时,误差小于 5%;当 $r/B < 0.1$ 时,误差小于 1%。

7.3　承压含水层中完整井非稳定流公式

当承压含水层侧向边界离井很远，且边界对研究区的水头分布没有明显影响时，可以把它看作是无外界补给的无限含水层[6,16,18]。

7.3.1　定流量抽水时的 Theis 公式

承压含水层中单井定流量抽水的数学模型是在下列假设条件下建立的：

(1) 含水层均质各向同性，等厚，侧向无限延伸，产状水平；

(2) 抽水前天然状态下水力坡度为零；

(3) 完整井定流量抽水，井径无限小；

(4) 含水层中水流服从 Darcy 定律；

(5) 水头下降引起的地下水从储存量中的释放是瞬时完成的。

在上述假设条件下，抽水后将形成以井轴为对称轴的下降漏斗，将坐标原点放在含水层底板抽水井的井轴处，井轴为 z 轴，如图 7.20 所示。

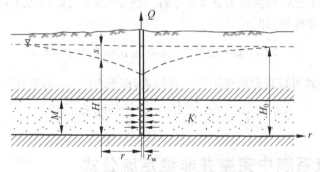

图 7.20　承压水完整井流

经过理论推导，可得到无补给的承压水完整井定流量非稳定流计算公式，也就是著名的泰斯(Theis)公式：

$$s = \frac{Q}{4\pi T}\int_{\frac{r^2}{4at}}^{\infty}\frac{e^{-y}}{\frac{r^2}{4ay}}\frac{r^2}{4ay^2}\mathrm{d}y = \frac{Q}{4\pi T}\int_{u}^{\infty}\frac{e^{-y}}{y}\mathrm{d}y \qquad (7.67)$$

或

$$s = \frac{Q}{4\pi T}W(u) \qquad (7.68)$$

其中

$$u = \frac{r^2}{4aT} = \frac{r^2 \mu^*}{4Tt} \tag{7.69}$$

$$W(u) = \int_u^\infty \frac{e^{-y}}{y} dy$$

$$= -0.577\,216 - \ln u + u - \sum_{n=2}^\infty (-1)^n \frac{u^n}{n \cdot n!} \tag{7.70}$$

式中,s——抽水影响范围内任一点任一时刻的水位降深,m;

Q——抽水井的流量,m³/d 或 m³/h;

T——导水系数,m²/d 或 m²/h;

t——自抽水开始到计算时刻的时间,d 或 h;

r——计算点到抽水井的距离,m;

μ^*——含水层的贮水系数;

$W(u)$——井函数。

7.3.2　Theis 公式的近似表达式

一般生产上允许相对误差在 2% 左右。当 $u \ll 0.01$ 或 $u \ll 0.05$ 时,井函数可用级数的前两项代替,即

$$W(u) \approx -0.577\,216 - \ln u = \ln \frac{2.25Tt}{r^2 \mu^*} \tag{7.71}$$

于是,Theis 公式可以近似地表示为下列形式,即著名的 Jacob 公式(1946):

$$s = \frac{Q}{4\pi T} \ln \frac{2.25Tt}{r^2 \mu^*} = \frac{0.183Q}{T} \lg \frac{2.25Tt}{r^2 \mu^*} \tag{7.72}$$

7.4　越流系统中完整井非稳定流公式

7.4.1　基本假设

在越流含水层中抽水时会发生越流。人们把这种包括越流含水层、弱透水层和相邻的含水层(如果有的话)的系统称为越流系统。

越流系统通常可以划分为三种类型:第一越流系统是不考虑弱透水层弹性释放、忽略补给层水位变化的越流系统,第二越流系统是考虑弱透水层弹性释放、不考虑补给层水位变化的越流系统,第三越流系统是不考虑弱透水层弹性释放、考虑补给层水位变化的越流系统。

前边 Hantush-Jacob 公式探讨了越流情况下的稳定运动。现在探讨越流情况下的非稳定运动,研究时采用了和研究稳定运动时相同的地质模型和假设,即:

（1）越流系统中每一层都是均质各向同性、无限延伸的第一类越流系统，含水层底部水平，含水层和弱透水层都是等厚的；

（2）含水层中水流服从 Darcy 定律；

（3）虽然发生越流，但相邻含水层在抽水过程中水头保持不变（这在径流条件比较好的含水层中不难达到）；

（4）弱透水层本身的弹性释水可以忽略，通过弱透水层的水流可视为垂向一维流；

（5）抽水含水层天然水力坡度为零，抽水后为平面径向流；

（6）抽水井为完整井，井径无限小，定流量抽水。

7.4.2　基本公式

在上述假设条件下，Hantush 和 Jacob 于 1955 年建立了有越流补给的承压水完整井公式[6,16]：

$$s = \frac{Q}{4\pi T} W\left(u, \frac{r}{B}\right) \tag{7.73}$$

其中

$$W\left(u, \frac{r}{B}\right) = \int_u^\infty \frac{1}{y} e^{-y - \frac{r^2}{4B^2 y}} \mathrm{d}y, \quad u = \frac{r^2 \mu^*}{4Tt} \tag{7.74}$$

式中，$W\left(u, \dfrac{r}{B}\right)$——不考虑相邻弱透水层弹性释水时越流系统的井函数；

其余符号含义同前。

7.5　潜水含水层中完整井非稳定流公式

7.5.1　仿 Theis 公式

潜水井流与承压水井流不同，它的上界面是一个随时间而变化的浸润曲面（自由面）。因而它的运动与承压含水层中的情况不同，主要表现在下列几点：

（1）潜水井流的导水系数 $T = Kh$，随距离 r 和时间 t 而变化；而承压水井流 $T = KM$，和 r、t 无关。

（2）当潜水井流降深较大时，垂向分速度不可忽略，在井附近为三维流。而水平含水层中的承压水井流垂向分速度可忽略，一般为二维流或可近似地当二维流来处理。

（3）从潜水井抽出的水主要来自含水层的重力疏干。重力疏干不能瞬时完成，而是逐渐被排放出来，因而出现明显迟后于水位下降的现象。潜水面虽然下降了,但潜水面以上的非饱和带内的水继续向下不断地补给潜水。因此,测出的给水度在抽水期间是以一个递减的速率逐渐增大的。只有抽水时间足够长时,给水度才趋于一个常数值。承压水井流则不同,抽出的水来自含水层贮存量的释放,接近于瞬时完成,贮水系数是常数。

在一定条件下,也可将承压水完整井流公式应用于潜水完整井流的近似计算。如果满足 Theis 公式的前 4 个假设条件,条件(5)虽然不同,但当抽水相当长时间以后,迟后排水现象已不明显,可近似地认为已满足条件(5)。因此,潜水完整井在降深不大的情况下,即 $s \leqslant 0.1 H_0$,H_0 为抽水前潜水流的厚度,可用承压水井流公式作近似计算。此时,潜水流厚度可近似地用 $H_\mathrm{m} = \frac{1}{2}(H_0 + H)$ 来代替。于是承压水井公式中的 $2Ms$ 用 $H_0^2 - H^2$ 代替,则有

$$H_0^2 - H^2 = \frac{Q}{2\pi K} W(u), \quad u = \frac{r^2 \mu}{4T't} \quad (T' = KH_\mathrm{m}) \tag{7.75}$$

也可采用修正降深值,直接利用 Theis 公式:

$$s' = s - \frac{s^2}{2H_0} = \frac{Q}{4\pi T} W(u), \quad u = \frac{r^2 \mu}{4Tt} \quad (T = KH_0) \tag{7.76}$$

式中,s'——修正降深,m;

　　　　s——实际观测降深,m;

　　　　H_0——潜水流初始厚度,m;

　　　　其余符号含义同前。

仿 Theis 公式的应用同 Theis 公式一样,求参的主要差别是此时所求参数为潜水含水层的平均导水系数和给水度。

7.5.2　考虑流速垂直分量和弹性释水的 Neuman 模型

在 Boulton 模型中,延迟指数 $\frac{1}{\alpha}$ 缺乏明确的物理意义,也不能保证 α 是常数,用它解释无压含水层从贮存中释放水的机制就会有困难。而 Neuman 模型,不仅考虑了流速的垂直分量和弹性释水,还把潜水面视为可移动的边界,建立了有关潜水面变动的连续性方程,并简化得到潜水面边界条件的近似表达式,这样就不涉及非饱和带和物理意义不明确的延迟指数[6]。

1. 假设条件

Neuman 模型是在下列假设条件下建立的:

(1) 含水层均质各向异性,侧向无限延伸,坐标轴和主渗透方向一致,隔水层水平;

（2）初始潜水面水平；

（3）水流服从 Darcy 定律；

（4）完整井，定流量抽水；

（5）抽水期间自由面上没有入渗补给或蒸发，潜水面降深和含水层厚度相比小得多，因此在建立潜水面边界条件时可以忽略水头 H 对 x、y 的导数或对 r 的导数（图 7.21）。

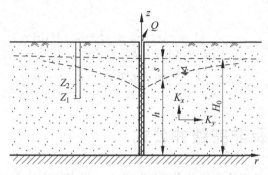

图 7.21　潜水完整井流示意图

2. Neuman 模型

在上述假设条件下，可以推导出潜水完整井流的降深公式，即 Neuman 模型：

$$s(r,z,t) = \frac{Q}{4\pi T}\int_0^\infty 4yJ_0(y\beta^{\frac{1}{2}})\left[\omega_0(y) + \sum_{n=1}^\infty \omega_n(y)\right]\mathrm{d}y \tag{7.77}$$

式中

$$\omega_0(y) = \frac{\{1 - \exp[-t_s\beta(y^2 - \gamma_0^2)]\}\mathrm{ch}(\gamma_0 z_\mathrm{d})}{\{y^2 + (1+\sigma)\gamma_0^2 - [(y^2 - \gamma_0^2)^2/\sigma]\}\mathrm{ch}(\gamma_0)} \tag{7.78a}$$

$$\omega_n(y) = \frac{\{1 - \exp[-t_s\beta(y^2 - \gamma_n^2)]\}\mathrm{ch}(\gamma_n z_\mathrm{d})}{\{y^2 + (1+\sigma)\gamma_n^2 - [(y^2 - \gamma_n^2)^2/\sigma]\}\cos\gamma_n} \tag{7.78b}$$

其中，γ_0、γ_n 分别为下列两个方程的根：

$$\sigma\gamma_0\mathrm{sh}(\gamma_0) - (y^2 - \gamma_0^2)\mathrm{ch}(\gamma_0) = 0, \quad \gamma_0^2 < y^2$$

$$\sigma\gamma_n\sin\gamma_n + (y^2 - \gamma_n^2)\cos\gamma_n = 0$$

此处，

$$\sigma = \frac{\mu^*}{\mu}, \quad K_\mathrm{d} = \frac{K_z}{K_r}, \quad z_\mathrm{d} = \frac{z}{H_0}, \quad h_\mathrm{d} = \frac{H_0}{r} \tag{7.79}$$

$$t_s = \frac{Tt}{\mu^* r^2}, \quad t_y = \frac{Tt}{\mu r^2}, \quad \beta = \frac{K_\mathrm{d}}{h_\mathrm{d}^2} = \frac{r^2 K_z}{H_0^2 K_r} \tag{7.80}$$

式中，K_r——水平径向渗透系数，m/d；

K_z——垂向渗透系数，m/d；

μ——给水度；

H_0——潜水流初始厚度，m；

其余符号含义同前。

在实际工作中，在完整观测孔所观测到的降深是降深在整个含水层厚度上的平均值 $s(r,t)$。此时，上述解仍可用式（7.77）来表达，只是 $\omega_0(y)$ 和 $\omega_n(y)$ 需要按下式重新定义：

$$\omega_0(y) = \frac{\{1 - \exp[-t_s\beta(y^2 - \gamma_0^2)]\}\operatorname{th}(\gamma_0)}{\{y^2 + (1+\sigma)\gamma_0^2 - [(y^2 - \gamma_0^2)^2/\sigma]\}\gamma_0}$$

$$\omega_y(y) = \frac{\{1 - \exp[-t_s\beta(y^2 - \gamma_n^2)]\}\tan(\gamma_n)}{\{y^2 + (1+\sigma)\gamma_n^2 - [(y^2 - \gamma_n^2)^2/\sigma]\}\gamma_n}$$

7.6 边界井及非完整井公式

边界附近存在工作的真实的井（称为实井），相应地在边界的另一侧会映出一口虚构的井（称为虚井）。虚井应有下列特征：①虚井和实井的位置对边界是对称的。②虚井的流量和实井相等。③虚井性质取决于边界性质，对于定水头补给边界，虚井性质和实井相反；如实井为抽水井，则虚井为注水井；对于隔水边界，虚井和实井性质相同，都是抽水井。④虚井的工作时间和实井相同。利用虚井把有界含水层的解和无界含水层的解联系起来，后者有现成的解析解，因此有界含水层的求解就比较容易。这种方法称为镜像法或映射法[6]。

7.6.1 直线边界附近完整井的井流公式

1. 直线边界附近的井流

1）稳定流

（1）直线补给边界附近的稳定井流

先考虑承压水井。设抽水井的流量为 Q，井中心至边界的垂直距离为 a（此处 $2a < R$，R 为影响半径），则在边界的另一侧 $-a$ 的位置上映出一口流量为 $-Q$ 的注水井。承压水的降深 s 为线性函数，经叠加后得到

$$s = s_1 + (-s_2) = \frac{Q}{2\pi T}\ln\frac{R}{r_1} + \frac{-Q}{2\pi T}\ln\frac{R}{r_2} = \frac{Q}{2\pi T}\ln\frac{r_2}{r_1} \tag{7.81}$$

式中，s——边界附近任一点 $p(x,y)$ 的降深值；

s_1——由实井引起的降深；

s_2——由虚井引起的降深；

r_1——研究点至实井的距离，$r_1 = \sqrt{(x-a)^2 + y^2}$；

r_2——研究点至虚井的距离，$r_2 = \sqrt{(x+a)^2 + y^2}$。

对于潜水含水层，$\dfrac{1}{2}h^2$ 是线性函数，故有

$$\Delta h^2 = H_0^2 - h^2 = \Delta h_1^2 + (-\Delta h_2^2) = \frac{Q}{\pi K}\ln\frac{r_2}{r_1} \tag{7.82}$$

为了便于计算，把研究点移至抽水井井壁，即 $r_1 = r_w$、$r_2 \approx 2a$，则得

承压水：

$$Q = 2\pi\,\frac{KMs_w}{\ln\dfrac{2a}{r_w}} \tag{7.83}$$

潜水：

$$Q = \pi K\,\frac{(2H_0 - s_w)s_w}{\ln\dfrac{2a}{r_w}} \tag{7.84}$$

式中，r_w——水井半径，m；

H_0——承压含水层的初始水头或潜水含水层的初始厚度，m；

s_w——抽水井中的水位降深，m。

(2) 直线隔水边界附近的稳定井流

对于承压含水层，降深等于实井和虚井降深的叠加，即

$$s = \frac{Q}{2\pi T}\ln\frac{R}{r_1} + \frac{Q}{2\pi T}\ln\frac{R}{r_2} = \frac{Q}{2\pi T}\ln\frac{R^2}{r_1 r_2} \tag{7.85}$$

对于潜水含水层，有

$$H_0^2 - h^2 = \frac{Q}{\pi K}\ln\frac{R^2}{r_1 r_2} \tag{7.86}$$

为了便于计算，把研究点 $p(x,y)$ 移至抽水井井壁，则 $r_1 = r_w$、$r_2 \approx 2a$，得

承压水：

$$Q = 2\pi T\,\frac{s_w}{\ln\dfrac{R^2}{2ar_w}} \tag{7.87}$$

潜水：

$$Q = \pi K\,\frac{(2H_0 - s_w)s_w}{\ln\dfrac{R^2}{2ar_w}} \tag{7.88}$$

式中符号含义同前。同理，以上各式也只适用于 $a < R_0/2$ 的情况。

2）非稳定流

（1）直线补给边界附近的非稳定井流

虚井是流量为$-Q$的注水井，利用叠加原理，当抽水时间t延长到一定程度，使u_1和u_2均小于0.01时，则可利用Jacob近似公式，得到

$$s = \frac{Q}{4\pi T}\left[\ln\frac{2.25Tt}{r_1^2\mu^*} - \ln\frac{2.25Tt}{r_2^2\mu^*}\right] = \frac{Q}{2\pi T}\ln\frac{r_2}{r_1} \tag{7.89}$$

对于潜水，当降深不大时，忽略三维流的影响，当$u\leqslant0.01$时，可得

$$H_0^2 - h^2 = \frac{Q}{\pi K}\ln\frac{r_2}{r_1} \tag{7.90}$$

式（7.89）、式（7.90）表示存在补给边界时，抽水一定时间以后降深能达到稳定。

（2）直线隔水边界附近的非稳定井流

此时虚井是抽水井，对承压水井，当$u<0.01$时，有

$$s = \frac{Q}{4\pi T}\left[\ln\frac{2.25Tt}{r_1^2\mu^*} + \ln\frac{2.25Tt}{r_2^2\mu^*}\right] = \frac{Q}{2\pi T}\ln\frac{2.25Tt}{r_1 r_2\mu^*} \tag{7.91}$$

对于潜水井则有

$$H_0^2 - h^2 = \frac{Q}{2\pi K}\left[W(u_1) + W(u_2)\right] = \frac{Q}{\pi K}\ln\frac{2.25Tt}{r_1 r_2\mu} \tag{7.92}$$

由式（7.91）、式（7.92）可看出，随着t的增大，降深s也增大。因此，隔水边界附近的井流如果没有其他的补给源，不可能达到稳定。

（3）根据非稳定流抽水试验资料求参数

求参数的方法，一般仍用直线图解法和配线法。应用配线法时，要根据抽水井和观测孔的位置制定特定的标准曲线。

2. 象限含水层（θ为90°）

（1）稳定流计算

当两边界都是隔水边界时，三口虚井都是抽水井，边界的影响相当于含水层中有4口井同时抽水。假设影响半径R相当大，利用叠加原理，可得承压含水层中任一点的降深为

$$s = s_1 + s_2 + s_3 + s_4 = \frac{Q}{2\pi T}\ln\frac{R^4}{r_1 r_2 r_3 r_4}$$

式中，r_1、r_2、r_3、r_4——任意点至各井的距离，m。

如果考虑抽水井的降深，$r_1 = r_w$，$r_2 = 2a$，$r_3 = 2b$，$r_4 = 2\sqrt{a^2 + b^2}$，于是有

$$s_w = \frac{Q}{2\pi T}\ln\frac{R^4}{8r_w ab\sqrt{a^2 + b^2}} \tag{7.93}$$

或

$$Q = \frac{2\pi K M s_{\mathrm{w}}}{\ln \dfrac{R^4}{8r_{\mathrm{w}}ab\ \sqrt{a^2 + b^2}}} \tag{7.94}$$

对于潜水井有

$$Q = \frac{\pi K (H_0^2 - h_{\mathrm{w}}^2)}{\ln \dfrac{R^4}{8r_{\mathrm{w}}ab\ \sqrt{a^2 + b^2}}} \tag{7.95}$$

当两边界都是补给边界时,井 2、3 为注水井,1、4 为抽水井,根据叠加原理有

$$Q = \frac{2\pi K M s_{\mathrm{w}}}{\ln \dfrac{2ab}{r_{\mathrm{w}}\ \sqrt{a^2 + b^2}}} \tag{7.96}$$

对于潜水井有

$$Q = \frac{\pi K (H_0^2 - h_{\mathrm{w}}^2)}{\ln \dfrac{2ab}{r_{\mathrm{w}}\ \sqrt{a^2 + b^2}}} \tag{7.97}$$

（2）非稳定流计算

考虑两条隔水边界,对于承压含水层中任一点,当时间 t 足够长,使 $u_i < 0.01$ 时,可利用 Jacob 公式得

$$s = \frac{Q}{\pi T}\ln \frac{2.25Tt}{\sqrt{r_1 r_2 r_3 r_4}\,\mu^*} \tag{7.98}$$

表明在象限含水层的情况下,在抽水时间足够长,两隔水边界充分影响以后,单对数纸上 s-$\lg t$ 直线的斜率为无限含水层的 4 倍。

3. 条形含水层中的井流

两条平行的边界中间的含水层为条形含水层,应用镜像法时,因为同时要映出另一边界的像,如此重复,一共要映射无穷多次。这样,条形含水层中的一口井就变成了无限含水层中的一个无穷井排。

设水井不位于含水层的中部,稳定流状态时任一点 $A(x,y)$ 的降深为

$$s = \frac{Q}{4\pi T}\ln\left[\frac{\mathrm{ch}\,\dfrac{\pi y}{l} - \cos\,\dfrac{\pi(x+a)}{l}}{\mathrm{ch}\,\dfrac{\pi y}{l} - \cos\,\dfrac{\pi(x-a)}{l}}\right] \tag{7.99}$$

式中,l ——条形含水层的宽度,即两平行边界之间的垂直距离,m;

　　a——实井至纵轴的距离（纵轴沿边界取）,m。

把 A 点移到抽水井的井壁上（$x = a - r_{\mathrm{w}}$;$y = 0$）,经化简得

$$Q = \frac{2\pi K M s_{\mathrm{w}}}{\ln\left(\dfrac{2l}{\pi r_{\mathrm{w}}}\sin\dfrac{\pi a}{l}\right)} \tag{7.100}$$

对于潜水含水层有

$$Q = \frac{\pi K (H_0^2 - h_{\mathrm{w}}^2)}{\ln\left(\dfrac{2l}{\pi r_{\mathrm{w}}}\sin\dfrac{\pi a}{l}\right)} \tag{7.101}$$

7.6.2　半无限厚含水层中不完整井的井流公式

1. 井底进水的承压水不完整井

如井底刚好揭穿承压含水层的顶板,就构成井底进水的不完整井。如含水层厚度很大,则其底板对井流的影响可以忽略不计,于是可得井底进水的承压水不完整井公式:

$$Q = 2\pi K r_{\mathrm{w}} s_{\mathrm{w}} \tag{7.102}$$

式中,s_{w}——井中水位降深,m,$s_{\mathrm{w}} = H_0 - h_{\mathrm{w}}$($H_0$ 为抽水前的初始水头,m;h_{w} 为抽
　　　　水井中的动水位,m);

　K——渗透系数,m/d。

2. 井壁进水的承压水不完整井

Бабушкин(巴布什金)公式:

$$Q = \frac{4\pi K l s_{\mathrm{w}}}{\mathrm{arsh}\dfrac{0.25l}{r_{\mathrm{w}}} + \mathrm{arsh}\dfrac{1.75l}{r_{\mathrm{w}}}} = \frac{2\pi K l s_{\mathrm{w}}}{\ln\dfrac{1.32l}{r_{\mathrm{w}}}} \tag{7.103}$$

Гиринский(吉林斯基)公式:

$$Q = \frac{2\pi K l s_{\mathrm{w}}}{\ln\dfrac{1.6l}{r_{\mathrm{w}}}} \tag{7.104}$$

3. 井壁进水的潜水不完整井

当过滤器埋藏相对较浅,$L/2 < 0.3m_0$ 时,潜水不完整井流量公式为

$$Q = \pi K s_{\mathrm{w}} \left[\frac{l + s_{\mathrm{w}}}{\ln\dfrac{R}{r_{\mathrm{w}}}} + \frac{l}{\ln\dfrac{0.66l}{r_{\mathrm{w}}}} \right] \tag{7.105}$$

式中,s_{w}——井壁的降深,m;

　r_{w}——过滤器的半径,m;

l——过滤器的长度，m；

R——影响半径，m。

7.6.3　有限厚含水层中不完整井的井流公式

当含水层厚度有限时，不仅要考虑隔水顶板对水流的影响，还要考虑隔水底板的影响。

马斯凯特(Muskat)研究了有限厚含水层中井过滤器与隔水顶板相接时稳定流的水头分布，采用汇线无限次映像得到承压水不完整井的 Muskat 公式为

$$Q = \frac{2\pi KMs_{\text{w}}}{\frac{1}{2\alpha}\left[2\ln\frac{4M}{r_{\text{w}}} - 2.3A\right] - \ln\frac{4M}{R}}\tag{7.106}$$

式中，α——抽水井的不完整程度，$\alpha = \dfrac{l}{M}$；

$A = f(\alpha) = \lg\dfrac{\Gamma(0.875\alpha)\Gamma(0.125\alpha)}{\Gamma(1-0.875\alpha)\Gamma(1-0.125\alpha)}$，可由图 7.22 查取，其中 Γ 为伽马函数；

R——影响半径，m。

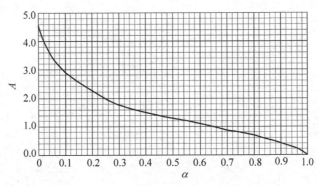

图 7.22　A 与 α 的关系曲线

思 考 题

1. 简述多孔介质、渗流、贮水系数、导水系数、导压系数、越流系数、越流因素的基本概念。

2. 地下水的水头是由哪几部分组成的？

3. 简述流网的概念及流网的用途。

4. 如何绘制流网？

5. 什么是折射定律？

6. 写出地下水和多孔介质的状态方程。

7. 什么是渗流的连续方程？其物理意义是什么？

8. 简要写出承压水及潜水运动的基本微分方程。

9. 简述地下水数学模型的构成及其解法。

10. 简述水井的主要分类方法。

11. 写出承压含水层及潜水含水层中地下水运动的基本解析式。

12. 简述完整井、非完整井、潜水井、承压水井、水位降深、降落漏斗的基本概念。

13. 简述 Dupuit 公式的适用条件。

14. 简述 Hantush-Jacob 公式的适用条件。

15. 简述 Theis 公式的适用条件。

16. 简述越流完整井公式的适用条件。

17. 简述仿 Theis 公式的适用条件。

18. 简述 Neuman 模型的适用条件。

第8章 水文地质参数计算

本章主要讲授水文地质参数的稳定流计算方法、非稳定流计算方法和其他计算方法。

水文地质参数是表征岩土储存、释出和输运水、溶质或热的特性的定量指标，是地下水资源模拟、评价、利用和保护管理的重要基础。水文地质参数通常包括给水度、弹性释水系数、渗透系数、导水系数、压力传导系数、越流系数、降水入渗补给系数、潜水蒸发系数、河道渗漏补给系数、渠系渗漏补给系数、渠灌田间入渗补给系数及井灌回归补给系数等。

利用边界附近的完整井及非完整井公式常常可以直接进行有关参数计算，较为简单，这里不再赘述。而资料较多时也可以采用数值法反演计算求得水文地质参数，较为复杂，可以参考地下水数值模拟方法的专业书。

除特别注明外，本章公式所用符号含义与第7章相应公式的符号含义相同。

8.1 水文地质参数的稳定流计算方法

8.1.1 稳定井流 Dupuit 公式的应用

Dupuit 公式可以用于计算水文地质参数，也可以用于进行水位或水量预报[2,18,20]。

1. 确定水文地质参数

利用观测孔资料，可利用以下公式求参。

承压井：

$$K = \frac{Q}{2\pi M s_w} \ln \frac{R}{r_w} \quad \text{或} \quad K = 0.366 \frac{Q}{M s_w} \lg \frac{R}{r_w} \tag{8.1}$$

$$K = \frac{Q}{2\pi M(s_1 - s_2)} \ln \frac{r_2}{r_1} \quad \text{或} \quad K = 0.366 \frac{Q}{M(s_1 - s_2)} \lg \frac{r_2}{r_1} \tag{8.2}$$

潜水井：

$$K = \frac{Q}{\pi(2H_0 - s_w)s_w} \ln \frac{R}{r_w} \quad \text{或} \quad K = 0.732 \frac{Q}{(2H_0 - s_w)s_w} \lg \frac{R}{r_w} \tag{8.3}$$

$$K = \frac{Q}{2\pi(2H_0 - s_1 - s_2)(s_1 - s_2)}\ln\frac{r_2}{r_1}$$

或

$$K = 0.732\frac{Q}{(2H_0 - s_1 - s_2)(s_1 - s_2)}\lg\frac{r_2}{r_1} \tag{8.4}$$

利用以上求参公式,将抽水试验趋近稳定时的 Q 及抽水井或观测孔的水位降深 s 代入各式,可以直接求出 K 或 T。

对于单井抽水条件下,R 常采用经验值,也可采用由 Theis 公式导出的近似式进行估算。虽然经验值可能给求参结果带来一定的误差,但由于 R 在公式中以对数的形式出现,因此,对求参的结果影响不大。

利用观测孔 1 和观测孔 2 资料(其中一孔可以是抽水孔),可以计算影响半径。

承压井:

$$\lg R = \frac{s_1\lg r_2 - s_2\lg r_1}{s_1 - s_2} \tag{8.5}$$

潜水井:

$$\lg R = \frac{s_1(2H_0 - s_1)\lg r_2 - s_2(2H_0 - s_2)\lg r_1}{(2H_0 - s_1 - s_2)(s_1 - s_2)} \tag{8.6}$$

利用以上公式求得的 R 既可用于条件类似地区只用单井试验的计算中,又可作为设计合理井距的依据。

2. 预报流量或降深

根据 Dupuit 公式,在已知含水层厚度和参数的情况下,只要给出设计的合理降深,既可预报井的开采量;也可按需要的流量,预报开采后的可能降深值。

但应注意,利用以上公式预报时,含水层必须有补给源,且能和抽水量平衡,达到稳定流条件;否则,不可能出现稳定流,利用稳定流公式进行预报,所得到的结果是错误的。

8.1.2 越流含水层中地下水稳定流参数计算

参数计算时,要求有距抽水井不同距离 r 的若干个观测孔。测得各观测孔的水位降深后,可用下述方法求导水系数 T、越流因素 B 和越流系数[2,18]。

1. 配线法(标准曲线法)

在双对数纸上,$K_0\left(\frac{r}{B}\right)$-$\frac{r}{B}$ 曲线(称为标准曲线,见图 8.1)和 s-r 曲线的形状相同,因此,在求参时可先在双对数纸上做 $K_0\left(\frac{r}{B}\right)$-$\frac{r}{B}$ 标准曲线,再根据不

同的 r 值,在模数相同的透明双对数纸上作 s-r 实际曲线。把实际曲线叠合在标准曲线上,保持两者的坐标轴平行,移动坐标轴,直到两曲线重合时为止。然后在图上任取一点作为匹配点,读出匹配点在两张图上的坐标 s、r、$K_0(r/B)$ 和 r/B 值,分别表示为 $[s]$、$[r]$、$\left[K_0\left(\dfrac{r}{B}\right)\right]$ 和 $\left[\dfrac{r}{B}\right]$,代入以上两式,即可求出参数值。

$$T = \frac{Q}{2\pi[s]}\left[K_0\left(\frac{r}{B}\right)\right], \quad B = \frac{[r]}{\left[\dfrac{r}{B}\right]}, \quad \sigma' = \frac{T}{B^2}$$

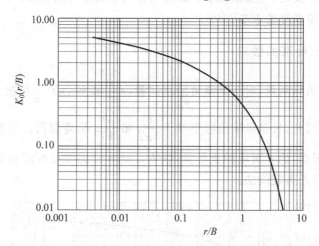

图 8.1　越流含水层稳定流抽水试验的标准曲线

2. 直线图解法

由近似式(7.66)有

$$s = \frac{Q}{2\pi T}\ln\frac{1.123B}{r} = -\frac{2.3Q}{2\pi T}\lg\left(0.89\frac{r}{B}\right) \tag{8.7}$$

上式表明,在单对数纸上,s 和 r 为线性关系。如将实测的 s 取普通坐标、r 取对数坐标作图,则应为一直线;直线的斜率 $i = -\dfrac{2.3Q}{2\pi T}$,直线在零降深线上的截距为 r_0。由此可求得导水系数 T 和越流因素 B:

$$T = -\frac{2.3Q}{2\pi i} = 0.366\frac{Q}{|i|}$$

$$B = 0.89r_0$$

8.2 水文地质参数的非稳定流计算方法

8.2.1 利用承压非稳定井流公式确定水文地质参数

Theis 公式及其近似公式(Jacob 公式),既可以用于水位预测,也可以用于求参数。当含水层水文地质参数已知时可进行水位预测,也可预测在允许降深条件下井的涌水量。反之,可根据抽水试验资料来确定含水层的参数。常用配线法、直线图解法和水位恢复法求参[2,16,18,20]。

1. 配线法(标准曲线法)

在双对数坐标系内,对于定流量抽水试验,$s-\dfrac{t}{r^2}$ 和 $W(u)-\dfrac{1}{u}$ 标准曲线(图 8.2)在形状上是相同的,只是纵横坐标平移了 $\dfrac{Q}{4\pi T}$ 和 $\dfrac{\mu^*}{4T}$ 距离而已。只要将二曲线重合,任选一匹配点,记下对应的坐标值,代入 Theis 公式即可确定有关参数。此法称为降深-时间距离配线法。

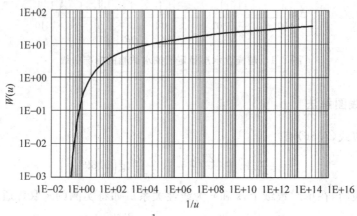

图 8.2 $W(u)-\dfrac{1}{u}$ 标准曲线(泰斯标准曲线)

同理,由实际资料绘制的 $s-t$ 曲线和 $s-r^2$ 曲线,分别与 $W(u)-\dfrac{1}{u}$ 和 $W(u)-u$ 标准曲线有相似的形状。因此,可以利用一个观测孔不同时刻的降深值,在双对数纸上绘出 $s-t$ 曲线和 $W(u)-\dfrac{1}{u}$ 曲线,进行拟合,此法称为降深-时间配线法。

如果有 3 个以上的观测孔,可以取 t 为定值,利用所有观测孔的降深值,在双

对数纸上绘出 s-r^2 实际资料曲线与 $W(u)$-u 标准曲线拟合,称为降深-距离配线法。

配线法求参的计算步骤:

(1)在双对数坐标纸上绘制 $W(u)$-$\dfrac{1}{u}$ 或 $W(u)$-u 的标准曲线。

(2)在另一张模数相同的透明双对数纸上绘制实测的 s-$\dfrac{t}{r^2}$ 曲线或 s-t、s-r^2 曲线。

(3)将实际曲线置于标准曲线上,在保持对应坐标轴彼此平行的条件下相对平移,直至两曲线重合为止(图 8.3)。

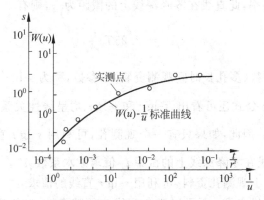

图 8.3 降深-时间距离配线法

(4)任取一匹配点(在曲线上或曲线外均可),记下匹配点的对应坐标值,分别记为 $[W(u)]$、$\left[\dfrac{1}{u}\right]$(或 $[u]$)、$\left[\dfrac{t}{r^2}\right]$(或 $[t]$、$[r^2]$),代入以上二式,即可求出参数值。

按下式分别计算有关参数。

s-$\dfrac{t}{r^2}$ 法: $\qquad T=\dfrac{Q}{4\pi[s]}[W(u)], \quad \mu^*=\dfrac{4T}{\left[\dfrac{1}{u}\right]}\left[\dfrac{t}{r^2}\right]$

s-t 法: $\qquad T=\dfrac{Q}{4\pi[s]}[W(u)], \quad \mu^*=\dfrac{4T[t]}{r^2\left[\dfrac{1}{u}\right]}$

s-r 法: $\qquad T=\dfrac{Q}{4\pi[s]}[W(u)], \quad \mu^*=\dfrac{4Tt[u]}{[r^2]}$

配线法的最大优点是:可以充分利用抽水试验的全部观测资料,避免个别资料的偶然误差,提高计算精度。

2. Jacob 直线图解法

当 $u \leqslant 0.01$ 时,可利用 Jacob 公式计算参数。首先把它改写成下列形式:

$$s = \frac{2.3Q}{4\pi T} \lg \frac{2.25T}{\mu^*} + \frac{2.3Q}{4\pi T} \lg \frac{t}{r^2}$$

上式表明,s 与 $\lg \dfrac{t}{r^2}$ 呈线性关系,斜率为 $\dfrac{2.3Q}{4\pi T}$,利用斜率可求出导水系数 T:

$$T = \frac{2.3Q}{4\pi i}$$

式中,i 为直线的斜率,此直线在零降深线上的截距为 $\dfrac{t}{r^2}$,则有

$$\mu^* = 2.25T \frac{t}{r^2}$$

以上是利用综合资料(多孔长时间观测资料)求参数,称为 s-$\lg \dfrac{t}{r^2}$ 直线图解法。

同理,由 Jacob 公式还可看出,s-$\lg t$ 和 s-$\lg r$ 均呈线性关系,直线的斜率分别为 $\dfrac{2.3Q}{4\pi T}$ 和 $-\dfrac{2.3Q}{2\pi T}$。因此,如果只有一个观测孔,可利用 s-$\lg t$ 直线的斜率求导水系数 T,利用该直线在零降深线上的截距 t_0 值求贮水系数 μ^*。

如果有 3 个以上观测孔资料,可利用 s-$\lg r$ 直线的值求 μ^*。

直线图解法的优点是:既可以避免配线法的随意性,又能充分利用抽水后期的所有资料。但是,必须满足 $u \leqslant 0.01$ 或放宽精度要求 $u \leqslant 0.05$,即只有在 r 较小、而 t 值较大的情况下才能使用;否则,抽水时间短,直线斜率小,截距值小,所得的 T 值偏大,而 μ^* 值偏小。

3. 水位恢复试验法

如不考虑水头惯性滞后动态,水井以流量 Q 持续抽水 t_p 时间后停抽恢复水位,那么在时刻 $t(t > t_p)$ 的剩余降深 s'(原始水位与停抽后某时刻水位之差),可理解为以流量 Q 继续抽水一直延续到 t 时刻的降深和从停抽时刻起以流量 Q 注水 $t - t_p$ 时间的水位抬升的叠加,两者均可用 Theis 公式计算:

$$s' = \frac{Q}{4\pi T} \left(W \frac{r^2 \mu^*}{4Tt} - W \frac{r^2 \mu^*}{4Tt'} \right) \tag{8.8}$$

式中,$t' = t - t_p$。

当 $\dfrac{r^2 \mu^*}{4Tt'} \leqslant 0.01$ 时,式(8.8)可简化为

$$s' = \frac{2.3Q}{4\pi T} \left(\lg \frac{2.25Tt}{r^2 \mu^*} - \lg \frac{2.25Tt'}{r^2 \mu^*} \right) = \frac{2.3Q}{4\pi T} \lg \frac{t}{t'} \tag{8.9}$$

上式表明，s'-$\lg \dfrac{t}{t'}$ 呈线性关系，$i = \dfrac{2.3Q}{4\pi T}$ 为直线斜率。利用水位恢复资料绘出 s'-$\lg \dfrac{t}{t'}$ 曲线，求得其直线段斜率 i，由此可以计算参数 T：

$$T = \frac{2.3Q}{4\pi [i]} = 0.183 \frac{Q}{[i]}$$

如已知停抽时刻的水位降深 s_{p}，则停抽后任一时刻的水位上升值 s^* 可写成

$$s^* = s_{\mathrm{p}} - \frac{2.3Q}{4\pi T}\lg \frac{t}{t'} \quad \text{或} \quad s^* = \frac{2.3Q}{4\pi T}\lg \frac{2.25at_{\mathrm{p}}}{r^2} - \frac{2.3Q}{4\pi T}\lg \frac{t}{t'} \quad (8.10)$$

上式表明，s^* 与 $\lg \dfrac{t}{t'}$ 呈线性关系，斜率为 $-\dfrac{2.3Q}{4\pi T}$。如根据水位恢复试验资料绘出 s^*-$\lg \dfrac{t}{t'}$ 曲线，求出其直线段斜率，也可计算 T 值。两者所求 T 值应基本一致。

又根据

$$s_{\mathrm{p}} = \frac{2.3Q}{4\pi T}\lg \frac{2.25at_{\mathrm{p}}}{r^2}$$

将求出的 $T = -\dfrac{2.3Q}{4\pi i}$ 代入，可得

$$a = 0.44 \frac{r^2}{t_{\mathrm{p}}} 10^{-\frac{s_{\mathrm{p}}}{i}} \quad (8.11)$$

利用上式可求出导压系数 a 和贮水系数 μ^*。

8.2.2　越流系统的水文地质参数计算

1. 配线法（标准曲线法）

用定流量抽水试验实测的 $\lg s$-$\lg t$ 曲线与标准曲线 $\lg W\left(u, \dfrac{r}{B}\right)$-$\lg u$ 的形状是相同的，只是其纵、横坐标彼此平移了 $\lg \dfrac{Q}{4\pi T}$ 和 $\lg \dfrac{r^2 \mu^*}{4T}$ 而已。下面仅简单地写出其步骤：

(1) 在双对数坐标纸上绘制 $W\left(u, \dfrac{r}{B}\right)$-$\dfrac{1}{u}$ 标准曲线。

(2) 在另一同模数的透明双对数坐标纸上，投上 s-t 实测数据。

(3) 在保持对应坐标轴彼此平行的前提下，相对移动两坐标纸；在一组 $\dfrac{r}{B}$ 标准曲线中找出最优重合曲线（图 8.4）。

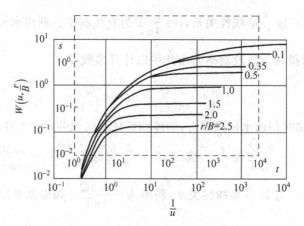

图 8.4　越流含水层的配线法

（4）两曲线重合以后，任选一匹配点，记下对应的 4 个坐标值 $\left[\dfrac{1}{u}\right]$、$\left[W\left(u,\dfrac{r}{B}\right)\right]$、$[t]$、$[s]$。将它们分别代入下式，可以计算含水层的参数 T 和 μ^*，即

$$T = \frac{Q}{4\pi[s]}\left[W\left(u,\frac{r}{B}\right)\right], \quad \mu^* = \frac{4T[t]}{r^2\left[\dfrac{1}{u}\right]}$$

（5）已知 $\left[\dfrac{r}{B}\right]$ 和 r，可计算出 B 值和 $\dfrac{K_1}{m_1}$ 值，即

$$B = \frac{r}{\left[\dfrac{r}{B}\right]}, \quad \frac{K_1}{m_1} = \frac{T}{B^2}$$

2. 拐点法

1）原理

（1）取越流含水层的非稳定井流公式（7.73）对时间 t 取偏导，得到水头下降速度公式：

$$\frac{\partial s}{\partial t} = \frac{Q}{4\pi T}\frac{\partial}{\partial u}\left(\int_u^\infty \frac{1}{y}\mathrm{e}^{-y-\frac{r^2}{4B^2 y}}\mathrm{d}y\right)\frac{\partial u}{\partial t} = \frac{Q}{4\pi Tt}\frac{1}{t}\mathrm{e}^{-\left(\frac{r^2\mu^*}{4Tt}+\frac{Tt}{\mu^* B^2}\right)} \tag{8.12}$$

由式（7.73）对 $\lg t$ 求导数，有

$$\frac{\partial s}{\partial \lg t} = \frac{2.3Q}{4\pi T}\mathrm{e}^{-\frac{r^2\mu^*}{4Tt}-\frac{Tt}{\mu^* B^2}} \tag{8.13}$$

从上式可看出，同一观测孔的 $s\text{-}\lg t$ 曲线的斜率变化规律是由小到大，又由大变到小，存在着拐点。可以通过 s 对 $\lg t$ 的二阶导数等于零来确定其位置。设拐

点为 P，则得拐点处的时间 t_P 为

$$t_P = \frac{\mu^* Br}{2T} \tag{8.14}$$

相应的 u 值为

$$u_P = \frac{r^2 \mu^*}{4Tt_P} = \frac{r}{2B} \tag{8.15}$$

将上式代回式(8.13)，得拐点处切线的斜率为

$$i_P = \frac{2.3Q}{4\pi T} e^{-\frac{r}{B}} \tag{8.16}$$

(2) 求拐点处降深：把式(8.15)代入式(7.73)，得

$$s_P = \frac{Q}{4\pi T} \int_{\frac{r}{2B}}^{\infty} \frac{1}{y} e^{-y-\frac{r^2}{4B^2 y}} \mathrm{d}y \tag{8.17}$$

进行变量代换可求得

$$s_P = \frac{Q}{2\pi T} K_0\left(\frac{r}{B}\right) - \frac{Q}{4\pi T} \int_{\frac{r}{2B}}^{\infty} \frac{1}{\xi} e^{-\xi-\frac{r^2}{4B^2\xi}} \mathrm{d}\xi \tag{8.18}$$

将上两式相加，得

$$s_P = \frac{Q}{4\pi T} K_0\left(\frac{r}{B}\right) = \frac{1}{2} s_{\max} \tag{8.19}$$

上式表明，拐点处降深等于最大降深的一半(图 8.5)。

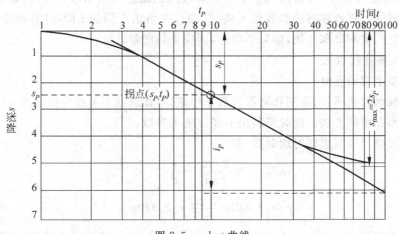

图 8.5　$s\text{-}\lg t$ 曲线

(3) 建立拐点 P 处降深 s_P 与斜率 i_P 之间的关系。用式(8.16)除以式(8.19)得

$$\frac{2.3s_P}{i_P} = K_0\left(\frac{r}{B}\right) e^{\frac{r}{B}} \tag{8.20}$$

上式右端的值有相应的已知表格可供使用。

应用上述原理，根据某一观测孔的观测资料绘出 $s\text{-}\lg t$ 曲线，就可计算有关

参数。

2) 步骤

(1) 单孔拐点法

有一个观测孔时：

① 在单对数坐标纸上绘制 $s\text{-}\lg t$ 曲线，用外推法确定最大降深 $s_{\max}$（图 8.5），并用式(8.19)计算拐点处降深 s_P。

② 根据 s_P 确定拐点位置，并从图上读出拐点出现的时间 t_P。

③ 作拐点 P 处曲线的切线，并从图上确定拐点 P 处的斜率 i_P。

④ 根据式(8.19)，求出有关数值后，查有关表格确定 $\dfrac{r}{B}$ 和 $\mathrm{e}^{\frac{r}{B}}$ 值。

⑤ 根据 $\dfrac{r}{B}$ 求 B 值：

$$B = \frac{r}{\left[\dfrac{r}{B}\right]}$$

按下式分别计算 T 和 μ^* 值：

$$T = \frac{2.3Q}{4\pi i_P}\mathrm{e}^{-\frac{r}{B}}, \quad \mu^* = \frac{2Tt_P}{Br}, \quad \frac{K_1}{m_1} = \frac{T}{B^2}$$

⑥ 验证，因为图解出的 $s_{\max}$ 和 s_P 常有较大的随意性而引起误差，所以进行验证是必要的。将所求得的参数代入式(7.73)，并给出不同的 t 值，计算理论降深。然后把它同实测降深比较，如果不吻合，则应重新图解计算。

(2) 多孔拐点法

有多个观测孔时：

当抽水时间不长，观测孔降深未趋于稳定，不知道或不可能外推求出 s_m 时，不能用上面介绍的方法。此时可利用下述方法求参数。

对式(8.16)两边同时取对数，有

$$\ln i_P = \ln \frac{2.3Q}{4\pi T} - \frac{r}{B}$$

$$r = 2.3B\lg \frac{2.3Q}{4\pi T} - 2.3B\lg i_P \tag{8.21}$$

上式表明，r 与 $\lg i_P$ 呈线性关系。如有 3 个以上的观测孔资料能绘制出 $r\text{-}\lg i_P$ 曲线时，可以用它来计算参数。具体步骤如下：

① 绘制每个观测孔的 $s\text{-}\lg t$ 曲线（图 8.6），并从图上确定每条曲线直线段的斜率 $\lg i_P$，近似地代替拐点处的斜率。

② 根据各孔的斜率作 $r\text{-}\lg i_P$ 曲线（图 8.7），应为一条直线，取该直线的斜率，得

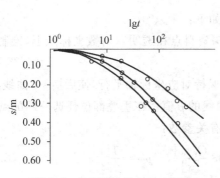

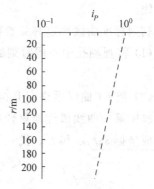

图 8.6 各观测孔的 s-$\lg t$ 曲线　　　　图 8.7 r-$\lg i_P$ 曲线

$$\frac{\Delta r}{\Delta(\lg i_P)}=-2.3B, \quad B=-\frac{\Delta r}{2.3\Delta(\lg i_P)}$$

③ 将 r-$\lg i_P$ 直线段延长交横轴于一点,读得 $r=0$ 时的 i_P。把它代入式(8.21),得

$$r=0, \quad \lg\frac{2.3Q}{4\pi T}=\lg(i_P)_0$$

$$T=\frac{2.3Q}{4\pi(i_P)_0}, \quad \frac{K_1}{m_1}=\frac{T}{B^2}$$

④ 将所求得的 B、T 代入式(8.19),计算出不同观测孔的拐点处降深:

$$s_P=\frac{Q}{4\pi T}K_0\left(\frac{r}{B}\right)$$

利用 s_P 从 s-$\lg t$ 曲线上读得 t_P 值,然后按下式算出各孔的 μ^* 值:

$$\mu^*=\frac{2Tt_P}{Br}$$

最后取其平均值。

8.2.3　潜水非稳定井流公式确定水文地质参数

1. 配线法(标准曲线法)

当潜水含水层的抽水井和观测孔都是完整井时,所确定的观测孔中的降深 $s(r,t)$ 包括 3 个独立的无量纲参数 σ、β 和 t_s(或 t_y)。一般地讲,它们不能绘在一张图纸上。为了便于作图,使独立参数减为两个,得到两组标准曲线,分别称为 A 组标准曲线和 B 组标准曲线。与 A 组标准曲线对应的坐标 t_s 标在图的上端,与 B 组标准曲线对应的坐标 t_y 标在图的下端。它们分别用来分析抽水早期和后期的降深资料。A 组曲线的右边部分和 B 组曲线的左边部分都趋近于一组水平的

渐近线。

利用标准曲线确定有关参数的步骤如下：

(1) 将观测孔中不同时刻的实测降深资料点在透明双对数坐标纸上，绘制 s-t 曲线。

(2) 把 s-t 曲线重叠在 B 组曲线上，保持对应坐标轴平行，使后期 s-t 曲线与 B 组曲线中某一曲线最优地重合，记下该曲线的 β 值。在重叠部位任选一匹配点，读出相应坐标 s、t、s_d 和 t_y。代入下式计算有关参数：

$$T = \frac{1}{4} \frac{Q[s_d]}{\pi[s]} = 0.08 \frac{Q[s_d]}{[s]}, \quad \mu = \frac{T[t]}{r^2[t_y]} \tag{8.22}$$

(3) 类似第(2)步，使早期 s-t 曲线和 A 组曲线中某一曲线最优地重合。此曲线的 β 值应和第(2)步所得 β 值相同；否则，这两步要重做。在重叠部位任选一匹配点，读出相应坐标 s、t、s_d 和 t_s。代入式(8.22)和下式计算有关参数。两次求得的 T 值应大致相近。

$$\mu^* = \frac{T[t]}{r^2[t_s]} \tag{8.23}$$

(4) 确定了导水系数后，由下式计算径向渗透系数：

$$K_r = \frac{T}{H_0} \tag{8.24}$$

并由式：

$$K_d = \beta \frac{H_0^2}{r^2} \tag{8.25}$$

根据 β 值，确定各向异性的主渗透系数的比值 K_d。已知 K_r 和 K_d 后，还可由下式确定垂向渗透系数 K_z：

$$K_z = K_r K_d \tag{8.26}$$

σ 值则由下式确定：

$$\sigma = \frac{\mu^*}{\mu} \tag{8.27}$$

上法只适用于完整观测孔。对于非完整观测孔，首先需要为此观测孔计算出两组(A 组和 B 组)特定的标准曲线的数据，并据此绘成曲线。其他步骤则和完整观测孔相似。

2. 直线图解法

确定有关参数的步骤如下：

(1) 将实测 s-t 数据点在单对数坐标纸上。

（2）后期的 s-t 数据应位于一条直线上，量得此直线段的斜率为 i_L，延长此直线段，读得它在 $s_d = 0$ 的横坐标上的截距为 i_L。于是可按下式计算导水系数和给水度：

$$T = \frac{2.3Q}{4\pi i_L} = 0.183\,\frac{Q}{i_L}, \quad \mu = \frac{2.25 T t_L}{r^2} \tag{8.28}$$

（3）将实测曲线中间的水平直线段向右延长，和后期直线（或其延长线）交于一点。得到此点的横坐标为 t_β。然后根据上一步求得的 T 和 μ，由下式计算相应的 t_{y_β} 值：

$$t_{y_\beta} = \frac{T t_\beta}{\mu r^2} \tag{8.29}$$

若 β 值为 $4.0 \sim 100.0$，则可由下式计算 β 值：

$$\beta = \frac{0.195}{t_{y_\beta}^{1.1053}} \tag{8.30}$$

（4）如果实测 s-t 曲线的早期部分也出现直线段，而且和后期部分的直线段彼此平行，则可用下述方法确定 T 和 μ^*；否则，不能用这一步，仍需通过配线法确定参数。

量出早期直线段的斜率 i_L，延长此直线段，读得它在 $s_d = 0$ 的横轴上的截距 t_E。然后按下式计算有关参数：

$$T = 0.183\,\frac{Q}{i_E}, \quad \mu^* = \frac{2.25 T t_E}{r^2} \tag{8.31}$$

这一步和第（2）步确定的两个 T 值应大致相等。

（5）根据式（8.24）～式（8.27）计算 K_r、K_d、K_z 和 σ，σ 值也可由下式确定：

$$\sigma = \frac{t_E}{t_L}$$

3. 恢复水位法

Neuman 模型不述及非饱和带水运动理论，可以根据抽水井或观测孔的水位恢复资料确定含水层的导水系数。设 t_p 为抽水持续时间，t_F 为从停泵开始算起的水位恢复时间。绘制 $s'\text{-}\lg\left(1 + \dfrac{t_p}{t'}\right)$ 曲线（s' 为剩余降深），在 $1 + \dfrac{t_p}{t}$ 较小，即恢复时间较长的情况下，会出现直线段。根据此直线段的斜率，可由式（8.28）计算导水系数。当潜水面下降并非远小于含水层厚度 H_0 时，应该对降深进行修正，且只能修正后期抽水数据。

8.3 其他水文地质参数的计算方法

8.3.1 给水度

1. 给水度的主要影响因素

给水度(μ)是表征潜水含水层给水能力或蓄水能力的一个指标,给水度不仅和包气带的岩性有关,而且随排水时间、潜水埋深、水位变化幅度及水质的变化而变化[1,8,23]。各种岩性给水度经验值见表 8.1。

表 8.1 各种岩性给水度经验值[33]

岩　性	给水度	岩　性	给水度
粘土	0.02~0.035	细砂	0.08~0.11
亚粘土	0.03~0.045	中细砂	0.085~0.12
亚砂土	0.035~0.06	中砂	0.09~0.13
黄土状亚粘土	0.02~0.05	中粗砂	0.10~0.15
黄土状亚砂土	0.03~0.06	粗砂	0.11~0.15
粉砂	0.06~0.08	粘土胶结的砂岩	0.02~0.03
粉细砂	0.07~0.010	裂隙灰岩	0.008~0.10

2. 给水度的计算方法

确定给水度的方法除非稳定流抽水试验法外,还常用下列方法:

(1) 根据抽水前后包气带土层天然湿度的变化来确定 μ 值

根据包气带中非饱和流的运移和分带规律知,抽水前包气带内土层的天然湿度分布应如图 8.8 中的 $Oacd$ 线所示。抽水后,潜水面由 A 下降到 B(下降水头高度为 Δh),故毛细水带将下移,由 aa' 段下移到 bb' 段,此时的土层天然湿度分布线则变为图中的 $Oabd$。对比抽水前后的两条湿度分布线可知,由于抽水水位下降,水位变动带将会给出一定量的水。按水均衡原理,抽水前后包气带内湿度之差应等于潜水位下降 Δh 时包气带(主要是毛细水带)所给出之水量($\mu\Delta h$),即

$$\sum_{i=1}^{n} \Delta Z_i (W_{2i} - W_{1i}) = \mu \Delta h$$

故给水度为

$$\mu = \frac{\sum_{i=1}^{n} \Delta Z_i (W_{2i} - W_{1i})}{\Delta h} \tag{8.32}$$

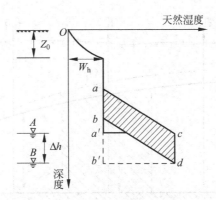

图 8.8　抽水前后包气带湿度分布示意图

W_h—持水度；Z_0—湿度变动带；$Oacd$—抽水前天然湿度线；$Oabd$—抽水后天然湿度线；

ac、bd—毛细水带湿度分布示意线

式中，ΔZ_i——包气带天然湿度测定分段长度，m；

$\qquad \Delta h$——抽水产生的潜水面下移深度，m；

$\qquad W_{1i}$、W_{2i}——抽水前后 ΔZ_i 段内的土层天然湿度，无量纲；

$\qquad n$——取样数。

（2）根据潜水水位动态观测资料用有限差分法确定 μ 值

如果潜水为单向流动、隔水层水平、含水层均质，可沿流向布置 3 个地下水动态观测孔（图 8.9），然后根据水位动态观测资料，按下式计算 μ 值：

$$\mu = \frac{K\Delta t}{2\Delta x^2 \Delta h_2}(h_{1,t}^2 + h_{3,t}^2 - 2h_{2,t}^2) + \frac{w\Delta t}{\Delta h_2} \qquad (8.33)$$

式中，$h_{1,t}$、$h_{2,t}$、$h_{3,t}$——1、2、3 号观测孔 t 时刻水位及含水层厚度，m；

$\qquad \Delta h_2$——Δt 时段内 2 号孔水位变幅，m；

$\qquad w$——综合补给强度，为垂向流入和流出量之和，m/d；

$\qquad K$——渗透系数，m/d；

$\qquad \Delta x$——观测孔间距，m。

8.3.2　降水入渗补给系数

1. 降水入渗系数的概念及影响因素

降水入渗系数（α）是指降水渗入量与降水总量的比值，α 值的大小取决于地表土层的岩性和土层结构、地形坡度、植被覆盖、降水量的大小和降水形式等，一般情况下，地表土层的岩性对 α 值的影响最显著。降水入渗系数可分为次降水入渗补给系数、年降水入渗补给系数、多年平均降水入渗补给系数，它随着时间和空间的

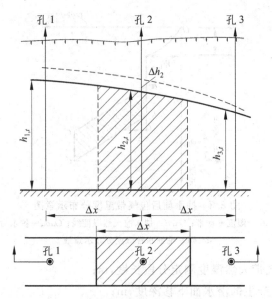

图 8.9   单向流动 μ 值计算示意图

变化而变化[4,5,8,20]。

降水入渗系数是一个无量纲系数,其值变化于 0~1 之间。水利电力部水文局综合各流域片的分析成果,列出了不同岩性在不同降水量年份条件下的平均年降水入渗补给系数的取值范围,如表 8.2 所示。

表 8.2   不同岩性和降水量的平均年降水入渗补给系数值[34]

年降水量 $P/(\text{mm/a})$	岩　　性				
	粘土	亚粘土	亚砂土	粉细砂	砂卵砾石
50	0~0.02	0.01~0.05	0.02~0.07	0.05~0.11	0.08~0.12
100	0.01~0.03	0.02~0.06	0.04~0.09	0.07~0.13	0.10~0.15
200	0.03~0.05	0.04~0.10	0.07~0.13	0.10~0.17	0.15~0.21
400	0.05~0.11	0.08~0.15	0.12~0.20	0.15~0.23	0.22~0.30
600	0.08~0.14	0.11~0.20	0.15~0.24	0.20~0.29	0.26~0.36
800	0.09~0.15	0.13~0.23	0.17~0.26	0.22~0.31	0.28~0.38
1000	0.08~0.15	0.14~0.23	0.18~0.26	0.22~0.31	0.28~0.38
1200	0.07~0.14	0.13~0.21	0.17~0.26	0.21~0.29	0.27~0.37
1500	0.06~0.12	0.11~0.18	0.15~0.22		
1800	0.05~0.10	0.09~0.15	0.13~0.19		

2. 降水入渗系数的确定方法

1) 近似计算法

近似计算降水入渗补给量的方法很多,大多数的近似计算法是首先计算出某些时段和典型地段的降水入渗系数,再推广到计算出全年或全区的降水入渗补给量。

(1) 根据次降水量引起的潜水水位动态变化计算大气降水入渗系数

这种方法适用于地下水位埋藏深度较小的平原区。我国北方平原区地形平缓,地下径流微弱,地下水从降水获得补给,消耗于蒸发和开采。在一次降雨的短时间内,水平排泄和蒸发消耗都很小,可以忽略不计。

根据降水过程前后的地下水位观测资料计算潜水含水层的一次降水入渗系数,可采用下式近似计算:

$$\alpha = \mu(h_{max} - h \pm \Delta ht)/X \tag{8.34}$$

式中,α——一次降水入渗系数;

h_{max}——降水后观测孔中的最大水柱高度,m;

h——降水前观测孔中的水柱高度,m;

Δh——临近降水前地下水位的天然平均降(升)速,m/d;

t——观测孔水柱高度从 h 变到 h_{max} 的时间,d;

X——t 时间内降水总量,m。

这种方法的适用条件是几乎没有水平排泄的潜水。在水力坡度大、地下径流强烈的地区,降水入渗补给量不完全反映在潜水面的上升中,而有一部分水从水平方向排泄掉了,则会导致计算的降水入渗系数值偏小。如果是承压水,水位的上升不是由于当地水量的增加,而是由于压力的变化,以上情况本方法不适用。

(2) 根据全排型泉水流量计算大气降水入渗补给量

在某些低山丘陵区(特别是干旱和半干旱的岩溶区),当降水是地下水的唯一补给源、泉水是唯一的排泄方式时(地下水的蒸发量、储存量变化量可忽略不计),泉水的年流量总和近似等于降水的年入渗补给量。因此,取其泉水年总流量与该泉域内大气降水总量的比值,即为该泉域的大气降水入渗系数值(α)。如再将该泉域的 α 值用到地质—水文地质条件类似的更大区域,即可得到大区域的降水入渗补给量。

同理,对于某些封闭型的地下水系统,当降水是地下水唯一的补给源、而地下水的开采量(最大降深的稳定开采量)又已达到极限(其他地下水消耗量可忽略)时,其年开采总量除以该地下水系统的年总降水量,亦可得出该地下水系统的大气降水入渗系数,也可推广到条件类似的更大区域,进行降水入渗总量的计算。

2) 地中渗透计法

这是较老但又是唯一可直接测到降水入渗补给量的方法。此方法所用仪器的结构装置如图8.10所示。整个装置由左方的地中渗透计和右方的给水观测装置构成。地中渗透计的圆筒内装有均衡地段的标准土柱,土柱下方为砂砾和滤网组成的外滤层(图8.10中的2、3),给水观测部分由供水(盛水)用的有刻度的马利奥特瓶(图中的装置10)和控制地中渗透计筒内水位高度的盛水漏斗11及量筒14组成。两部分以导水管连接,将两端构成统一的连通管。

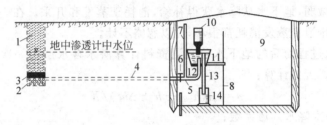

图8.10　地中渗透计示意图

1—装满砂的地中渗透计;2—砾石;3—滤网;4—导水管;5—三通;6—开关;7—测压管;
8—支架;9—试坑;10—给水瓶;11—漏斗;12—弯头;13—水管;14—量筒

其工作原理如下:首先调整盛水漏斗的高度,使漏斗中的水面与渗透计中的设计地下水面(相当潜水埋深)保持在同一高度上。当渗透计中的土柱接受降水入渗和凝结水的补给时,其补给量将会通过导水管4和水管13流入量筒14内,可直接读出补给水量。

可用此法装置多个不同岩性和不同水位埋深的土柱,分别观测其降水补给和蒸发值。本方法的缺陷是:很难如实模拟天然的入渗补给条件,故其结果的可靠性有时值得商榷;而且此法只适用于松散岩层。

3) 零通量面法

零通量面法是以包气带水量均衡原理和非饱和流扩散式运动理论建立起来的计算降水入渗补给量的方法。

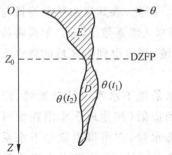

图8.11　包气带土层含水率剖面

图8.11为用中子水分仪测得的Δt时段内的包气带含水率剖面。初始时刻(t_1)和末时刻(t_2)的含水率剖面分别为$\theta_1(Z,t_1)$和$\theta_2(Z,t_2)$,Z_0为零通量面位置深度。零通量面是指由水分通量为零的点所构成的面,它是岩土水分蒸发影响深度的下限标志。该面以上水分向上运移,消耗于蒸发与蒸腾;该面以下的水分缓慢下降,最后补给潜水。故零通量面(记作DZFP)可以作为

测算陆面蒸发蒸腾量和地下水下渗补给量的分界面。

　　按照此理论和质量守恒定律，图 8.11 的阴影面积 E 代表 Δt 时段内零通量面以上的水分蒸发量；D 代表零通量面以下 Δt 时段内的地下水入渗补给量。

　　按质量守恒原理，如果在深度 Z_1 和 Z_2 的土层中不存在源或汇时，则水分储存变化率等于流入与流出水量之差，即

$$\mathrm{d}M/\mathrm{d}t = q_2 - q_1 \tag{8.35}$$

式中，M——在深度 Z_1 和 Z_2 之间的单位截面积土柱水分的储存量，m^3；

　　q_1、q_2——在 Z_1、Z_2 深度上的水分通量，m^3/d；

　　t——时段长度，d。

　　对于 DZFP 面以下 Δt 时段内的入渗补给量（D）则应有

$$D = -\int_{t_1}^{t_2} \left[\mathrm{d}M(Z)/\mathrm{d}t\right]\mathrm{d}t = M(Z, t_1) - M(Z, t_2) \tag{8.36}$$

上式表明入渗补给量 D 等于零通量面以下包气带剖面水分储存量的减少量。

　　将 $M(Z, t)$ 用 DZFP 以下某点的体积含水率 $\theta(Z, t)$ 表示，则式（8.36）改写为

$$D = \int_{Z_0}^{Z} \theta_1(Z, t_1)\mathrm{d}Z - \int_{Z_0}^{Z} \theta_2(Z, t_2)\mathrm{d}Z$$

或

$$D = \sum_{i=1}^{m} \left[\theta_1(Z_i, t_1) - \theta_2(Z_i, t_2)\right]\Delta Z_i \tag{8.37}$$

式中，i——$1, 2, \cdots, m$；

　　m——DZFP 以下剖面含水率的测点数；

　　Z_i——测点 i 所处的深度，m；

　　ΔZ_i——测点 i 所代表的土柱高度（土层厚度），m。

　　设观测时段数 $j = 1, 2, \cdots, k$，在 k 个时段内入渗补给量可用下式计算：

$$D = \sum_{j=1}^{k} \sum_{i=1}^{m} \left[\theta(Z_i, t_j) - \theta(Z_i, t_{j+1})\right]\Delta Z_i \tag{8.38}$$

　　如果 $M(Z, t)$ 改用 DZFP 以上某点的体积含水率 $\theta(Z, t)$ 表示，m 为 DZFP 以上剖面含水率的测点数，则可用上式计算出陆面蒸发蒸腾量。

　　中国水利水电科学研究院水资源所和地质矿产部水文工程地质研究所将零通量面法测算的降水入渗量与用地中渗透仪测量结果相比较，确认该方法准确可靠，误差不大于 3%。由于该法仅以钻孔中子水分仪测定的土壤含水率为依据，故与地中渗透仪相比，成本较低，可在多处设点观测。其精度较经验公式和动态观测法计算值高。

　　当包气带中零通量面不存在（降水或灌溉持续时间长，且地下水埋藏浅时）时，可在降水全部渗入包气带后，在岩土水分蒸发影响深度之下，用土层最大含水量段

$Z-Z_0$的某一时间段$t-t_0$的土层含水率θ的观测数据,代入式(8.38)计算降水入渗补给量。

4)泰森多边形法

在典型地段布置观测孔组,并有一个水文以上的水位观测资料时,可用差分方程计算均衡期的降水入渗量或潜水蒸发量,只要观测资料可靠,计算结果便有代表性。

观测孔按任意方式布置见图8.12。把$i=1$,2,3,4,5各孔分别同中央孔O连线,在连线的中点引垂线,各垂线相交围成的多边形(图中的虚线所围区域)叫泰森多边形。

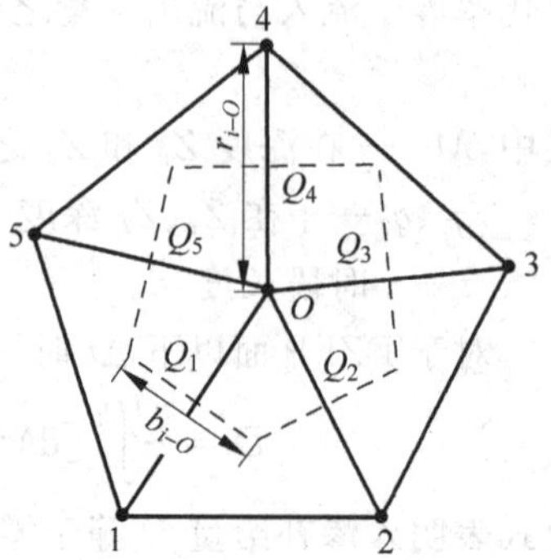

以泰森多边形作为均衡段,则按水量均衡关系有

$$\mu F \frac{\Delta h_O}{\Delta t} = \sum_{i=1}^{n} Q_i + Q_{\text{垂}} \qquad (8.39)$$

式中,F——泰森多边形的面积,m^2;

μ——给水度;

Δh_O——中央孔在Δt时段的水位变幅,m;

$\sum_{i=1}^{n} Q_i$——流经F各边交换的流量之和,m^3/d;流入F时$Q_i > 0$,流出F时$Q_i < 0$;

$Q_{\text{垂}}$——F内的渗入量或蒸发量,m^3/d。

图8.12 泰森多边形示意图

按达西定律,各边的交换流量为

$$Q_i = T b_{i-O} \frac{h_i - h_O}{r_{i-O}} \qquad (8.40)$$

式中,T——导水系数,m^2/d;

h_i、h_O——i号孔、中央孔O的水位,m;

b_{i-O}、r_{i-O}——中央孔和周围各孔之间过水断面的宽度和距离,m。

把Q_i代入式(8.40),得到相应时段的入渗量或蒸发量:

$$Q_{\text{垂}} = \mu F \frac{\Delta h_O}{\Delta t} - \sum_{i=1}^{n} T b_{i-O} \frac{h_i - h_O}{r_{i-O}} \qquad (8.41)$$

上式就是均衡段地下水运动的差分方程。利用雨季的某一时段的水位升幅资料($\Delta h_O > 0$),由上式可求得均衡期Δt时段内的降水入渗量,这时$Q_{\text{垂}} = Q_{\text{渗}}$,根据求得降水入渗量可求得降水入渗系数。

8.3.3　潜水蒸发强度

1. 经验公式法

目前,国内外计算潜水蒸发量时,使用最广泛的经验公式是阿维里扬诺夫公式(1965),其形式为

$$\mu \frac{\mathrm{d}h}{\mathrm{d}t} = \varepsilon_0 \left(1 - \frac{h}{l}\right)$$

或

$$\varepsilon = \varepsilon_0 \left(1 - \frac{h}{l}\right)^n \tag{8.42}$$

式中,μ——潜水位变动带的给水度;

h——潜水埋藏深度,m;

l——极限蒸发深度,m;

n——与包气带土质、气候有关的蒸发指数,一般取 1~3;

ε_0——水面蒸发强度,m/d;

$\mathrm{d}h/\mathrm{d}t$——潜水面由蒸发造成的降速,m/d;

ε——潜水蒸发强度,m/d。

分析式(8.42)可以看出,潜水的蒸发强度随水面蒸发强度的增加而增加,但由公式右端括号项永远小于 1 可知,潜水的蒸发强度永远小于或近于水面蒸发强度。利用式(8.42)计算 ε 时,由于 ε_0 和 h 可通过实际观测获得,因此公式的计算精度主要取决于 l 和 n 的选取。对这两个参数多采用经验数值,故结果常不能令人信服。

2. 地中渗透计法

用地中渗透仪测定潜水蒸发强度的装置见图 8.10,其工作原理可参考降水入渗补给量的测量原理。当土柱内的水面产生蒸发时,便可由漏斗供给水量,再从马利奥特瓶读出供水水量,此即潜水蒸发消耗量。

3. 泰森多边形法

其原理同前述利用泰森多边形法求解降水入渗系数的方法原理。若利用某均衡区旱季某一时段的水位降幅资料($\Delta h_0 < 0$),代入式(8.41)可计算相应时段内的潜水蒸发量,即 $Q_{垂} = Q_{蒸}$,根据求得潜水蒸发量可求得相应的潜水蒸发强度。

8.3.4　灌溉入渗补给系数

当引外水灌溉时,灌溉水经由渠系进入田间,灌溉水入渗对地下水的补给称为

灌溉入渗补给,分为渠系渗漏补给(条带状下渗)与田间灌溉入渗补给(面状下渗)两类。

有的地区利用当地的水源(如抽取地下水)进行灌溉,灌溉水入渗后地下水得到的补给称之为灌溉回渗,它是当地的水资源重复量。

渠系渗漏系数(m)、田间灌溉入渗补给系数以及井灌回归系数的计算方法如下。

1. 渠系渗漏补给系数

渠系渗漏补给系数(m)为渠系渗漏补给地下水的水量与渠首引水量的比值(表 8.3),即

$$m = (Q_{引} - Q_{净} - Q_{损})/Q_{引} \tag{8.43}$$

表 8.3 渠系渗漏补给系数 m 值表[34]

分区	衬砌情况	渠床下岩性	地下水埋深/m	渠系有效利用系数 η	修正系数 γ	渠系渗漏补给系数 m
长江以南地区和内陆河流域灌溉农业区	未衬砌	亚粘土、亚砂土	<4	0.3~0.6	0.55~0.9	0.22~0.6
	部分衬砌	亚粘土、亚砂土	<4	0.45~0.8	0.35~0.85	0.19~0.5
			>4	0.4~0.7	0.30~0.80	0.18~0.45
	衬砌	亚粘土、亚砂土	<4	0.45~0.8	0.35~0.85	0.17~0.45
			>4	0.40~0.8	0.35~0.80	0.16~0.45
北方半干旱半湿润区	未衬砌	亚粘土	<4	0.55	0.32	0.144
		亚砂土		0.40~0.5	0.37~0.50	0.18~0.3
		亚粘土、亚砂土互层		0.40~0.55	0.32	0.14~0.3
	部分衬砌	亚粘土	<4	0.55~0.73	0.32	0.09~0.14
			>4	0.55~0.70	0.30	0.09~0.135
		亚砂土	<4	0.55~0.68	0.37	0.12~0.17
			>4	0.52~0.73	0.35	0.10~0.17
	衬砌	亚粘土、亚砂土互层	<4	0.55~0.73	0.32~0.40	0.09~0.17
		亚粘土	<4	0.65~0.88	0.32	0.04~0.112
		亚砂土		0.57~0.73	0.37	0.10~0.6

令 $\eta = Q_{净}/Q_{引}$,则

$$m = 1 - \eta - Q_{损}/Q_{引}$$

为简化起见,对 $1-\eta$ 乘以折减系数,以消去上式的右端项 $Q_损/Q_引$,写成下式:

$$m = \gamma(1-\eta) \tag{8.44}$$

式中,$Q_引$——渠首引水量,可用实测的水文资料和调查资料,m³;

$\quad\quad Q_净$——经由渠系输送到田间的净灌水量,m³;

$\quad\quad Q_损$——渠系输水过程中的损失水量,为水面蒸发损失、湿润渠底、两侧土层的水量损失及退水填底损失等的总和,m³;

$\quad\quad \eta$——渠系有效利用系数;

$\quad\quad \gamma$——修正系数,反映渠道在输水过程中消耗于湿润土层、浸润带蒸发损失的水量。

2. 灌溉入渗补给系数

灌溉入渗补给系数是指某一时段田间灌溉入渗补给量与灌溉水量的比值,可采用试验方法加以测定。试验时,选取面积为 F 的田地,在田地上布设专用观测井。测定灌水前的潜水位,然后让灌溉水均匀地灌入田间,测定灌溉水量,并观测潜水位变化(包括区外水位)。经过 Δt 时段后,测得试验区地下水位平均升幅 Δh,用下列公式计算:

$$\beta = h_r/h_灌 = \frac{\mu \Delta h F}{Q \Delta t} \tag{8.45}$$

式中,h_r——Δt 时间段内总灌溉水量,m³;

$\quad\quad h_灌$——Δt 时间段内灌溉入渗补给量,m³;

$\quad\quad \mu$——给水度;

$\quad\quad \Delta t$——计算时段,d;

$\quad\quad \Delta h$——计算时段内试验区地下水位平均升幅,m;

$\quad\quad Q$——单位时间内流入试验区的灌水流量,m³/d;

$\quad\quad F$——试验区面积,m²。

灌溉入渗补给系数主要的影响因素是岩性、地下水位埋深和灌溉定额,见表 8.4。

3. 井灌回归系数

在抽取当地地下水灌溉的井灌区,灌溉水的一部分下渗返回补给地下水,这种现象称为地下水灌溉回归。

井灌回归系数 $\beta_井$ 是指灌溉水回归量与灌水量的比值,其测定方法与灌溉入渗补给系数相同。值得注意的是,试验时地下水处于开采过程中,则地下水位变幅中包括开采造成的变幅值,应予以考虑。井灌回归系数一般取值范围为 0.10~0.30。

表 8.4　田间灌溉入渗补给系数 β 值表[34]

地下水埋深/m	灌水定额 /(m³/亩)	岩　性				
		亚粘土	亚砂土	粉细砂	黄　土	黄土状亚粘土
<4	40～70	0.10～0.15	0.10～0.20			
	70～100	0.10～0.20	0.15～0.25	0.20～0.35	0.15～0.25	
	>100	0.10～0.25	0.20～0.35	0.25～0.40	0.20～0.30	
4～8	40～70	0.05～0.10	0.05～0.15			
	70～100	0.05～0.15	0.05～0.20	0.05～0.25	0.15～0.20	0.15～0.20
	>100	0.10～0.20	0.10～0.25	0.10～0.30	0.20～0.25	0.20～0.25
>8	40～70	0.05	0.06	0.05～0.10		
	70～100	0.05～0.15	0.05～0.10	0.05～0.20	0.06～0.10	0.05～0.13
	>100	0.05～0.18	0.10～0.20	0.10～0.25	0.06～0.13	0.05～0.15

思 考 题

1. 简述 Dupuit 公式的适用条件及其应用。
2. 简述 Hantush-Jacob 公式的适用条件及其应用。
3. 简述 Theis 公式的适用条件及其应用。
4. 说明 Theis 配线法计算水文地质参数的原理和基本步骤。
5. 说明 Jacob 直线图解法计算水文地质参数的原理和步骤。
6. 说明水位恢复法计算水文地质参数的原理和步骤。
7. 简述越流完整井公式的适用条件及参数计算方法。
8. 简述仿 Theis 公式的适用条件及参数计算方法。
9. 简述 Neuman 模型的适用条件及参数计算方法。
10. 简述给水度的主要计算方法。
11. 简述降水入渗补给系数的主要计算方法。
12. 简述潜水蒸发系数的计算方法。
13. 简述灌溉入渗补给系数的计算方法。
14. 综述常用含水层参数的计算方法。

第9章 水文地质勘察

本章主要讲授水文地质调查、水文地质物探、水文地质钻探、水文地质试验、地下水动态监测的基本工作方法、工作原理及可解决的水文地质问题。

水文地质勘察是为查明水文地质条件、开发利用地下水资源或其他专门目的，运用各种勘探手段而进行的水文地质工作[30]。水文地质勘察主要在野外进行，工作的结果需要提交水文地质勘察报告并附有相应的图件[31]。

地下水供水水源地按需水量大小可分为四级，即特大型(需水量≥15 万 m^3/d)、大型(需水量 5 万～15 万 m^3/d)、中型(需水量 1 万～5 万 m^3/d)和小型(需水量<1 万 m^3/d)。

9.1 水文地质调查

水文地质调查又称地下水资源调查、水文地质测绘[4,5]，其目的是查明天然及人为条件下地下水的形成、赋存及运移特征以及地下水水量、水质的变化规律，为地下水资源评价、开发利用、管理、保护以及防治环境问题提供所需资料。

虽然水文地质调查的任务，视不同的用途和不同的精度要求确定，但都应查明地下水系统的结构、边界、水动力系统及水化学系统的特征，具体需查明下面 3 个基本问题：

(1) 地下水的赋存条件。查明含水介质的特征及埋藏分布情况。

(2) 地下水的补给、径流、排泄条件，地下水的运动特征及水质、水量变化规律。

(3) 地下水的水文地球化学特征。不仅要查明地下水的化学成分，还要查明地下水化学成分的形成条件。

水文地质调查是一项复杂而重要的工作。地下水赋存、运动在地下岩石的空隙中，既受地质环境制约又受水循环系统控制，影响因素复杂多变。因此水文地质调查除采用地质调查方法之外，还要应用各种调查水资源的方法，调查工作十分复杂。水文地质调查又是一项基础性工作，其成果为国民经济发展规划及工程项目设计提供科学依据，为社会经济可持续发展及生态环境保护服务，是一项极为重要的工作。

9.1.1 水文地质调查的工作步骤与方法

1. 水文地质调查的工作步骤

水文地质调查工作一般分三步进行,即准备工作、野外工作和室内资料整理工作。

(1) 准备工作

准备工作包括组织准备、技术准备及物资后勤管理工作准备,而其核心是技术准备工作中的调查设计书的编写。

设计书是调查工作的依据和总体调度方案,是完成地下水资源调查工作的关键环节。在编写设计书之前应充分收集、整理、研究前人的资料,如水文、气象、地理、地貌、地质及水文地质等资料;根据现有资料,确定调查区的研究程度,对调查区水文地质条件和存在问题有初步认识。

当缺乏资料或资料不足时,应组织有关人员进行现场踏勘,获得编制设计书所需的资料。

设计书的主要内容如下:

第一部分:对调查区已有研究工作的评述,阐述调查区的地质、水文地质条件。内容包括:①调查工作的目的、任务,调查区位置、面积及交通条件,调查阶段和调查工作起止时间;②自然地理及经济地理概况;③已有地质、水文地质研究程度和存在问题;④调查区地质、水文地质条件概述。

第二部分:调查工作设计。内容包括:①各项调查工作设计应包括计划使用的调查手段、各项调查工作布置方案、调查工作所依据的主要技术规范、调查工作量及每项工作的主要技术要求,布置调查工作时,既要满足有关规范对工作量定额及工作精度的要求,又要考虑保证完成关键任务(如供水中的地下水资源评价),防止平均使用勘察工程量;②物资设备计划、人员组织分工、经费预算及施工进度计划等;③预期调查工作成果。

(2) 野外工作

野外工作应按照设计书的要求在现场进行各项地下水资源调查工作。要求调查人员对设计内容及要求有全面的了解,同时要有高度的责任心和严谨的科学态度,应高质量地进行观察、测量,认真进行原始资料的编录工作,正确的绘制野外图件。野外工作中要注意各工种与各工作组之间的协调配合工作,注意发现问题,要及时总结经验。同时还应注意随着工作进展和资料的积累,丰富和修改原设计,使之更完善、更符合客观实际。

（3）室内工作

室内工作是将野外调查获得并经过正式验收的各种资料及采集的样品带回室内进行校核、整理、分析、测试、鉴定,经过综合分析,编制各类成果图件,论证调查区地下水的形成条件、运移规律,对水质水量进行分析计算,探讨解决生产、科研问题的途径和措施,编制出符合设计要求的高质量的图件和报告书。

2. 地下水资源调查方法

最基本的调查方法有地下水资源地面调查(又称水文地质测绘)、钻探、物探、野外试验、室内分析、检测、模拟试验及地下水动态均衡研究等。随着现代科学技术的发展,不断产生新的水文地质调查技术方法,包括航卫片解译技术、GIS 技术、同位素技术、直接寻找地下水的物探方法及测定水文地质参数的技术方法等,提高了水文地质调查的精度和工作效率。

9.1.2　地面调查的观测项目

地下水资源地面调查又称水文地质测绘,是认识地下水埋藏分布和形成条件的一种调查方法。其工作特点是:通过现场观察、记录及填绘各种界线和现象,并在室内进一步分析整理,编制出反映调查区水文地质条件的各种图件,并编制出相应的水文地质调查报告书。

地面调查一般应在区域地质调查基础上进行。目前我国除个别边远地区外,都已完成 1∶20 万区域地质调查工作,个别地区还完成了 1∶5 万区域地质调查工作,一般只需收集已有地质资料即可满足地下水地面调查对地质资料的要求。地面调查观测的项目一般包括:地下水露头调查、水文气象调查、植被调查及与地下水有关的环境地质问题的调查。当没有或已有地质调查内容不能满足要求时,要全面进行或补充地质调查和地貌调查。

1. 地下水露头的调查研究

地下水露头的调查是整个地下水资源地面调查的核心,是认识和寻找地下水直接可靠的方法。地下水露头的种类有天然和人工两类:地下水的天然露头,包括泉、地下水溢出带、某些沼泽湿地、岩溶区的暗河出口及岩溶洞穴等;地下水的人工露头,包括水井、钻孔、矿山井巷及地下开挖工程等。在地下水露头的调查中,利用最多的是水井(钻孔)和泉。

（1）泉的调查研究

泉是地下水的天然露头,泉水的出流表明地下水的存在。泉的调查研究内容有:查明泉水出露的地质条件(特别是出露的地层层位和构造部位)和补给的含水层,确定泉的成因类型和出露的高程;观测泉水的流量、涌势、高度以及水质和泉水的动态特征,现场测定泉水的物理特性,包括水温、沉淀物、色、味及有无气体逸出等;泉水的开发利用状况及居民长期饮用后的反映;对矿泉和温泉,在研究前述各项内容的基础上,应查明其含有的特殊组分、出露条件及与周围地下水的关系,并对其开发利用的可能性作出评价。

通过对泉水出露条件和补给水源的分析,可帮助确定区内的含水层层位,即有哪几个含水层或含水带。据泉的出露标高,可确定地下水的埋藏条件。泉的流量、涌势、水质及其动态,在很大程度上代表着含水层(带)的富水性、水质和动态变化规律,并在一定程度上反映出地下水是承压水还是潜水。据泉水的出露条件,还可判别某些地质或水文地质条件,如断层、侵入体接触带或某种构造界面的存在,或区内存在多个地下水系统等。

(2) 水井(钻孔)的调查

在地下水资源地面调查中,调查水井比调查泉的意义更大。调查水井能可靠地帮助确定含水层的埋深、厚度、出水段岩性和构造特征,反映出含水层的类型;调查水井还能帮助我们确定含水层的富水性、水质和动态特征。

水井(钻孔)的调查内容有:调查和收集水井(孔)的地质剖面和开凿时的水文地质观测记录资料;记录井(孔)所处的地形、地貌、地质环境及其附近的卫生防护情况;测量井孔的水位埋深、井深、出水量、水质、水温及其动态特征;查明井孔的出水层位,补、径、排特征,使用年限,水井结构等。

在泉、井调查中,都应取水样,测定其化学成分。需要时,应在井孔中进行抽水等试验,以取得必需的参数。对某些能反映地下水存在的非地下水露头现象(如湿地植物、盐碱化等)及干钻孔等也应予以研究。

2. 地表水调查

对于地表水,除了调查研究地表水体的类型、水系分布、所处地貌单元和地质构造位置外,还要进一步调查以下内容:

(1) 查明地表水与周围地下水的水位在空间、时间上的变化特征。

(2) 观测地表水的流速及流量,研究地表水与地下水之间量的转化性质,即地表水补给地下水地段或排泄地下水地段的位置;在各段的上、下游测定地表水流量,以确定其补排量及预测补排量的变化。

(3) 结合岩性结构、水位及其动态,确定两者间的补排形式。常见的有:①集中补给(注入式),常见于岩溶地区;②直接渗透补给,常见于冲洪积扇上部的渠道两侧;③间接渗透补给,常见于冲洪积扇中部的河谷阶地;④越流补给,常见于丘陵岗地的河谷地区。从时间上考虑,常将补给(或排泄)分为常年、季节和暂时性

3 种方式。

（4）分析、对比地表水与地下水的物理性质与化学成分，查明它们的水质特征及两者间的变化关系。

（5）调查地表水（主要为江河）的含沙（泥）量及河床淤积或侵蚀速度。

（6）研究地表水的开发利用现状，掌握远景规划。

3. 气象资料调查

气象资料调查主要是降水量、蒸发量的调查。

降水量资料应到雨量站收集。选定降水资料序列长度时，既要考虑调查区大多数测站的观测系列的长短，避免过多的插补，又要考虑观测系统的代表性和一致性。在分析降水的时间变化规律时，应采用尽可能长的资料序列。调查区面积比较大时，雨量站应在面上均匀分布；在降水量变化梯度大的地区，选用的雨量站应加密，以满足分区计算要求。所采用降水资料也应为整编和审查的成果。

调查区内实际水面蒸发量较气象站蒸发器皿测出的蒸发量要小，需要进行折算。折算系数与蒸发皿的直径有关，每个地区也不相同，收集水位蒸发资料要说明蒸发皿的型号，查阅有关手册确定折算系数。

土面蒸发量与土壤的孔隙性（孔隙大小、数量、形状等）、土壤含水量及地下水位埋深等因素有关，土面蒸发量中包含包气带水和潜水量的损失，土面蒸发量一般使用专用仪器在野外实测获得。

植物散发量是植物根系吸收土壤中水分，通过叶面散发到大气中的水量。目前只能根据植物种类、植物覆盖情况，利用经验公式计算，也可利用一个地区的总蒸发量反求。

9.1.3　不同地区的水文地质调查

地下水资源地面调查的任务和内容因地下水系统所处的地质环境不同而不相同。根据不同地貌、地质与构造格局的区域特点，将地下水系统分布的区域划分为平原区、基岩山丘区、岩溶地区、黄土地区、冻土地区及沙漠地区等 6 种地区。

1. 平原区水文地质调查

平原区包括山前冲洪积扇地区、冲积平原区（包括河谷平原区）及滨海平原区。

平原区地下水资源地面调查的主要任务是：在区域地貌类型、第四纪地质及新构造特征调查的基础上，查明主要含水层的岩性、埋藏条件、分布规律，地下水类型，含水层的富水性及水化学成分，咸淡水的空间分布规律等；调查研究地下水补给、径流、排泄条件，不同含水层之间的水力联系，第四系含水层与下伏基岩含水层之间的关系,地表水系的分布及其水文特征,地表水与地下水的补排关系;研究地下水动态变化特征,调查地下水集中开采区和井灌区的开采量与地下水动态的关系,研究大量采、排地下水形成地下水下降漏斗的原因及其发展趋势;同时还要调查特殊的水文地质问题,如盐碱化、沼泽化、特殊水质、地方病及水质污染的形成条件、分布规律和防治措施;在具备回灌条件的地区,应开展人工回灌条件的研究;还应开展开发利用地下水引起的生态环境问题的调查。

(1) 山前平原区

山前平原冲洪积扇地区一般含水层埋藏浅、厚度大,水量丰富,水质好,易于开发利用,是工农业供水的重点地区。应重点研究山前冲洪积扇、河谷阶地、山前冰水台地、坡积洪积扇、掩埋冲洪积扇等的结构及其水文地质条件。同时,对邻近山区(补给区)的水文地质条件、山区与平原区的交接关系及地下水的补给关系进行必要的调查研究。

这类地区应详细研究下列内容:冲洪积扇的分布范围,扇前、后缘及两侧标高及地面坡度变化;通过观察天然剖面和人工露头,配合物探、钻探,研究组成冲洪积扇的第四纪堆积物的物质来源、地层结构和岩性特点,确定由冲积扇顶部到前缘的岩性变化,注意动植物化石,研究与实测典型露头剖面,结合钻孔对地层岩性进行详细分析对比;冲洪积扇不同部位含水层的岩性、厚度、埋深、富水性和水质变化情况,从扇顶到前缘方向地下水由潜水区过渡到承压水区,自流水区的分带规律;地下水溢出带的分布范围,溢出泉流量及总溢出量;寻找埋藏冲积扇并研究其水文地质特征、埋藏条件、分布规律,同时也要研究扇间区的水文地质条件。

在山前河谷地区,应注意调查河谷形态、阶地结构及其富水性。应研究河谷阶地分布范围、河谷类型(上叠、内叠)、阶地性质(侵蚀、堆积、基底)、阶地的级数及其绝对和相对标高、河谷断面形态、支流冲沟发育情况及其切割深度;各级阶地的地层结构,岩性成分、厚度及岩性变化,地下水的补给及排泄条件,河水与地下水的补给关系。

(2) 冲积平原区(包括河谷平原区)

在冲积平原区,分布有不同河流交互堆积及由河道变迁形成的古河道堆积,某些地区还有海相堆积和冰水堆积,一般第四系厚度大,含水层次多,水质复杂。应重点研究下述内容:不同河流堆积物的特征及其分布,含水介质的富水性,水化学成分及分布规律;古河道带及古湖泊堆积物的分布、埋深及水文地质条件;海相、陆相地层的埋藏与分布及相互间的接触关系;微地貌形态、水质、水位埋深对盐碱化、沼泽化形成的影响。

通过地貌调查,查阅历史记载(地方志),了解河道变迁的时代与范围,采用物探方法确定古河道带的分布范围、埋藏深度及岩性变化,并与机井的有关资料进行对比。对古湖泊堆积物,应通过岩性、岩相、湖积层动植物化石、基底构造和新构造运动的研究及试验工作(颗粒分析、有机质、孢粉及微体古生物鉴定等)了解湖积层形成的古地理环境及分布范围,并注意对地层岩性、颜色、泥炭层的发育程度的研究及石膏的含量与分布的研究。

对盐碱化地区,应初步了解盐碱化的发育程度、分布范围及其成因,为土壤改良提供水文地质资料。另外,应注意调查地下水的埋藏深度、水化学类型和矿化度及其与土壤盐碱化的关系,了解地下水位临界深度。选择典型地段逐层采取土样,了解盐类垂直分布与变化规律,盐碱化与微地貌、地表水的分布关系。对沼泽化地区,应了解沼泽化的分布与成因,为保护利用沼泽化地区提供水文地质资料。

(3) 滨海平原区

对滨海平原地区,应调查海岸地貌、海岸变迁及现代海岸的升降变化;查明海相沉积物的岩性、颜色、厚度及其分布范围;通过对各含水层的抽水试验及水质分析,研究水质在垂直和水平方向上的变化,确定淡水含水层的富水段及其分布范围以及咸、淡水分布界线。在咸水区,要着重研究咸淡水界面埋深、淡水层的埋藏条件和水量、淡水和咸水产生水力联系的可能性,为咸水的改造和利用提供资料。

2. 基岩山丘区水文地质调查

基岩山丘区水文地质调查的主要任务包括:查明地层岩性、构造、地貌等因素对区域水文地质条件的影响,着重分析研究控制地下水形成、分布的主导因素和条件;划分含水层、组、带及地下水的类型,并研究各类地下水的形成、富集和补给、径流、排泄条件及水质状况;访问和搜集有重大供水意义的井(孔)、泉和受季节影响较大的地下水动态资料;查明基岩自流水盆地和自流水斜地的水文地质条件;掌握断裂、构造裂隙及岩体、岩脉与围岩接触带富水性的一般规律,以及具有一定供水意义的风化带中地下水的一般分布规律和水文地质条件;查明第四系发育的河谷平原、山间盆地等松散砂砾石含水层的一般水文地质条件;查明区域水化学的一般特征,初步了解热矿水成因、分布及其开发利用条件,注意水化学找矿;探索和了解地方病与环境地质的关系,了解由于水质污染而引起"污染病"的状况和致病原因;初步了解矿区水文地质条件和以水利工程地质为主的区域工程地质条件。

一般基岩丘陵山区,地下水受岩性、构造、地貌等多种因素影响,分布极不均匀。地质构造往往是控制地下水的主导因素,大的构造体系控制着区域地下水的分布规律,局部水文地质条件则受次一级低序次构造所制约。在调查中必须运用由特殊到一般再由一般到特殊的工作方法,即由低序次的富水构造着手,找出控制地下水的高序次构造,据此再来预测低序次构造的富水性。在分清构造体系及其生成序次的基础上,对典型的断裂构造,应查明其力学性质、断层规模、产状要素、胶结和充填程度、岩脉与岩体活动和蚀变破碎情况、后期构造作用、被切割岩石的力学性质、裂隙发育程度及地下水活动痕迹等。

水文地质调查应着重查明下列构造的富水性：

(1) 调查各种构造形迹，特别注意调查晚近活动的张性和张扭性断裂；对压性、压扭性断裂，注意研究断裂带上盘硬脆岩层及可溶性岩层分布地段顺断裂带的富水性及断裂带本身的封闭阻水性；各种构造形迹的交汇部位，构造共轭扭面的交叉部位，褶皱轴部张性、压性断裂的交汇处等。

(2) 调查区域构造裂隙的发育与不同构造、地层部位的关系，注意其力学性质、发育程度、裂隙充填情况、裂隙面有无地下水活动的痕迹，如次生碳酸盐和二氧化硅薄膜等。分析裂隙所属构造体系，了解裂隙的一般分布规律。

(3) 调查褶皱构造的形态类型、规模、地层组合关系、破碎程度和地貌汇水条件等。例如，有利于地下水补给和储存的背斜谷、向斜谷和地堑式背斜谷等的地下水补给、排泄条件及富水性；规模较大的宽缓向斜盆地形成自流水的可能性和槽线部位的富水性；褶皱两翼地层由陡变缓处、褶皱倾没端、地层转折部位、弧形构造的拐弯突出部位以及硬脆岩层的近尖灭端等处的裂隙发育程度、汇水条件和富水性；横切和斜切褶皱的沟谷的成因，注意被切含水层的地下水溢出带和沼泽湿地的分布，了解含水层的富水性。

(4) 注意单斜构造形成自流斜地的可能性。调查影响单斜含水层的补给条件和富水性的下列因素：地层倾角、分布规模、含水层和隔水层的厚度、地层组合情况和岩层产状与地形坡向的关系等。注意单斜岩层最低处的地下水溢出带。

(5) 调查岩脉的岩性、产状、厚度、长度和侵入时期。特别注意：岩脉受后期构造作用，破碎成富水带的可能性；岩脉本身阻水，造成脉侧富水的可能性；岩脉横切沟谷挡水，并倾向上游时，岩脉迎水面富水的可能性；岩脉与断裂带相交部位的富水性。

(6) 调查地方病与环境地质和水质的关系。先应调查病区与非病区的气候、地形地貌、岩性、土质、水文地质条件和饮用水质，通过对比，发现其异常性，以便探索病因。调查中应在不同地貌和水文地质单元内，分别选择一些有代表性的村(屯)，调查地下水化学组分的淋溶—迁移—累积过程。研究一般水化学组分及某些微量元素含量的变化与疾病的关系。

有"三废"排出的工矿区和大量使用农药、化肥的地区，应调查和搜集由于地下水和地表水遭受污染而引起"污染病"的状况，水中有毒成分含量、污染途径和污染质来源等资料。对浅层地下水更应注意污染问题的调查。

(7) 碎屑岩山区，一般应着重查明含水层较稳定的自流水盆地和自流斜地。还应注意调查：软硬相间和厚薄相间的地层中硬脆薄层的层间裂隙水和在界面处出露的泉；柔性地层中相对硬脆岩层和裂隙发育的构造部位局部富水的可能性；对单一硬脆岩层主要着眼于断裂构造富水带的调查;在不整合面和沉积间断面上出露的泉及其构成富水带的可能性;灰岩和泥质灰岩夹层的富水性。

(8) 花岗岩类地区,应调查:①风化带性状、厚度及影响因素,尤其是半风化带的厚度和分布规律,充分注意地貌汇水条件较好的剥蚀丘陵的风化网状裂隙水和堆积在沟谷、洼地的石英砂层的富水性;②围岩接触蚀变带的类型和宽度,尤其要注意硅化、碳酸盐化蚀变带的破碎和裂隙发育程度及其富水性。

(9) 玄武岩地区,应调查:①喷发方式、各期台地的分布、高程、柱状节理和气孔状结构等与地下水赋存的关系。中心式喷发的台地要注意火山口的调查,由火山口向周围观察玄武岩岩性、岩相厚度与地下水位、水质及富水性的变化规律,注意边缘地下水溢出带的分布。②多期喷发地区,应注意调查各次喷发熔岩流之间接触带的性质、分布及其富水性,注意研究凝灰质岩层的隔水性及裂隙性熔岩的富水性。③侵入其他地层中的安山玄武岩,应注意其地面露头的分布标高、柱状节理发育程度、风化带厚度以及围岩蚀变类型、蚀变带宽度及侵入裂隙发育程度与地下水的关系。④非玄武岩之熔岩及火山碎屑岩类地区,应调查薄层状层理裂隙发育的火山碎屑岩的层理裂隙水、流层发育的流纹岩的成岩裂隙水、软硬相间岩层中硬脆岩层的层间裂隙水、喷发和沉积间断面的富水性。

(10) 变质岩类分布地区,应注意对大理岩、白云岩、硅质白云岩和硅化页岩等的调查。还要调查:①薄层大理岩夹层的岩性、厚度、产状、稳定性和岩溶裂隙发育程度对富水的影响;厚层大理岩则要调查其与不同岩性接触带的岩溶裂隙水,特别是粗粒大理岩、角闪大理岩和表部风化成层状的大理岩要注意下部岩溶发育程度与地下水的关系。②片麻岩类的风化带性状、厚度、分布、汇水面积及富水性,了解沟谷中不同地貌部位的泉水动态,注意山麓和沟谷中风化物稍经搬运堆积成的含水砂层的富水性。

3. 岩溶地区水文地质调查

调查岩溶含水层分布,研究地层、构造、岩脉与岩溶水的关系。调查地表有规律分布的各种岩溶形态,如串珠状洼地、干谷、漏斗、溶井、落水洞、塌陷等;各种岩溶水点,如岩溶泉、地下河出口、出水洞等是调查的重点;测定空间位置、水位、流量、流速、水质,调查补给范围、补给来源。对岩溶水点的水位和流量,应力求获得最枯时期资料,并访问雨季动态变化。岩溶水地区地表水与地下水间相互转化的速度较快,特别是裸露、半裸露型及一些浅覆盖地区,地表河水流量变化较大,应研究其伏流情况,对流量变化显著的河流,应分段测定其流量,常年有水的河流宜在枯季测流,间歇性河流可在雨季测流。要调查研究岩溶地下水系统补给、径流与排泄特征。不同类型岩溶地区,水文地质调查的要求各有侧重。裸露地区主要查明岩溶发育特点及岩溶水点的详细情况。在我国南方岩溶地区,尤其要查清地下暗河的分布、补给面积、流量与水质等状况。在覆盖型岩溶地区,要调查主要地下通道的位置及埋藏情况,查明岩溶强烈发育带,勾绘出强径流带及富水地段,评价其水质、水量。埋藏型地区,要获得各岩溶含水层组的埋深、厚度、水量、水质等初步资料。

4. 黄土地区水文地质调查

我国北方分布着 54×10^4 km² 的黄土(包括黄土台塬、黄土丘陵和河谷平原-丘间谷盆区),厚度由数十米至数百米。黄土地区土质疏松、沟谷深切、地形破碎、水土易于流失,地表缺水严重,多呈半干旱景观。

黄土地区的地下水资源地面调查侧重调查黄土地区的地貌特征。黄土区的地貌往往反映基底构造轮廓及下伏地层的分布与发育情况,控制地下水的赋存、运移。注意调查黄土台塬(包括呈阶梯状的台塬)、黄土丘陵(梁、峁、沟壑)、山前洪积扇(裙)和河谷阶地的形态等,收集黄土层中溶蚀、湿陷、沟谷切割密度及深度等资料,观察了解黄土地区水土流失、植被与地下水的关系等。通过对井、孔、泉水的研究,确定黄土层中的含水层位,分析地下水的赋存条件和分布规律。黄土地区的下伏基岩,多是古生代至中生代的灰岩、砂岩或页岩,应注意寻找基岩地下水,确定其富水层位及富水地段。研究黄土地区的水文地球化学特征,了解地方病与水土、地貌的关系,探讨致病水与非致病水的差异,查清致病水的水化学特征,研究合理开发黄土区地下水的方案,并推测可能出现的环境地质问题。

5. 沙漠地区水文地质调查

我国西北地区分布有大片沙漠地带,年降水量仅 $50 \sim 100$ mm,蒸发强烈,该区水文地质调查的主要目的是为解决当地生活、生产和治理沙漠而寻找地下水源,因此,要对所有地下水露头(钻孔、井、泉、湿地等)进行观测。在查清从边缘山地到沙漠内部的松散沉积物的形成特征的基础上,查明沙丘覆盖的淡水层和近代河道两侧淡水层的分布及其水文地质条件,重点调查古河道、潜蚀洼地和微地貌(沙丘、草滩、湖岸、天然堤等)的分布及其与地下水淡水层或透镜体的分布关系,注意可能汇水的冲洪积扇、冲湖积层的分布特征,寻找被掩埋的冲洪积扇、古河道带及冰水堆积物;调查山地与戈壁带的接触条件和地下水溢出带,查明地下水的补给来源、运动规律及排泄特点;研究地下水的化学成分、植物生长与地下水化学成分的关系、从山前到腹地的地下水化学成分的变化规律;还要注意研究古气候特征,可指导寻找现代沙漠之下的地下水。

6. 冻土地区水文地质调查

我国东北部和西部高寒山区分布有多年冻土区,区内年平均气温在 0℃ 以下,地壳表层常年被冻结或夏季表层融冻但下部仍冻结。冻结层内的地下水主要呈固态存在,冻结层下的水为液态地下水,但在冻结层内也常分布有融冻区。

在该类地区进行地下水调查,除对地貌、地层岩性、构造条件进行一般性研究之外,应重点调查:多年大面积冻结层的深度,片状冻结与岛状冻结层的分布规律及其特征,融冻期融冻层的厚度,常年积雪区范围、积雪和融雪量,地表水体的分布、水位、流量等。查明河流融区、湖泊融区、构造融区的形成原因、发育特点、分布范围及融区内含水层的埋藏条件,水质、水量、地下水与地表水的水力联系。冰锥、冰丘是多年冻土区地下水露头的特殊表现形式,应作详细调查。在现代冰川区,要研究其形成运动规律及冰川地貌,查明冰碛、冰水堆积、冰缘地貌的分布规律,其沉积物的类型,地下水的埋藏特征。还要查明冻土区水化学的水平与垂直变化规律。

9.1.4　遥感技术的应用

遥感水文地质调查是从遥感影像(或数据)中取得调查区的地质、水文地质、环境地质信息,以解释水文地质条件,提高对水文地质规律的认识,减少外业工作量,缩短工程周期,获取常规地面调查难以取得的某些地质、水文地质信息,提高水文地质勘察成果的质量。

遥感水文地质调查宜利用现有遥感影像资料进行判释与填图。在遥感影像资料中应充分利用近期的黑白航空相片或彩色红外航空相片。有条件时,宜采用热红外航空扫描图像,并充分结合使用陆地卫星图像和其他遥感图像。

在水文地质调查中,应充分利用卫星或航空遥感数据、影像进行水文地质解译。在调查工作中,分别选择对地层岩性、地质构造、地貌、地下水要素反应灵敏的波段,采用计算机自动提取和人工判读相结合的方法,确定区域地层、地质构造和地貌发育特征,确定区域水文地质结构和含水层发育规律,获得相关水文地质参数和相应地下水资源量。依据解译成果,编制相关区域水文地质图件和可视化影像成果。

9.2　水文地质物探

物探方法成本低、速度快、用途广泛,是水文地质调查中最有效的重要勘察手段。随着新技术、新方法的不断涌现,解释水平的不断提高,应用前景十分广阔。其基本原理是依据不同类型或不同含水岩石、不同矿化度水体之间存在着物性上(导电性、导热性、热容量、温度、密度、磁性、弹性波传播速度及放射性等)的差异,借助各种物探测量仪器探明这些差异,进而分析判断岩性、构造及其含水性能,为分析水文地质条件和进一步布置勘探工作提供依据。

物探方法种类很多，常用的水文地质物探方法有电法勘探、瞬变电磁法、地震勘探、放射性勘探及钻孔测井（表9.1）。这里主要介绍地面物探及地球物理测井两大类。

表9.1　在水文地质勘察中应用物探方法探测项目一览表[32]

应用方法		覆盖层厚度	断层破碎带	岩溶	寻找地下水	含水层	地层密度	地层孔隙度	地下水流速流向	渗透率	渗漏地段
电法勘探	电测探法	○	△	○	○	○		△			
	电剖面法	△	○		△						△
	自然电场法		△						○		○
	充电法			○					○		
	激发极化法		△		○	○					△
	可控源音频、大地电磁测深法	○	○	○							△
瞬变电磁法		○	○	○	△	△	△				
地震勘探	浅层折射法	○	○		△	△					
	浅层反射法	○	○		△	△					
	瑞雷波法	○		△							
放射性勘探			△				△				
钻孔测井	电测井		△		○	○		△	△	○	○
	声波测井		△					○			
	放射性测井	△					○	○			
	电磁波测井		△	○							
	钻孔电视			○							
	同位素示踪法			△	△	○			○	△	○

注：○为主要方法，△为配合方法。

9.2.1　电法勘探

电法勘探是水文地质调查中应用最多、最广泛的物探方法,具有设备轻便、效率高、解释方法成熟等优点。

1. 电阻率法

电阻率是描述物质导电性能的一个电性参数。岩石的电阻率与岩石的矿物成分、结构、孔隙度、含水量及地下水的矿化度有关。通过测量岩石的电阻率值,分析推断地质体的水文地质特征,从而解决有关地质问题。电阻率法可用于查明下列水文地质问题:确定含水层的分布、厚度及埋深,寻找古河道、古冲洪积扇;寻找断裂破碎带、岩溶发育带的分布、位置,圈定富水带,确定覆盖层及风化层的厚度;划分咸淡水界面,寻找淡水透镜体;推估水文地质参数等。

2. 自然电场法

自然电场法是以地下存在的天然电场作为场源。由于天然电场与地下水通过岩石孔隙、裂隙时的渗透作用及地下水中离子的扩散、吸附作用有关,因此,可根据在地面测量到的电场变化情况,查明地下水的埋藏、分布和运动状况。主要用于寻找掩埋的古河道、基岩中的含水破碎带,确定水库、河床及堤坝的渗漏通道,以及测定抽水钻孔的影响半径等。

方法的使用条件主要决定于地下水渗透作用所形成的过滤电场的强度。一般只有在地下水埋藏较浅、水力坡度较大和所形成的过滤电位强度较大时,才能在地面测量到较明显的自然电位异常。

3. 激发极化法

在人工电场的作用下,地下地质体在其周围会产生二次场。当停止供电后,二次场会逐渐衰减。激发极化法就是利用二次场的衰减特征来寻找地下水。二次场的衰减特征可用视极化率(η_s)、视频散率(P_s)(交流极化法的基本测量参数)、衰减度(D)、衰减时(τ)表示。判断地下水存在效果较好的测量参数,通常是 τ 和 D。τ是指二次场电位差(ΔU_z)衰减到某一规定数值时(通常规定为 50%)所需的时间(单位为 s)。D 亦是反映极化电场(即二次场)衰减快慢的一种测量参数(用百分数表示)。由于岩石中的含水或富水地段水分子的极化能力较强,又因二次场一般衰减慢,故 D 和 τ 值相对较大。

激发极化法分为测深法、剖面法和测井法。其中激发极化测深法用得最多,主要用于寻找层状或似层状分布的各种地下水以及较大的溶洞含水带,并可确定它们的埋藏深度。还可根据含水因素(M_s)（含水因素是指衰减时间-极距曲线图上，不同极距区间曲线与横坐标所包围的面积，它反映出不同深度区间岩石的含水性）和已知钻孔涌水量的相关关系，估计设计钻孔的涌水量。

由于激发极化所产生的二次场值小，故这种方法不适用于覆盖层较厚（如大于20 m）和工业游散电流较强的地区。电源笨重、工作效率较低、成本较高是这种方法的不足之处。

9.2.2　交变电磁法勘探

交变电磁场法是以岩石、矿石（包括水）的导电性、导磁性及介电性的差异为基础，通过对以上物理场空间和时间分布特征的研究，达到查明隐伏地质体和地下水的目的。

电磁法是一种相对较新的物探方法。目前已在生产中使用的有甚低频电磁法（利用超长波通信电台发射的电磁波为场源）、频率测深法（以改变电磁场频率来测得不同深度的岩性）、地质雷达法（利用高频电磁波束在地下电性界面上的反射来达到探测地质对象的目的）等。其中，甚低频法对确定低阻体（如断裂带、岩溶发育带和含水裂隙带）比较有效；而地质雷达则具较高的分辨率（可达数厘米），可测出地下目的物的形状、大小及其空间位置。

9.2.3　地震勘探

地震勘探是根据土和岩石的弹性性质，通过测定人工激发所产生的弹性波在地壳内的传播速度来探测地质结构及含水界面的物探方法。该种方法具有勘探深度大、探测精度高的优点。可用来确定覆盖层和风化层的厚度、潜水面埋藏深度，划分岩层结构，探测断层和岩溶发育带位置。在地热勘探中常使用该方法探明深部地质构造，判断地热层的分布情况。

高分辨率浅层地震法可以精确地划分地层结构，确定构造带空间分布特征。在地下水勘察中可确定地下含水层岩性、埋深、厚度、孔隙发育程度等，与电磁法结合可有效地提高勘探精度。

9.2.4　地球物理测井法

地球物理测井方法可用于钻孔剖面的岩性分层，判断含水层（带）、岩溶发育带和咸淡水分界面位置（深度），及确定水文地质参数等。当采用无芯钻进或钻进取芯不足时，物探测井更是不可缺少的探测手段。物探测井的地质、水文地质解释精度，在确定钻孔中的岩层分界面和出水裂隙段位置的可靠性和精度方面，有时甚至比钻探取芯还高。

　　不同的测井方法所解决的水文地质问题也不尽相同。普通视电阻率测井除划分钻孔地层剖面外,主要用于确定含水层的位置及厚度,测定岩石电阻率参数和岩石孔隙度;井液电阻率测井中的扩散法,能可靠地确定钻孔中含水层(出水段)的位置和厚度,比较推断含水层的富水性,求出地下水的渗透速度和间接计算渗透系数;自然电位测井可确定地下水的矿化度和咸淡水界面,估计地层的含泥量;伽玛-伽玛测井可按密度区分岩性、划分剖面,确定含水层和岩石的孔隙度;中子测井用于划分岩性,查明含水层,确定孔隙度和测定含水量;同位素示踪法是目前测定地下水流向、流速、渗透系数和水质弥散系数的主要方法,放射性同位素测井可用于确定井内出水和套管破裂位置,检查井管外封堵质量和寻找水库(坝下)渗漏通道;声波测井主要用于测定岩石的孔隙度,也用于划分岩性、作地层对比、划分含水破裂带等;热测井用于测地温梯度,测定井内进(漏)水位置。

　　此外,还有流速(流量)测井,实质上它属于水文法测井,而非地球物理方法。此法能直接测量出钻孔中各个含水层(或含水段)的厚度、流速和出水量,并能计算出各含水层(段)的渗透系数,确定钻孔中各个含水层之间的补排关系,还可检查钻孔止水效果和确定过滤器有效长度。我国冶金部武汉勘察研究院生产的 RM-2 型地下水流速仪,可测流速范围为 0.2～80 cm/s。

9.2.5　天然放射性找水法

　　放射性探测法主要适用于寻找基岩地下水,不同类型岩石的放射性强度有差异;岩石中断裂带和裂隙发育带,常是放射性气体运移和聚积的场所,故可形成放射性异常带;在地下水流动的过程中(特别是在出露地段),由于水文地球化学条件的突然改变,可导致水中某些放射性元素的沉淀或富集,从而形成放射性异常。

　　由于地下水中所含放射性物质甚微,所以利用天然放射性找水,并非直接测定地下水的放射性,而是通过测定岩石的放射性差异去判断有无含水的岩层,有无可供地下水赋存的断裂、裂隙(通道)构造。放射性探测的方法很多,但都是基于测量氡及其子体的射线强度。放射性探测的仪器种类也很多,但从原理上说主要分为 γ、α 两种辐射仪(这是因为 γ 射线穿透力较强,α 粒子电离本领较强)。

9.2.6　水文地质物探的新技术方法

1. 核磁共振法(NMR)

　　核磁共振技术是当今世界上的尖端技术,采用核磁共振方法可直接探查地下水。其基本原理是通过测量地层水中的氢核来直接找水。当施加一个与地磁场方向不同的外磁场时,氢核磁矩将偏离磁场方向,一旦外磁场消失,氢核将绕地磁场旋进,其磁矩方向恢复到地磁场方向。通过施加具有拉摩尔圆频率的外磁场,再测量氢核的共振讯号,便可实现核磁共振测量。目前在我国西北干旱地区及岩溶区等地找水,已取得较好效果。但该仪器价格昂贵、抗干扰性差、发射/接收线圈直径较大等,限制了其推广使用。

2. 音频大地电磁测深法(AMT)

音频大地电磁法(EH-4 电导率成像技术)是基于研究频率范围从 $1\sim1000$ Hz 的天然电磁场,测量垂直、水平的电、磁场分量,由测得的数据求出阻抗振幅或视电阻率和阻抗相位,解释振幅和相位曲线就可以得到相应的地电断面图,可以探测到 $50\sim1000$ m 的地下信息。在地下水勘察工作中主要解决地层岩性结构、含水层位置、构造空间分布特征及地下水质评价等问题。

3. 瞬变电磁测深法(TEM)

瞬变电磁测深法是时间域电磁法,具有分辨率高、探测深度适中、穿透高阻能力强、不受地形影响等特点,在地下水勘察中主要解决地层岩性结构、含水层位置、构造空间分布等问题,在地形条件差的山区,其勘探效果优于其他方法。

4. 可控源音频大地电磁测深法(CSAMT)

可控源音频大地电磁测深方法由人工向地下供入音频谐变电流来建立电磁场,通过仪器在地面接收从地下反馈来的带有地层特征的信息,根据不同时代、岩性地层电性特征达到勘察目的。该法横向、纵向分辨率均较高。

9.3   水文地质钻探

水文地质调查中采用的勘探工程,包括钻探、坑探、槽探和物探等,但最主要的是水文地质钻探(按国家标准,水文地质钻探称水文地质勘探)。其目的是了解地层岩性、地质构造、地下水的赋存条件和运动规律,以及水质、水量、水温的变化。为正确评价地下水资源,以及合理开发利用与保护地下水提供资料[4,5,8,10,16,20]。

水文地质钻探是直接探明地下水的一种最重要、最可靠的勘探手段,是进行各种水文地质试验的必备工程,也是对水文地质调查、水文地质物探成果所作地质结论的检验方法。随着水文地质调查阶段的深入,水文地质钻探工作量在整个勘察工作中占有越来越重要的地位。

9.3.1　水文地质钻探的基本任务

对于不同的水文地质调查任务或同一勘察任务的不同勘察阶段,水文地质钻探的具体任务虽有差别,但其基本的任务是:揭露含水层,探明含水层的埋藏深度、厚度、岩性和水头压力;查明含水层之间的水力联系;借助钻孔进行各种水文地质试验,确定含水层富水性和各种水文地质参数;通过钻孔(或在钻进过程中)采集水样、岩土样,确定含水层的水质、水温,测定岩土的物理力学和水理性质;利用钻孔监测地下水动态或将钻孔作为供水井。

9.3.2　水文地质钻探的技术要求

1. 水文地质钻孔的分类

水文地质钻孔可分勘探孔、试验孔、观测孔和探采孔 4 种。

(1) 勘探孔:用于水文地质普查。主要获取地层的岩性、地质构造和含水层的埋藏深度、厚度、性质及富水性等资料。钻探要求满足岩心采取率、校正孔深、测量孔斜、简易水文地质观测、原始记录和封孔等 6 项指标。

(2) 试验孔:用于初勘阶段。在初步掌握地层岩性、地质构造等资料的基础上,着重了解地下水的水量、水位、水质、水温等资料。要求进行分层观测、分层抽水、单孔或群孔抽水等。

(3) 观测孔:用于研究地下水动态变化规律,测定与抽水孔水位变化关系,以及了解不同含水层的水位、水温、水质变化而布置的钻孔。

(4) 探采孔:用于已定水源地的详勘阶段。在已取得水文地质资料的基础上,结合工农业生产开采水源的需要布置钻孔。通过钻探进一步取得水文地质资料后,即可作为开采井使用。钻探要求既满足获得有关水文地质资料,又要满足开采生产井对水质、水量、卫生防护等的要求。

2. 水文地质钻孔的特征及钻进方法

水文地质钻孔的结构比一般地质钻孔要复杂,因为水文地质钻探的任务不仅是取出岩芯,探明地层剖面,还必须取得许多水文地质数据,或将井孔保留下来,作为供水井或地下水动态观测井长期使用。不同地层采用不同钻进方法。常用的钻探方法,按钻进方式分为冲击钻进法、回转钻进法、冲击回转钻进法。水文地质钻孔的特征如下:

(1) 钻孔的直径(口径)较大。一般地质勘探孔的口径较小(直径一般小于

150 mm),主要任务是取岩芯。水文钻孔除了满足取岩芯要求外,还必须满足抽水试验或作为生产井取水的要求。为保证抽出更多的水量和便于下入水泵,当前水文钻孔或水井的直径一般约在 300～500 mm,最大孔径可达 1000 mm 或更大。

(2) 钻孔的结构复杂。为了分层取得不同深度含水层的水质、水量及动态资料,或为阻止非开采层以外含水层中的劣质地下水进入水井之中,水文钻孔时常需对揭露的各个含水层采取分层止水的隔离措施。变径下管止水是最有效的隔离方法(图 9.1)。有时,为减轻随钻进深度增加而加大的钻机荷载或为节省井壁管材,也需变径。

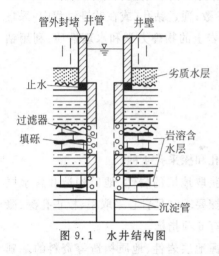

图 9.1　水井结构图

(3) 为了保证地下水顺利地进入钻孔(水井),同时又能阻止含水层中的细颗粒物质进入钻孔或防止塌孔,在钻孔揭露的含水层段,常需下入复杂的滤水装置,即过滤器;而对井壁与井管之间的非含水层段,则需用粘土、水泥等止水材料进行封堵,以阻止地表污水或开采含水层以外的劣质地下水沿孔壁和井管之间的空隙流入开采含水层中。因此,水文钻孔的结构是较复杂的(图 9.1)。

(4) 为了防止钻进时所用的泥浆(即冲洗液)堵塞含水层而影响水井的出水量,对水文钻孔钻进时所用的冲洗液质量(密度、稠度等)有严格要求。一般要求尽量用清水钻进,在砂砾石含水层为确保孔壁稳定可采用泥浆钻进。在钻进结束后,必须认真地进行洗井工作。对城市生活和工业用水井,正常运行时的井水含砂量要求小于百万分之一;农业灌溉水井,应小于五十万分之一。

(5) 为保证水泵顺利下入井中,并长期安全的工作,对水文钻孔,特别是将用于供水的井,一般要求孔身斜度每深 100 m 小于 1°。

3. 水文地质钻孔的设计内容

钻孔设计书的内容包括:孔径;孔深;不同口径井管的下置深度及所选用的井管材料;钻孔中止水段的位置和止水方法;过滤器的类型和过滤器下置深度;对水井中的非开采含水层段,提出井壁与井管之间间隙的回填封堵段的位置、使用材料及要求;钻进方法及技术要求,包括对冲洗液质量、岩芯采取率、岩土水样采集、洗孔及孔斜等的要求,以及对观测和编录方面的技术要求。

设计书应附有设计钻孔的地层岩性剖面、井孔结构剖面和钻孔平面位置图。

(1) 孔径

开孔、终孔的直径及孔身变径位置,一般随钻孔的勘探目的不同而异。勘探孔孔径一般在 200 mm 以下。试验孔和探采孔孔径一般都比较大,通常松散层孔径在 400 mm 以上,基岩层孔径在 200 mm 以上;观测孔孔径比较小,通常松散层孔径在 200 mm 以下,基岩层孔径在 150 mm 以下。为简化水井结构,应尽可能采用"一径到底"。当不得不变径时,井孔直径大小应依据取水泵型来确定。

(2) 孔深

水文钻孔的深度应根据钻探任务来确定,一般要求达到揭露或打穿主要含水层,即要求钻穿有供水意义的主要含水层(组)或含水构造带(岩溶发育带、断裂破碎带、裂隙发育带等)。

(3) 孔的垂直度

要求以保证井壁管、过滤器顺利安装和抽水设备正常工作为准。

(4) 冲洗液

应适于含水层的情况和钻探的要求。基岩中的勘探钻孔,常采用清水作为冲洗液;松散层中的勘探钻孔,根据含水层情况和勘探的要求,一般采用清水水压钻进或用泥浆作冲洗液;采用泥浆钻进时,宜选用利于护孔、不污染含水层、易于洗井的优质泥浆。

(5) 止水、封孔

勘探钻孔须分别查明各含水层(带)的水位、水质、水温、透水性,或对某含水层进行隔离时,须进行止水工作。勘探钻孔获取资料后,如没有其他用途,都要进行封孔。封孔是为了避免含水层中的水互相串通,使地下水受到污染,或使承压水遭到破坏。在主要含水层的顶底板封闭要超过 5 m。一般压力的含水层可采用粘土封闭;如果是高压含水层或下部有开采的矿床,则要用水泥封闭;对可能受到地表水污染的钻孔,孔口要用水泥封闭。

4. 钻进过程中的水文地质观测工作

为获得各种水文地质资料,除在终孔后进行物探测井和抽水试验外,核心的工作就是在钻进过程中进行水文地质观测。

在钻进过程中水文地质观测的主要项目如下:观测冲洗液的消耗量及其颜色、稠度等特性的变化,记录其增减变化量及位置;观测钻孔中水位的变化。当发现含水层时,要测定初见水位和天然稳定水位;及时描述岩芯,统计岩芯采取率,测量其裂隙率或岩溶率;测量钻孔的水温变化及其位置;观测和记录钻孔的涌水、涌砂、涌气现象及其起止深度及数量;观测和记录钻进速度、孔底压力,以及钻具突然下落(掉钻)、孔壁坍塌、缩径等现象和其深度;按钻孔设计书的要求及时采集水、气、岩、土样品;在钻进工作结束后,按要求进行综合性的水文地质物探测井工作。

对以上在钻进过程中观测到的水文地质观测数据和重要现象,均要求反映在终孔后编制的水文钻孔综合成果图表中。完成各项任务的水文钻孔,应严格按要求封闭。

9.3.3　水文地质勘探钻孔的布置原则

前已述及,水文地质钻探是一项费用昂贵、技术复杂的工作。因此,在布置水文地质钻探时,应力求以最小的钻探工作量,取得最多和更好的地质、水文地质成果,钻孔的布置必须有明确的目的性。

布置钻孔时要考虑水文地质钻探的主要任务,主要任务不同,钻孔布置方案必然有所区别。布置钻孔时要考虑一孔多用。如既是水文地质勘探孔,又可保留作为地下水动态观测孔;或者既是勘探孔,又可留用为开采井。在确定钻孔位置时,均应考虑其代表性和控制意义。

一般而言,为查明区域水文地质条件布置的钻孔,一般都布置成勘探线的形式。主要勘探线应沿着区域水文地质条件(含水层类型、岩性结构、埋藏条件、富水性、水化学特征等)变化最大的方向布置。对区内每个主要含水层的补给、径流、排泄和水量、水质不同的地段均应有勘探钻孔控制。

主要为地下水资源评价布置的勘探孔,必须考虑拟采用的地下水资源评价方法。勘探孔所提供的资料应满足建立正确的水文地质概念模型、进行含水层水文地质参数分区和控制地下水流场变化特征的要求。

当水源地主要依靠地下水的侧向径流补给时,主要勘探线必须沿着流量计算断面布置。对于傍河取水水源地,为计算河流侧向补给量,必须布置平行、垂直河流的勘探线。

当采用数值模拟方法评价地下水资源时,为正确地进行水文地质参数分区,正确给出预报时段的边界水位或流量值,勘探孔布置一般呈网状形式并能控制住边界上的水位或流量变化。

以供水为勘察目的的勘探孔,按总原则布置钻孔时,应考虑勘探与开采结合,钻孔一般应布置在含水层(带)富水性最好、成井把握性最大的地段。

9.4　水文地质试验

9.4.1　抽水试验

抽水试验是通过从钻孔或水井中抽水,定量评价含水层富水性,测定含水层水文地质参数和判断某些水文地质条件的一种野外试验工作[2]。其方法是：在水井或钻孔中进行抽水,观测记录水量和水位随时间的变化；利用水位与流量之间的函数关系,计算含水层渗透系数和井、孔出水能力。同时,它还可以用于确定影响半径、降落漏斗形状、岩层给水度、含水层之间或含水层与地表水之间的水力联系等。试验要求对抽水时的水位和流量进行系统的观测和记录,并绘制水位与流量关系的曲线。

抽水试验的目的、任务是：直接测定含水层的富水程度和评价井(孔)的出水能力；抽水试验是确定含水层水文地质参数(K、T、μ、μ^*、a)的主要方法；抽水试验可为取水工程设计提供所需水文地质数据,如单井出水量、单位出水量、井间干扰系数等,并可根据水位降深和涌水量选择水泵型号；通过抽水试验,可直接评价水源地的可(允许)开采量；可以通过抽水试验查明某些其他手段难以查明的水文地质条件以及边界性质、强径流带位置等。

抽水试验根据地下水流特点可以分为稳定流抽水试验、非稳定流抽水试验；根据孔的数目可以分为多孔抽水试验、单孔抽水试验、干扰孔抽水试验等。按抽水试验所依据的井流公式原理和主要的目的任务,可将抽水试验划分为表 9.2 的各种类型。

一般应根据水文地质调查工作的目的和任务确定抽水试验类型。比如,在区域性水文地质调查及专门性水文地质调查的初始阶段,抽水试验的目的主要是获取含水层具代表性的水文地质参数和富水性指标(如钻孔的单位涌水量或某一降深条件下的涌水量),故一般选用单孔抽水试验。当只需要取得含水层渗透系数和涌水量时,一般多选用稳定流抽水试验；当需要获得渗透系数、导水系数、释水系数及越流系数等更多的水文地质参数时,则须选用非稳定流的抽水试验方法。进行抽水试验时,一般不必开凿专门的水位观测孔,应尽量用已有的水井作为试验的水位观测孔,但为提高所求参数的精度和了解抽水流场特征,当已有观测孔不能满足要求时,则需开凿专门水位观测孔。

在专门性水文地质调查的详勘阶段,为获得开采孔群(组)设计所需水文地质参数(如影响半径、井间干扰系数等)和水源地允许开采量(或矿区排水量)时,则须选用多孔干扰抽水试验。当设计开采量(或排水量)远小于地下水补给量时,可选用稳定流的抽水试验方法；反之,则选用非稳定流的抽水试验方法。

表 9.2　抽水试验方法分类表[5]

分类依据	抽水试验类型	亚　类		主　要　用　途
Ⅰ按井流理论	Ⅰ-1 稳定流抽水试验			(1) 确定水文地质参数 K、$H(r)$、R; (2) 确定水井的 Q-s 曲线类型: 　① 判断含水层类型及水文地质条件; 　② 下推设计降深时的开采量
	Ⅰ-2 非稳定流抽水试验	Ⅰ-2-1 定流量非稳定流抽水试验		(1) 确定水文地质参数 μ^*、μ、K'、m'(越流系数)、T、a、B(越流因素)、$1/a$(延迟指数); (2) 预测在某一抽水量条件下,抽水流场内任一时刻任一点的水位下降值
		Ⅰ-2-2 定降深非稳定流抽水试验		
Ⅱ按干扰和非干扰理论	Ⅱ-1 单孔抽水试验	按有无水位观测孔	Ⅱ-1-1 无观测孔的单孔抽水试验	Ⅰ按井流理论
			Ⅱ-1-2 带观测孔单孔抽水试验(带观测孔的多孔抽水试验、带观测孔的孔组抽水试验)	(1) 提高水文地质参数的计算精度: 　① 提高水位观测精度; 　② 避开抽水孔三维流影响。 (2) 准确确定 r-s 关系,求解出 R、μ、x; (3) 了解某一方向上水力坡度的变化,从而认识某些水文地质条件
	Ⅱ-2 干扰抽水试验	按试验目的规模	Ⅱ-2-1 一般干扰抽水试验	(1) 求取水工程干扰出水量; (2) 求井间干扰系数和合理井距
			Ⅱ-2-2 大型群孔干扰抽水试验	(1) 求水源地允许开采量; (2) 暴露和查明水文地质条件; (3) 建立地下水流(开采系件下)模拟模型
Ⅲ按抽水试验的含水层数目	Ⅲ-1 分层抽水试验			单独求取含水层的水文地质参数
	Ⅲ-2 混合抽水试验			求多个含水层综合的水文地质参数

1. 抽水孔和观测孔的布置要求

（1）抽水孔的布置要求

　　布置抽水孔的主要依据是抽水试验的任务和目的。为求取水文地质参数的抽水孔,一般应远离含水层的透水、隔水边界,应布置在含水层的导水及储水性质、补给条件、厚度和岩性条件等有代表性的地方;对于探采结合的抽水井(包括供水详勘阶段的抽水井),要求布置在含水层(带)富水性较好或计划布置生产水井的位置上,以便为将来生产井的设计提供可靠信息;欲查明含水层边界性质、边界补给量的抽水孔,应布置在靠近边界的地方,以便观测到边界两侧明显的水位差异或查明两侧的水力联系程度。

在布置带观测孔的抽水井时,要考虑尽量利用已有水井作为抽水时的水位观测孔。抽水孔附近不应有其他正在使用的生产水井或其他与地下水有联系的排灌工程。抽水井附近应有较好的排水条件,即抽出的水能无渗漏地排到抽水孔影响半径区以外,特别应注意抽水量很大的群孔抽水的排水问题。

(2) 观测孔的布置要求

不同目的的抽水试验,其水位观测孔布置的原则是不同的。

为求取含水层水文地质参数的观测孔,一般应和抽水主孔组成观测线,所求水文地质参数应具有代表性。因此,要求通过水位观测孔观测所得到的地下水位降落曲线,对于整个抽水流场来说,应具有代表性。一般应根据抽水时可能形成的水位降落漏斗的特点来确定观测线的位置。均质各向同性、水力坡度较小的含水层,其抽水降落漏斗的平面形状为圆形,即在通过抽水孔的各个方向上,水力坡度基本相等,但一般上游侧水力坡度小于下游侧水力坡度,故在与地下水流向垂直方向上布置一条观测线即可(图 9.2(a))。均质各向同性、水力坡度较大的含水层,其抽水降落漏斗形状为椭圆形,下游一侧的水力坡度远较上游一侧大,故除垂直地下水流向布置一条观测线外,尚应在上、下游方向上各布置一条水位观测线(图 9.2(b))。均质各向异性的含水层,抽水水位降落漏斗常沿着含水层储、导水性质好的方向发展(延伸),该方向水力坡度较小;储、导水性差的方向为漏斗短轴,水力坡度较大。因此,抽水时的水位观测线应沿着不同储、导水性质的方向布置,以分别取得不同方向的水文地质参数。对观测线上观测孔数目的布置要求。

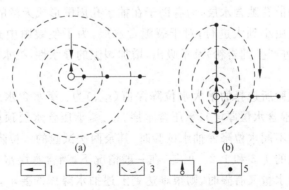

(a)　　　　　　　　　(b)

1　2　3　4　5

图 9.2　抽水试验观测线布置示意图[5]

1—地下水天然流向;2—水位观测线;3—抽水时的等水位线;4—抽水主孔;5—水位观测孔

观测孔数目:只为求参数,1 个即可;为提高参数的精度,则需 2 个以上;如欲绘制漏斗剖面,则需 2～3 个。观测孔距主孔距离:按抽水漏斗水面坡度变化规律,愈靠近主孔其距离应愈小,愈远离主孔其距离应愈大;为避开抽水孔三维流的影响,第一个观测孔距主孔的距离一般应约等于含水层的厚度(至少应大于10 m);最远的观测孔,要求观测到的水位降深应大于 20 cm;相邻观测孔距离,亦应保证两孔的水位差必须大于 20 cm。

当抽水试验的目的在于查明含水层的边界性质和位置时,观测线应通过主孔、垂直于欲查明的边界布置,并应在边界两侧附近都要布置观测孔。对欲建立地下水水流数值模拟模型的大型抽水试验,应将观测孔比较均匀地布置在计算区域内,以便能控制整个流场的变化和边界上的水位和流量,应考虑每个参数分区内都要有观测孔,便于流场拟合。当抽水试验的目的在于查明垂向含水层之间的水力联系时,则应在同一观测线上布置分层的水位观测孔。观测孔深度要求揭穿含水层,至少深入含水层 10~15 m。

2. 抽水试验的主要技术要求

有关试验所用的水泵和流量,水位观测仪器的选择,流量、水位的观测时间间隔和观测精度的具体要求,可参阅有关的生产规范(程)。下面介绍如何确定对抽水水量、水位降深和抽水延续时间的要求问题。

1) 稳定流单孔抽水试验的主要技术要求

(1) 对水位降深的要求

为提高水文地质参数的计算精度和预测更大水位降深时井的出水量,正式的稳定流抽水试验,一般要求进行 3 次不同水位降深(落程)的抽水,要求各次降深的抽水连续进行;对于富水性较差的含水层或非开采含水层,可只做一次最大降深的抽水试验。对松散孔隙含水层,为有助于在抽水孔周围形成天然的反滤层,抽水水位降深的次序可由小到大进行;对于裂隙含水层,为了使裂隙中充填的细粒物质(天然泥沙或钻进产生的岩粉)及早吸出,增加裂隙的导水性,抽水降深次序可由大到小进行。

一般抽水试验所选择的最大水位降深值(s_{max})为:潜水含水层,$s_{max} = (1/3 \sim 1/2)H$($H$ 为潜水含水层厚度);承压含水层,$s_{max} \leqslant$ 承压含水层顶板以上的水头高度。当进行 3 次不同水位降深抽水试验时,其余两次试验的水位降深,应分别等于最大水位降深值的 1/3 和 1/2。但是,在一般情况下,当含水层富水性较好而勘探中使用的水泵出水量又有限时,则很难达到上述抽水降深的要求。此时,要求 s_{max} 等于水泵的最大扬程(或吸程)即可。当 s_{max} 降深值不太大时,相邻两次水位降深之间的水头差值也不应小于 1 m。

根据抽水试验所求得的水文地质参数代表了抽水降落漏斗范围内含水层体积的平均参数,因此,抽水降深越大,所求得的水文地质参数代表性越好,但抽水投资会越大。应根据实际水文地质条件和经济条件确定适当的水位降深。

(2) 抽水试验流量的设计

由于水井流量的大小主要取决于水位降深的大小,因此一般以求得水文地质参数为主要目的的抽水试验,无须专门提出抽水流量的要求。但为保证达到试验规定的水位降深,试验进行前仍应对最大水位降深时对应的出水量有所了解,以便选择适合的水泵。其最大出水量,可根据同一含水层中已有水井的出水量推测,或根据含水层的经验渗透系数值和设计水位降深值估算,也可根据洗井时的水量来确定。

欲作为生产水井使用的抽水试验钻孔,其抽水试验的流量最好能和需水量一致。

(3) 对抽水试验孔水位降深和流量稳定后延续时间的要求

按稳定流抽水试验所求得的水文地质参数的精度,主要影响因素之一是抽水试验时抽水井的水位和流量是否真正达到了稳定状态。生产规范(规程)一般是通过规定的抽水井水位和流量稳定后的延续时间来作保证。如果抽水试验的目的仅为获得含水层的水文地质参数,水位和流量的稳定延续时间达到 24 h 即可;如抽水试验的目的,除获取水文地质参数外还必须确定出水井的出水能力,则水位和流量的稳定延续时间至少应达到 48～72 h 或者更长。当抽水试验带有专门的水位观测孔时,距主孔最远的水位观测孔的水位稳定延续时间应不少于 2～4 h。此外,在确定抽水试验是否真正达到稳定状态时,还必须注意:①稳定延续时间必须从抽水孔的水位和流量均达到稳定后计算起;②要注意抽水孔和观测孔水位或流量微小而有趋势性的变化。比如,有时间隔 2 次观测到的水位或流量差值,可能已小于生产规程规定的稳定标准。但是,这种微小的水位下降现象,却是连续地出现在以后各次的水位观测中。此种水位或流量微小而有趋势性的变化,说明抽水试验尚未真正进入稳定状态。如果抽水试验地段水位虽出现匀速的缓慢下降,其下降的速度又与受抽水影响地段的含水层水位的天然下降速度基本相同,则可认为抽水试验已达到稳定状态。

(4) 水位和流量观测时间的总要求

抽水主孔的水位、流量与观测孔的水位都应同时进行观测,不同步的观测资料,可能给水文地质参数的计算带来较大误差。水位和流量的观测时间间隔,应由密到疏,停抽后还应进行恢复水位的观测,直到水位的日变幅接近天然状态为止。

2) 非稳定流抽水试验的主要技术要求

按泰斯井流公式原理,非稳定流抽水试验可设计成定流量抽水(水位降深随时间变化)或定降深抽水(流量随时间变化)两种试验方法。由于在抽水过程中流量比水位容易固定(因水泵出水量一定),在实际生产中一般多采用定流量的非稳定流抽水试验方法。只有在利用自流钻孔进行涌水试验(即水位降低值固定为自流水头高度,而自流量逐渐减少、稳定),或当模拟定降深的疏干或开采地下水时,才进行定降深的抽水试验。故本节将以定流量抽水为例,介绍非稳定流抽水试验的技术要求。

(1) 对抽水流量值的选择要求

在确定抽水流量值时,应考虑以下情况:①对于主要目的在于求得水文地质参数的抽水试验,选定抽水流量时只需考虑:对该流量抽水到抽水试验结束时,抽水井中的水位降深不致超过所用水泵的吸程;②对于探采结合的抽水井,可考虑按设计需水量或按设计需水量的 $1/3\sim1/2$ 的强度来确定抽水量;③可参考勘探井洗井时的水位降深和出水量来确定抽水流量。

(2) 对抽水流量和水位的观测要求

当进行定流量的非稳定流抽水时,要求抽水量从自始至终均保持定值,而不只是在参数计算取值段的流量为定值。对定降深抽水的水位定值要求亦如此。

与稳定流抽水试验要求一样,流量和水位观测应同时进行;观测的时间间隔应比稳定流抽水小;停抽后恢复水位的观测,应一直进行到恢复水位变幅接近天然水位变幅时为止。由于利用恢复水位资料计算的水文地质参数常比利用抽水观测资料求得的可靠,故非稳定流抽水恢复水位观测工作,更有重要意义。

(3) 抽水试验延续时间的要求

对非稳定流抽水试验的延续时间,目前还没有公认的科学规定。但可从试验的目的、任务和参数计算方法的需要,对抽水延续时间作出规定。

当抽水试验的目的主要是求得含水层的水文地质参数时,抽水延续时间一般不必太长,只要水位降深(s)-时间对数($\lg t$)曲线的形态比较固定和能够明显地反映出含水层的边界性质即可停抽。我国一些水文地质学者,在研究含水层导水系数(T)随抽水延续时间的变化规律后得出结论:根据非稳定流抽水初期观测资料所计算出的不同时段的导水系数值变化较大;而当抽水延续到 24 h 后所计算的 T 值与延续 100 h 时后计算的 T 值之间的相对误差,绝大多数情况下均 $<5\%$。故从参数计算的结果考虑,以求参为目的的非稳定流抽水试验的延续时间,一般不必超过 24 h。

抽水试验的延续时间,有时也需考虑求参方法的要求。例如,当试验层为无界承压含水层时,常用配线法和直线图解法求解参数。前者虽然只要求抽水试验的前期资料,但后者从简便计算取值出发,则要求 s-$\lg t$ 曲线的直线段(即参数计算取值段)至少能延续 2 个以分钟为单位的对数周期,故总的抽水延续时间达到 3 个对数周期,即达 1000 min。如有多个水位观测孔,则要求每个观测孔的水位资料均符合此要求。

当有越流补给时,如用拐点法计算参数,抽水至少应延续到能可靠判定拐点时

（s_{max}）为止。如需利用稳定状态时段的资料，则水位稳定段的延续时间应符合稳定流抽水试验稳定延续时间的要求。

当抽水试验目的主要在于确定水井的涌水量（对定流量抽水来说，应为在某一涌水量条件下，水井在设计使用年限内的水位降深）时，试验延续时间应尽可能长一些，最好能从含水层的枯水期末期开始，一直抽到雨季初期；或抽水试验至少进行到 s-$\lg t$ 曲线能可靠地反映出含水层边界性质为止。如为定水头补给边界，抽水试验应延续到水位进入稳定状态后的一段时间为止；有隔水边界时，s-$\lg t$ 曲线的斜率应出现明显增大段；当无限边界时，s-$\lg t$ 曲线应在抽水期内出现匀速的下降。

3）大型群孔干扰抽水试验的主要技术要求

此类型试验一般指群孔抽水，大流量、大降深、强干扰、长时间的模拟生产条件的大型抽水试验，主要目的在于求得水源地的允许开采量或求矿井在设计疏干降深条件下的排水量，或对某一开采量条件下的未来水位降深作出预报。因此，大型群孔干扰抽水试验的抽水量，应尽可能接近水源地的设计开采量。当设计开采量很大（如 5×10^4 m^3/d 以上）或抽水设备能力有限时，抽水量至少也应达到水源地设计开采量的 1/3 以上。

对大型群孔干扰抽水试验水位降深的要求，基本上同对抽水量的要求一样，即应尽可能地接近水源地（或地下疏干工程）设计的水位降深，一般或至少应使群孔抽水水位下降漏斗中心处达到设计水位降深的 1/3。特别是当需要通过抽水时的地下水流场分析（查明）某些水文地质条件时，更必须有较大的水位降深要求。

此类型抽水试验可以是稳定流的，也可以是非稳定流的。对于供水水文地质勘察来说，为获得水源地的稳定出水量，一般多进行稳定流的开采抽水试验。此稳定出水量，可以通过改变抽水强度直接确定出水源地最大降深时的稳定出水量（适用于地下水资源不太丰富的水源地）；也可通过进行 3 次水位降深的稳定流抽水试验，据流量（Q）与水位降深（s）关系曲线方程下推设计条件下的稳定出水量。

为提高水源地允许开采量的保证程度，抽水试验最好在地下水枯水期的后期进行；如还需通过抽水试验求得水源地在丰水期所获得的补给量，则抽水试验要求一直延续到雨季初期。

为了实现大型群孔干扰抽水试验的各项任务，其抽水延续时间往往较长。按原地质矿产部《城镇及工矿供水水文地质勘察规范》（1986 年颁布）的规定，如进行稳定流的抽水试验，要求水位下降漏斗中心水位的稳定时间不应少于 1 个月；但根据试验任务的需要，可以更长（如 2～3 个月或以上）。此外，还需注意的是，各抽水孔的抽水起、止时间应该是相同的；对抽水过程中水位和出水量的观测应该是同步的；对停抽后恢复水位的观测延续时间的要求，同于一般稳定或非稳定流抽水试验。

3. 抽水试验资料的整理

在抽水试验进行的过程中,需要及时对抽水试验的基本观测数据——抽水流量(Q)、水位降深(s)及抽水延续时间(t)进行现场检查与整理,并绘制出各种规定的关系曲线。现场资料整理的主要目的是:及时掌握抽水试验是否按要求正常的进行,水位和流量的观测成果是否有异常或错误,并分析异常或错误现象出现的原因,需及时纠正错误,采取补救措施,包括及时返工及延续抽水时间等,以保证抽水试验顺利进行;通过所绘制的各种水位、流量与时间关系曲线及其与典型关系曲线的对比,判断实际抽水曲线是否达到水文地质参数计算的要求,并决定抽水试验是否需要缩短、延长或终止,并为水文地质参数计算提供基本的、可靠的原始资料。不同方法的抽水试验,对资料整理的具体要求也有所区别。

(1) 稳定流单孔(或孔组)抽水试验现场资料整理的要求

对于稳定流抽水试验,除及时绘制出 $Q\text{-}t$ 和 $s\text{-}t$ 曲线外,尚需绘制出 $Q\text{-}s$ 和 $q\text{-}s$ 关系曲线(q 为单位降深涌水量)。$Q\text{-}t$、$s\text{-}t$ 曲线可及时帮助我们了解抽水试验进行得是否正常;而 $Q\text{-}s$ 和 $q\text{-}s$ 曲线则可帮助我们了解曲线形态是否正确地反映了含水层的类型和边界性质,检验试验是否有人为错误。

图9.3、图9.4 表示了抽水试验常见的各种 $Q\text{-}s$ 和 $q\text{-}s$ 曲线类型。图中,曲线Ⅰ表示承压井流(或含水层厚度很大、降深相对较小的潜水井流);曲线Ⅱ表示潜水或承压转无压的井流(或为三维流、紊流影响下的承压井流);曲线Ⅲ表示从某一降深值起,涌水量随降深的加大而增加很少;曲线Ⅳ表明补给衰竭或水流受阻,随 s 加大 Q 反而减少;曲线Ⅴ通常表明试验有错误,但也可能反映在抽水过程中原来被堵塞的裂隙、岩溶通道被突然疏通等情况的出现。

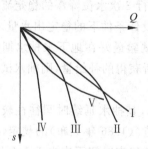

图9.3　抽水试验的 $Q\text{-}s$ 曲线

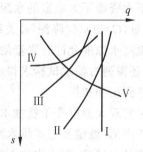

图9.4　抽水试验的 $q\text{-}s$ 曲线

(2) 非稳定流单孔(或孔组)抽水试验现场资料整理的要求

对于定流量的非稳定流抽水试验,在抽水试验过程中主要是编绘水位降深和时间的各类关系曲线。这些曲线除用于及时掌握抽水试验进行得是否正常和帮助确定试验的延续、终止时间外,主要是为计算水文地质参数服务的。故需在抽水试验现场编绘出能满足所选用参数计算方法要求的曲线形式。在一般情况下,首先编绘的是 s-$\lg t$ 或 $\lg s$-$\lg t$ 曲线;当水位观测孔较多时,尚需编绘 s-$\lg r$ 或 s-$\lg t/r^2$ 曲线(r 为观测孔至抽水主孔距离)。对于恢复水位观测资料,需编绘出 s'-$\lg\left(1+\dfrac{t_p}{t}\right)$ 和 s^*-$\lg\dfrac{t}{t'}$ 曲线(s' 为剩余水位降深,s^* 为水位回升高度,t_p 为抽水主井停抽时间,t' 为从主井停抽后算起的水位恢复时间,t 为从抽水试验开始至水位恢复到某一高度的时间)。

(3) 群孔干扰抽水试验现场资料整理的要求

除编绘出各抽水孔和观测孔的 s-t(对稳定流抽水试验)、s-$\lg t$(对非稳定流抽水试验)曲线和各抽水孔流量、群孔总流量过程曲线外,尚需编绘试验区抽水开始前的初始等水位线图、不同抽水时刻的等水位线图、不同方向的水位下降漏斗剖面图及水位恢复阶段的等水位线图,有时还需编制某一时刻的等降深图。

9.4.2　渗水试验

试坑渗水试验是在地表挖试坑注水,在坑底保持一定水层厚度,使水在地下水面以上的干土层中稳定下渗,根据单位时间内试坑的稳定耗水量测算土层渗透系数的野外水文地质试验方法(图 9.5)。在确定渠道、水库、灌区的渗漏水量时,多采用此法测定干燥土层的渗透系数。渗水试验作为一种在野外现场测定包气带土层垂向渗透系数的简易方法,在研究大气降水、灌溉水、渠水、暂时性表流等对地下水的补给时经常用到[4,5,20]。

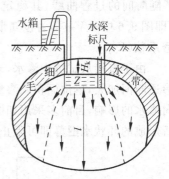

图 9.5　试坑渗水试验示意图

试验方法:在试验层中开挖一个截面积约 $0.3\sim0.5\ \mathrm{m^2}$ 的方形或圆形试坑,不断将水注入坑中,并使坑底的水层厚度(一般为 $10\ \mathrm{cm}$,见图 9.5)保持一定,当单位时间注入水量(即包气带岩层的渗透流量)保持稳定时,则可根据达西渗透定律计算出包气带土层的渗透系数,即

$$K = \frac{V}{I} = \frac{Q}{\omega I} \tag{9.1}$$

式中,Q——稳定渗透流量,即注入水量,$\mathrm{m^3/d}$;

　　V——渗透水流速度,$\mathrm{m/d}$;

　　ω——渗水坑的底面积,$\mathrm{m^2}$;

　　I——垂向水力坡度,即

$$I = \frac{H_k + Z + l}{l}$$

式中，H_k——包气带土层的毛细上升高度，可测定或用经验数据，m；

　　　Z——渗水坑内水层厚度，m；

　　　l——水从坑底向下渗入的深度（可通过试验前在试坑外侧、试验后在坑中钻孔取土样测定其不同深度的含水量变化，经对比后确定），m。

由于 H_k、l、Z 均为已知，故可计算出水力坡度 I 值。

在通常情况下，当渗入水到达潜水面后，$H_k = 0$。又因 $Z \ll l$，故水力坡度值近似等于 $1(I \approx 1)$，于是式(9.1)变为

$$K = \frac{Q}{\omega} = V \qquad (9.2)$$

式(9.2)说明，在上述基本合理的假定条件下，包气带土层的垂向渗透系数 (K)，实际上就等于试坑底单位面积上的渗透流量（单位面积注入水量），也等于渗入水在包气带土层中的渗透速度 (V)。一般要求在试验现场及时绘制出 V 随时间的过程曲线，其稳定后的 V 值（即图 9.6 中的 V_7）即为包气带土层的渗透系数 (K)。

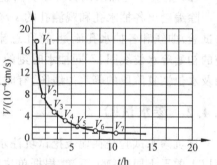

图 9.6　渗透速度与时间关系曲线图（据查依林）

由于直接从试坑中渗水，未考虑注入水向试坑以外土层中侧向渗入的影响（使渗透断面加大，单位面积入渗量增加），故所求得的 K 值常常偏大。为克服此种侧向渗水的影响，目前多采用如图 9.7 所示的双环渗水试验装置，内外环间水体下渗所形成的环状水围幕即可阻止内环水的侧向渗透。

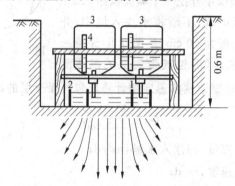

图 9.7　双环法试坑渗水试验装置图

1—内环(直径 0.25 m)；2—外环(直径 0.5 m)；3—自动补充水瓶；4—水量标尺

渗水试验方法的最大缺陷是水体下渗时常常不能完全排出岩层中的空气,这对试验必然产生影响。

9.4.3 钻孔注水试验

注水试验是往钻孔中连续定量注水,使孔内保持一定水位,通过水位与水量的函数关系,测定透水层渗透系数的水文地质试验工作。它的原理与抽水试验相同,但抽水试验是在含水层内形成降落漏斗,而注水试验是在含水层上形成反漏斗。其观测要求和计算方法与抽水试验类似。注水试验可用于测定非饱和透水层的渗透系数。当钻孔中地下水位埋藏很深或试验层为透水不含水层时,可用注水试验代替抽水试验,近似地测定该岩层的渗透系数。在研究地下水人工补给或废水地下处置的效率时,也需进行钻孔注水试验。

注水试验形成的流场图像正好和抽水试验相反(图 9.8)。抽水试验是在含水层天然水位以下形成上大下小的正向疏干漏斗,而注水试验则是在地下水天然水位以上形成反向的充水漏斗。

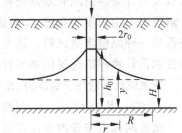

图 9.8 潜水注水井示意剖面图

对于常用的稳定流注水试验。其渗透系数计算公式的建立过程与抽水井的裘布依 K 值计算公式原理相似。其不同点仅是注入水的运动方向和抽水井中地下水运动方向相反,故水力坡度为负值。

对于潜水完整注水井,其注(涌)水量公式为

$$Q = \pi K \frac{h_0^2 - H^2}{\ln \dfrac{R}{r}} \tag{9.3}$$

对于承压完整注水井,其注(涌)水量公式为

$$Q = 2\pi K M \frac{h_0 - H}{\ln \dfrac{R}{r}} \tag{9.4}$$

式中,Q——注水井的流量,$\mathrm{m^3/d}$;

$\quad$ H——自含水层底板起算的注水前初始潜水位或承压水头,m;

$\quad$ h_0——自含水层底板起算的注水稳定后井中潜水位或承压水头高度,m;

$\quad$ K——含水层的渗透系数,$\mathrm{m/d}$;

$\quad$ M——承压含水层的厚度,m;

$\quad$ R——注水井的影响半径,m;

$\quad$ r——注水井的半径,m。

注水试验时可向井内定流量注水,抬高井中水位,待水位稳定并延续到一定时间后,可停止注水,观测恢复水位。稳定后延续时间要求与抽水试验相同。

由于注水试验常常是在不具备抽水试验条件下进行的,故注水井在钻进结束后,一般都难以进行洗井(孔内无水或未准备洗井设备)。因此,用注水试验方法求得的岩层渗透系数往往比抽水试验求得的小得多。

9.4.4　钻孔压水试验

注水试验主要用于求第四系松散层渗透系数。对于基岩通常采用钻孔压水试验,测定裂隙岩体的单位吸水量,并以其换算求出渗透系数,用以说明裂隙岩体的透水性、裂隙性及其随深度的变化情况,为论证坝基和库区岩体的完整性和透水程度以及制订防渗措施和基础处理方案等提供重要依据。钻孔压水试验用栓塞将钻孔隔离出一定长度的孔段,并向该孔段压水,根据压力与流量的关系确定岩体渗透特性的一种原位渗透试验。其主要任务是测定岩体的透水性,为评价岩体的渗透特性和设计渗控措施提供基本资料。

压水试验一般按三级压力、五个阶段进行,即 $p_1-p_2-p_3-p_4(=p_2)-p_5(=p_1)$,$p_1<p_2<p_3$,其中 p_1、p_2、p_3 三级压力分别为 0.3 MPa、0.6 MPa、1 MPa。

试验期间工作管内水位观测应每隔 5 min 进行一次。当水位下降速度连续两次均小于 5 cm/min 时,观测工作即可结束,用最后的观测结果确定压力计算零线。工作管内水位观测过程中如发现承压水时,应观测承压水位。当承压水位高出管口时,应进行压力和涌水量观测。

流量观测工作应每隔 1~2 min 进行一次。当流量无持续增大趋势,且 5 次流量读数中最大值与最小值之差小于最终值的 10%,或最大值与最小值之差小于 1 L/min 时,本阶段试验即可结束,取最终值作为计算值。

试验资料整理应包括校核原始记录,绘制 p-Q 曲线,确定 p-Q 曲线类型和计算试段透水率等。绘制 p-Q 曲线时,应采用统一比例尺,即纵坐标(p 轴)1 mm 代表 0.01 MPa,横坐标(Q 轴)1 mm 代表 1 L/min。曲线图上各点应标明序号,并依次用直线相连,升压阶段用实线,降压阶段用虚线。试段的 p-Q 曲线类型应根据升压阶段 p-Q 曲线的形状以及降压阶段 p-Q 曲线与升压阶段 p-Q 曲线之间的关系确定。

试段透水率采用第三阶段的压力值(p_3)和流量值(Q_3)按下式计算:

$$q = \frac{Q_3}{Lp_3} \tag{9.5}$$

式中,q——试段的透水率,计算时取两位有效数字,Lu;

L——试段长度,m;

Q_3——第三阶段的计算流量，L/min；

p_3——第三阶段的试段压力，MPa。

当试段位于地下水位以下、透水性较小（$q < 10$ Lu）、p-Q 曲线为 A（层流）型时，可按下式计算岩体渗透系数：

$$K = \frac{Q_3}{2\pi HL} \ln \frac{L}{r_0}$$
(9.6)

式中，K——岩体渗透系数，m/d；

H——试验水头，m；

r_0——钻孔半径，m。

当试段位于地下水位以下、透水性较小、p-Q 曲线为 B（紊流）型时，可用第一阶段的压力 p_1（换算成水头值，以 m 计）和流量 Q_1 代入式（9.6）近似地计算渗透系数。

9.4.5　连通试验

连通试验实质上也是一种示踪试验，在上游某个地下水点（水井、坑道、岩溶竖井及地下暗河表流段等）投入某种指示剂，在下游诸多的地下水点（除前述各类水点外，尚包括泉水、岩溶暗河出口等）监测示踪剂是否出现，以及出现的时间和浓度。试验的目的主要是查明：地下水的运动途径、速度，地下河系的连通、延展与分布情况，地表水与地下水的转化关系，以及矿坑涌水的水源与通道等问题。以上问题的查明，对地下水资源计算、水资源保护，确定矿床疏干、水库漏失途径，均有很大意义。

连通试验对试验井点布置及试验方法无须像弥散示踪试验那样严格要求，一般多利用现有的人工或天然地下水点和岩溶通道，只要监测水点设在投源水点下游的主径流带中即可。监测水点应尽可能地多，与投源井距离亦无须有严格要求。现将常用的试验方法简介于下：

（1）水位传递法。本方法主要用于查明岩溶管流区的孤立岩溶水点间的联系。一般是利用天然的岩溶通道，进行堵、闸、放水或注水之后，观察上、下游岩溶水点（包括钻孔）的水位、流量及水质的变化，从而判断其连通性。

（2）指示剂投放法。一般多在岩溶管道发育区和裂隙岩溶区进行此种试验。利用上游岩溶水点投放指示剂，在下游水点观测浓度。指示剂物理、化学性质一般只要无毒无害即可。所用指示剂为常用的离子化物质、有机染料、人工放射性同位素、碳氟化合物和酵母菌，也可选用谷糠、锯屑、石松孢子、漂浮纸片等作为指示剂（物）。对于流量较大的地下暗河，还可用浮漂、定时炸弹和电磁波发射器来查明暗河途经位置。近年，一种微小彩色塑料粒子的示踪物受到欢迎。此法除能查明水点间连通性外，还可大致估算地下水流速。

（3）对于无水通道，可用烟熏、施放烟幕弹和灌水等方法，探明连通通道及其连通程度。

9.4.6 弥散试验

弥散试验是指通过野外方法测定含水层的弥散度的试验。一般的方法是向钻孔中投入示踪剂，测定示踪剂在含水层中的运移状况，根据地下水的流速和示踪剂的浓度变化曲线，求得弥散度和弥散系数。在野外试验中理想的示踪剂是无毒、廉价、能随水移动、化学性质稳定及不被含水层介质吸附和滤出的物质，常用 I、NaCl 和荧光素等[3]。试验有局部规模和整体规模两类。所谓局部规模通常采用单井脉冲注入技术，注入示踪剂后测定井中示踪剂浓度随时间变化的曲线，通过公式计算得出弥散度。所谓整体规模即在试验场内设置一个示踪剂注入井和若干个观测井，观测示踪剂的运移，根据示踪剂浓度变化曲线和地下水的流速，可计算出弥散度和弥散系数。

9.5 地下水动态监测

地下水系统监测是直接获得地下水水质、水量动态的唯一方法，被广泛采用。过去几十年人类活动加剧了地下水污染、含水层枯竭以及地下水生态环境的恶化，地下水监测显得更为重要。气候变化与人类活动对地下水水质、水量的影响，只有依据从监测网所获取的信息进行评价才更为可信。

9.5.1 地下水动态监测的目的和任务

1. 目的

地下水动态监测的目的是为了进一步查明和研究水文地质条件，特别是地下水的补给、径流、排泄条件，掌握地下水动态规律，为地下水资源评价、科学管理及环境地质问题的研究与防治提供科学依据。

2. 基本任务

（1）对于已经不同程度开采利用地下水或拟将开采地下水的广大区域和城市范围内，布设各级监测网点，以浅层地下水（潜水—微承压水）及作为主要开采段的深层地下水（承压水）为重点，进行地下水动态长期监测。

（2）对于已经发生或者可能发生区域性水位下降、水资源衰竭、水质污染与恶化、海（咸）水入侵、土壤盐渍化、土地沼泽化、地面变形等环境地质问题的地区，进行地下水动态监测。

（3）在具有代表性的气候带和水文地质区域内，根据地下水均衡研究的需要，可建立相应规模和类型的均衡试验场，研究地下水均衡要素及参数。

9.5.2　地下水动态监测网点的布设

1. 地下水动态监测网的分类及布设原则

根据研究的内容和所需解决问题，地下水动态监测网可以分为区域控制性监测网和专门性监测网；根据地下水开发利用程度，可以分为区域地下水动态监测网、重点经济区（城市）地下水监测网。

地下水监测网的布设原则如下：

（1）控制较为完整的水文地质单元，且具有供水意义和前景的地区，以国家主要农业区、经济开发区和主要城市为重点。

（2）具有现实供水意义或开发利用远景的主要含水层（组），以及与产生环境地质问题有关的含水层（组）；对于部分次要开采层也应进行监测。

（3）依据地质环境背景和水文地质条件进行布设，主要布设在：主要平原区和盆地区；岩溶水具有供水意义的地区，以及已经产生或可能产生岩溶塌陷地区；大型红层裂隙水盆地及山区基岩裂隙水具有供水意义的地段。

2. 地下水动态监测点的分类及布设原则

按监测目的，地下水动态监测点可以分为区域控制性监测点和专门性监测点；按水文地质单元级别，可分为国家级（一级）监测点、省级（二级）监测点、地区级（三级）监测点；按监测内容，可分为水位监测点、水量监测点、水质监测点、水温监测点；按监测方式，可分为专业监测点和委托监测点。

监测点总的布设原则是对于面积较大的监测区域，应以顺沿地下水流向为主与垂直地下水流向为辅相结合的方法布设；对于面积较小的监测区域，可根据地下水的补给、径流、排泄条件布设控制性监测点。具体是：

（1）应控制水文地质单元或水源地的补给、径流、排泄区，以及不同地下水动态类型区、水质有明显变化的区（段）、不同富水地段和不同开采强度的地区。

（2）当同一水文地质单元的主要监测线跨越省（区、市）界时，应经过协调构成统一的监测网。

（3）应重点在以地下水作为主要供水水源的城市布设，以掌握供水水源地的补给区、径流区、水位下降漏斗区及遭受污染地段的地下水动态特征。

（4）监测区内的代表性泉、自流井、地热井应列为国家级或省级地下水动态监测点。

（5）在基岩地区的主要构造富水带、岩溶大泉、地下河出口处，应布设监测点加以控制。

（6）应满足取得监测区内某一特征时间（如枯、丰水期；地下水均衡计算的始末期）的地下水流场的需要。

（7）在水源地应平行和垂直于地下水流向布设两条监测线，以监测地下水位下降漏斗的形成和发展趋势。

（8）在易发生环境地质问题的地段应布设专门性监测网点。

9.5.3　监测项目及要求

1. 地下水水位监测

（1）一般监测频率

国家级、省级监测点每月 3～6 次，用来补充省级监测点的地区级监测点其监测频率与省级点相同。专门性监测点应根据监测目的和精度要求而定。条件具备时可采用自动监测。

（2）水位监测日期

每月监测 6 次，逢 5 日、10 日测（2 月为月末日），也可逢 1 日、6 日观测；每月监测 3 次，逢 10 日测（2 月为月末日）；雨季可加密至每日 1 次监测。

（3）水位监测精度

静水位测量，两次测量最大误差不大于 1 cm/10 m。

2. 地下水水量监测

（1）单井涌水量监测

在水位多年持续下降的开采区内，选择部分代表性国家级监测点与省级监测点（或附近同一层位的开采井）作为涌水量监测点。利用水表或孔口流量计，在动力条件不变的情况下定期监测，可视水量变化大小，每月或每季监测一次，同时取得水位资料。有条件时可实施远程监测。

对代表性自流井定期监测涌水量。根据流量的稳定程度确定监测频率，一般情况下可每月 10 日监测一次。

（2）泉流量的监测

根据泉水流量大小，选择容积法、堰箱法或流速仪法测流。

新建立的泉监测点，应每月观测一次流量，在已掌握其动态规律后，可视泉流量的稳定程度确定其监测频率。

3. 地下水水质监测

（1）水质监测点的设置

依据区域地下水水质分布规律及其动态特征，布设水质监测点。应将国家级、省级水位监测点的 30%～50% 作为长期水质监测点，特殊水质分布区的水位监测点也应作为长期水质监测点。

（2）水质监测频率

每年应对水质监测点总量的 50% 进行采样监测。一般情况下，浅层地下水和水质变化较大的含水层，每年丰、枯水期各采一次水样；深层地下水和水质变化不大的含水层，每年在开采高峰期采一次水样。其余 50% 水质监测点，可以每 3～5 年在开采高峰期普遍采样一次。

（3）监测项目

监测项目包括应参照《地下水质量标准》执行。一般情况下应包括：pH、氨氮、硝酸盐、亚硝酸盐、挥发性酚类、氰化物、砷、汞、铬（六价）、总硬度、铅、氟、镉、铁、锰、溶解性总固体、高锰酸盐指数、硫酸盐、氯化物、大肠菌群，以及反映本地区主要水质问题的其他项目。

（4）采样、送检与分析

在监测孔中采样，应抽出井管水之后采取，如果监测孔不能采样，可选用附近同一层位的开采井代替。采样的容器、洗涤、采取、保存、送样和监控等，应按照 GB 12998 和 GB 12999 执行。样品的分析检验方法，应按国家标准 GB 5750《生活饮用水标准检验方法》执行。

4. 地下水水温监测

地下水水温监测可与区域水质监测网同步进行。对于浅层地下水，以及水温变化较大时，应每月监测 1～2 次；对于深层地下水，以及水温变化较小时，可以每季度监测一次；对于已经开发的地热田，应在地热资源勘察的基础上，重点监测地热井的温度与压力变化，监测频率一般为每月 3～6 次。

水温计的允许误差不超过 ±0.1℃。在典型监测孔内，应尽可能安装水位水温自动记录仪。

9.5.4　地下水水位统一测量

地下水水位统一测量点主要是由地区级监测点组成。测量点的布设密度除满足地下水水位动态监测点布设密度外，还应结合地下水位流场图的精度要求进行补充，相邻测量点间距一般在图上的距离为 2 cm。

地下水水位统一测量一般每年 2 次,时间在每年低水位期、高水位期,或每年的 6 月和 12 月底。

9.5.5　地下水开采量的调查统计及远程监控

1. 以农业供水为主区地下水开采量调查统计

在进行以农业供水为主区开采量调查统计时,应按行政区或水文地质单元分别加以统计。其调查方法如下:搜集各类开采井数、实际利用率、各类作物种植面积、年灌水次数等基本情况;在农业井灌区,可采用平均单井出水量法与平均灌水定额法相互验证;建立农业开采量调查试点,选择代表性区段(不同含水层组)、不同开采井型、不同农作物(区)分别建立开采量调查试点村。每个试点村选择若干代表性开采井,分别作系统监测记录,全年逐日记录各井的抽水时间、出水量、灌水次数、灌溉面积、作物种类、灌溉方式、耗电(油)量等;通过试点获得的资料、全区井灌面积和运转井数,统计全区农业开采量及其他用途开采量,进而统计出全区地下水开采量。

2. 重点经济区(城市)开采量调查统计

调查与统计城市集中供水的开采井、企事业单位自备井及市郊区农用机井的生产井数量、运转情况及其开采量;应按地下水类型与含水层类型,以及工业、农业、生活、市政用水,分别进行调查统计;通过城镇供水公司或城镇供水管理部门(节水办公室)搜集资料进行统计。

3. 地下水开采量远程监控

地下水远程监控系统由三部分组成,分别是前端采集系统、GPRS 网络、监控中心。工作原理是将水表的数据发送到数据采集器,数据采集器收集各水表数据通过 GPRS 网络传送到监控中心计算机,由计算机通过管理软件来进行数据的抄收、处理分析、储存,达到对用户用水实施远程监控的管理目的。

地下水远程监控系统的运行,不但可以大大减少人力和物力的投入,而且还可以随时掌握各用水单位即时用水情况,可以加强地下水严格控制开采区的监控,使监管工作更加到位、有效、及时,真正发挥监管作用。同时,用户可以登陆服务网页或发短消息以及留言板等方式随时查询自己的用水和异常情况,并通过对数据的积累和分析,为生产生活提供决策帮助。

思　考　题

1. 简述水文地质试验、水文地质钻探、水文地质物探、抽水孔、勘探孔、观测孔、试验孔、渗水试验、注水试验、连通试验的基本概念。

2. 何谓水文地质调查？其目的和任务是什么？

3. 简述水文地质调查的基本步骤。

4. 简述水文地质调查方法。

5. 地面调查的观测项目有哪些？

6. 简述平原区、基岩山丘区、岩溶地区、黄土地区、沙漠地区以及冻土地区水文地质调查的基本内容。

7. 水文地质物探可以解决哪些水文地质问题？

8. 水文地质物探主要方法有哪些？

9. 简述水文地质钻探的基本任务和技术要求。

10. 水文地质勘探孔的布置原则是什么？

11. 抽水试验的目的和任务是什么？

12. 抽水试验如何分类？

13. 简述抽水试验的主要用途。

14. 抽水试验中为何要布置观测孔？

15. 概述稳定流抽水试验的主要技术要求。

16. 概述非稳定流抽水试验的主要技术要求。

17. 简述大型群孔干扰抽水试验的主要技术要求。

18. 在抽水试验现场如何整理稳定流抽水试验资料？

19. 在抽水试验现场如何整理非稳定流抽水试验资料？

20. 简述大型群孔干扰抽水试验资料的基本要求。

21. 渗水试验可用于解决哪些水文地质问题？

22. 在有些情况下为什么要进行钻孔注水试验？

23. 连通试验的目的和用途是什么？

24. 弥散试验的目的和用途是什么？

第 10 章　地下水资源计算与评价

本章主要讲授地下水资源评价的概念、原则及内容;重点讲授常用的水量平衡法、解析法、数值法、开采试验法、回归分析法等地下水资源评价方法,以及供水水质评价、灌溉水质评和矿泉水水质评价等水质评价方法。

10.1　地下水资源评价的原则及内容

地下水资源评价一般是指对地下水资源的质量、数量的时空分布特征和开发利用条件作出科学的、全面的分析和估计[2,4,5,35]。地下水资源评价包括水质评价和水量评价,水质评价是水量评价的前提,水量评价是地下水资源评价的核心,通常说的地下水资源评价是指对地下水资源的数量进行评价。

10.1.1　地下水资源评价的原则

地下水资源评价的原则有许多提法,内容大体相近,主要有以下 3 条原则。

1. 可持续利用原则

地下水资源评价应在可持续发展的前提下进行。可持续发展理论的实质是强调资源利用、经济增长、环境保护和社会发展协调一致,既能满足当代人需要,又不损害后代人满足需要的能力(冯尚支)。地下水资源的可持续利用,就是在保证生态良性循环的前提下,地下水系统能永久持续提供一定水资源量,以满足经济增长、社会发展的需要。在区域地下水资源评价时,应在不发生不良生态环境效应情况下,提供当今时代与未来时代均可以持续利用的水量。

2. "三水"相互转化,统一评价的原则

大气降水、地表水和地下水是相互联系、相互转化的统一体。地表水和地下水均接受大气降水补给并通过蒸散发作用将水分排放到大气中去,而地下水与地表水也在不断地相互转化进行着水量交换。如河流的基流量是由地下水转化而来的,在河流岸边开采地下水时,地下水的开采补给量主要来自河水。因此在地下水资源评价中,研究解决好地表水与地下水转化关系要从整体水资源量考虑,避免重复计算,应按地下水系统或地表水流域,考虑地表水、地下水取用条件及经济技术合理性及环境效应,实行地下水、地表水统一评价、统一规划、合理开发利用。

　　3."以丰补歉"合理调控原则

　　含水层系统具有强大的调蓄功能,合理调控地下水位可以减少甚至避免蒸发损失。在季节性降水补给发育的地区,可以充分利用储存量的调节作用,在旱季或干旱年,借用储存量满足开采,到丰水季节或丰水年,将借用的储存量补给回来。利用这一原则时,必须注意区域水资源综合平衡,合理截取雨洪水,以充分利用水资源。

10.1.2　地下水资源评价的内容

　　地下水资源评价的内容包括:对各种地下水量时空分布规律的研究;地下水可开采资源量(允许开采量)的计算、评估;地下水动态的预报;地下水开采潜力及开发利用前景的分析;对环境产生的影响,提出应采取的工程措施及建议等。

　　地下水资源评价因地下水调查的目的、要求及调查阶段不同,评价的要求和内容也有差别,大体可分为区域地下水资源评价和局域水源地地下水资源评价。

　　1.区域地下水资源评价

　　区域地下水资源评价是指在较大面积内,包括一个或若干个天然地下水系统,如大型的山间盆地、山前倾斜平原、冲积平原、构造盆地等。区域地下水资源评价为研究区域地下水资源承载力以及规划、开发、利用、进一步勘探地下水水源地提供资料依据。

　　区域地下水资源评价主要是计算参与现代水循环的可再生性地下水资源——补给资源。储存资源量是不可再生性资源,但为最大限度发挥地下水系统的调蓄功能,提高区域地下水资源的可持续利用能力以及为提高战略资源的安全保障能力和应急保障能力,储存资源量也应予以计算。在补给资源和储存资源量计算的基础上,结合环境、生态及开发利用条件的要求计算可开采资源量(允许开采量)。

　　补给资源量是指地下水系统在天然或人为开采状态下从外界获得的满足水质要求的水量。从理论上讲,补给资源量是可持续再生的,因而是可持续利用的水量。从供水角度讲,只要从地下水系统提取的水量不超过其补给资源时,水源便能保证持续供应。补给资源是随时空变化的,年际之间变化很大,因此,计算区域的补给资源量比较难以给出一个准确的数字,目前常用两种方法解决:一是以多年平均补给量作为补给资源。计算时,依据多年降水及水文系列资料,分析确定水文周期,计算典型水文周期内多年平均补给量,将其作为计算区域内的年补给资源。二是采用典型年法。即依据降雨量系列资料,计算 50%(平水年)、75%(枯水年)、95%(特枯水年)等不同保证率年份地下水补给量,将其作为各典型年的补给资源量。

储存资源量是地质历史时期累积而成的地下水资源。但因它是由补给资源转化而来,特别要注意避免与补给资源量重复计算。储存资源量应是计算时段内地下水水位变动带以下含水层系统中存储的水体积,同时还要考虑不同的目的要求及开采条件。

区域地下水可开采资源量(允许开采量)不是地下水资源存在的自然形式,是一个受技术、经济、社会、环境约束的、人为提出来的地下水量。从可持续发展的观点出发,地下水可开采资源量(允许开采量)应是地下水系统中在不引起各种不良生态环境效应的情况下能够提供的持续利用的地下水量。

因此,常以地下水系统中的补给资源作为区域地下水可开采资源。然而准确给出地下水可开采资源量仍存在两个问题:①由于区域地下水补给资源受各种条件限制很难取出来,如目前常用降水入渗系数法或地下径流模数法计算山区地下水补给量,但计算得到的地下水补给量如何结合开采方案把它取出来却很困难;②区域地下水可开采资源由于受生态环境、社会环境及开采技术水平的限制,在什么技术水平上,在哪些约束条件下确定区域地下水可开采资源量,这是一个复杂而又必须综合考虑的问题。

因此大多区域地下水可开采资源量的确定很难结合具体开采方案。但这并不影响区域地下水可开采资源量计算成果的应用。因为这类成果大多数为国家、省和市(地)级政府制定远景规划或区划提供资料依据,一般要求对可开采资源量进行概略估算和概略计算即满足要求。在当前技术经济条件下,评价区域某些具有潜在经济意义地下水资源时,在技术、经济、环境或法规方面会出现难以克服的问题和限制,这类资源属于目前尚难利用的地下水资源。如地下水位埋藏过深,取水困难或不经济;含水层导水性极不均匀,施工水井的成功率过低;含水层导水性过差,单井的出水量过小,地下水质或水温不符合要求;建设取水建筑物,在地质或法规方面存在难以克服的问题或限制等。评价区域如存在这类地下水资源,应在计算出地下水允许开采量同时,计算出尚难利用的地下水资源。

在地下水资源评价中,储存资源一般不列入可开采资源,但从区域地表水、地下水联合调度以及合理开发利用水资源出发,利用含水层系统的储存资源实现区域水资源的调蓄,这时,储存资源可作为可开采资源的一部分,但计算时要满足在预计开采期内或开采期过后有限的时间内水资源总量能达到平衡,还要满足经济技术条件的允许程度。

在某些特殊情况下,如应急保障供水,需计算在满足当前开采条件下的最大储存资源量,但这已不属于可开采资源量的范畴。

2. 局域水源地地下水资源评价

局域水源地地下水资源评价与区域地下水资源评价有下列两点不同:①局域

水源地地下水资源评价要求评价精度高,一般要求达到 B 级或 C 级精度,有多年开采动态资料的地区要求达到 A 级精度。②评价区范围小。评价区可以是一个独立地下水系统,也可以是地下水系统的一个子系统或更低一级的子系统;评价区边界可以是自然边界,也可以是人为划定的边界,如取行政区边界为评价区边界等。

局域水源地地下水资源评价的内容主要有两点:①计算允许开采量;②提出合理取水方案和取水建筑物。在实际工作中,两者是相辅相成的,因为计算允许开采量必须密切结合取水方案。通常根据水文地质条件,提出经济技术合理的取水建筑物,拟订几套不同取水方案,通过计算对比,选出最佳方案。然后,计算允许开采量,并评价其保证程度及开采后是否会产生不良环境问题。

局域水源地允许开采量的计算方法,多采用解析法和数值法;在水文地质条件比较复杂的地区,任务又急需,常采用开采抽水试验方法;在已有多年开采动态资料的地区,可采用回归分析法等数理统计方法。不论采用哪种方法评价,都应用水量均衡法,论证其补给保证程度等。

地下水资源评价的核心问题是计算地下水允许开采量,其计算方法也称为地下水资源评价的方法。允许开采量的大小,主要取决于补给量,局域地下水资源评价还与开采的经济技术条件及开采方案有关。

10.1.3 地下水允许开采量分级

地下水作为供水水源,其供水水源地按需水量大小可分为四级:①特大型,需水量≥15 万 m³/d;②大型,5 万 m³/d≤需水量<15 万 m³/d;③中型,1 万 m³/d≤需水量≤5 万 m³/d;④小型,需水量<1 万 m³/d。

由于我国一直采用将地下水储量相当于固体矿产的储量对待,所以地下水储量由全国矿产储量委员会统一审批。全国储量委员会制定了《地下水资源分类分级标准》,并于 1994 年由国家技术监督局颁布为国家标准(GB 15218—94)。该标准中主要依据水文地质条件研究程度、地下水资源量研究程度、开采技术经济条件研究程度和不同勘察阶段的目的要求,将允许开采量分为 A、B、C、D、E 五级。各级允许开采量精度的具体要求如下。

1. A 级允许开采量

(1) A 级允许开采量可作为大型水源地扩建、改建的依据,提交的成果精度要求一般为 1∶1 万或 1∶2.5 万比例尺;

(2) 在已完成的水源地勘察基础上,有 3 年以上连续开采的水位、开采量、水质动态监测资料;

(3) 对水均衡和存在的问题进行了专题研究和勘探试验工作;

(4) 可直接作为水源地的大泉,应有 30 年以上降水观测数据和 15 年以上泉水流量和水质观测数据；

（5）以水文地质单元（天然地下水系统）为基础，对允许开采量进行系统的多年均衡计算、相关分析和评价，修改、完善地下水渗流场数学模型；

（6）对开采过程出现的环境问题进行专题研究，提出水源地改造-扩建、调整开采布局、保护环境和合理开采地下水资源的具体方案和措施，并对地下水开采的经济条件作出评价。

2. B级允许开采量

（1）B级允许开采量可作为大型水源地主体工程建设设计的依据，提交的成果精度要求一般为1：1万或1：2.5万比例尺。

（2）对通过详查已选定的水源地进一步布置勘探工程和试验；开展一年以上的地下水动态监测；对一些关键性问题，开展专题研究，查明水源地的水文地质条件和边界条件；在水文地质条件复杂且需水量接近允许开采量的条件下，应进行大流量、长时间群井开采试验，验证对边界条件的认识和参数的可靠性。

（3）对可作为水源地的大泉，应有10年以上的水量、水质动态观测数据，且具有连续枯水年份泉水流量观测数据或历史特枯流量资料，动态观测系列可缩短。

（4）建立完整水文地质单元（地下水系统）的水文地质概念模型，并建立均衡法、数值法等数学模型，采用两种或两种以上的方法，结合不同的开采方案和枯水年组合系列，对水源地的允许开采量进行计算、对比，预测地下水开采期间水位、流量、水质出现的变化。

（5）通过模拟计算等方法，提出并论证水源地最优开采方案，分析、预测可能出现的环境地质问题及其出现的地段和严重程度，对地下水开采的经济条件作出评价。

3. C级允许开采量

（1）C级允许开采量可作为水源地及其主体工程可行性研究、集中供水的总体规划及县级农牧业开发利用地下水的依据，提交的成果精度要求一般为1：2.5万或1：5万比例尺。

（2）勘察工作包括地面调查、物探、单孔-多孔抽水试验和水质分析等，还要有枯水年半年以上的地下水动态观测工作；并对地下水开发利用现状、规划以及存在问题进行详细调查和了解。

（3）对可作为水源地的大泉，应有3年以上的水量、水质动态观测工作。

（4）在基本查明水文地质条件基础上，选择均衡法、解析法、数值法等两种或以上的适当的方法，结合开采方案，初步计算地下水允许开采量。

（5）对确定可进一步进行勘探的水源地，对取水方案和适用的取水建筑物等提出建议，对开采地下水可能出现的环境地质问题进行论证和评价，对地下水开采经济条件作出初步评价。

4. D 级允许开采量

(1) D 级允许开采量可作为省、市(地)一级制定农业区划或水利建设、工业布局等规划的依据,其成果精度一般为 1∶20 万或 1∶5 万比例尺;

(2) 主要勘察工作是进行地面测绘,在有代表性的有利开采地段,进行物探和个别的单孔抽水试验工作;

(3) 可作为水源地的泉水,要有一年以上的丰、枯季节流量观测和水质分析资料;

(4) 选用均衡法、解析法等适当方法,概略计算地下水允许开采量;

(5) 对地下水开采的技术经济条件和可能出现的环境地质问题作出初步评价。

5. E 级允许开采量

(1) E 级允许开采量可作为国家或大区远景规划、农业区划的依据,其成果精度一般为 1∶50 万比例尺;

(2) 其调查工作以收集资料为主,进行一些路线调查,对可作为水源地的泉水,有一次或一次以上的实测流量和水质分析资料;

(3) 采用均衡法、比拟法等简单方法,对地下水资源量进行概略估算;

(4) 对地下水开采的技术经济条件和开采地下水可能出现的环境问题作出概略评价。

10.2　地下水资源评价方法

10.2.1　地下水资源评价方法的选择

1. 地下水资源评价方法

地下水资源评价方法很多[4,5,20,33~35],每一种方法都可以用来计算地下水可开采资源(地下水允许开采量),但每一种方法都有一定的适用条件和应用范围,因此在选择评价方法时应考虑下列水文地质因素:①地下水类型,地下水赋存和运移的基本规律;②地下水系统的结构状况,含水层系统的分布埋藏条件,水文地质参数在平面和剖面上的变化规律;③构成地下水允许开采量的主要组成部分;④有无地表水体存在,天然及开采条件下与地下水的关系;⑤地下水质的变化规律;⑥评价区地下水的开发利用情况。

综合考虑上述条件后,依据所获得的资料及勘察阶段的评价精度要求,结合方法的适用条件选择一种或几种计算方法,最好选择多种计算方法,便于相互检验映证。

应强调指出,在实际工作中,不能仅根据水文地质条件和取得的资料选择方法,还应预先确定计算方法,根据计算方法的需要,提出要查清的水文地质问题,指导勘察工作的设计和发展。

2. 地下水可开采资源评价方法

地下水可开采资源计算是地下水资源评价的重要组成部分。目前地下水允许开采量的计算方法有几十种,国内学者尝试对众多计算方法进行分类,有些学者依据计算方法的主要理论基础、所需资料及适用条件进行了分类(表 10.1),可供参考。在实际工作中,可依据计算区的水文地质条件,已有资料的详细程度以及对计算结果精度的要求等,选择一种或几种方法进行计算,以相互印证及择优。

表 10.1 地下水资源评价方法分类表①

评价方法分类	主要方法名称	所需要资料数据	适 用 条 件
以渗流理论为基础的方法	解析法	渗流运动参数和给定边界条件、初始条件、一个水文年以上的水位、水量动态观测或一段时间抽水流场资料	含水层均质程度较高,边界条件简单,可概化为已有计算公式要求模式
	数值法(有限元、有限差分、边界元等)		含水层非均质,但内部结构清楚,边界条件复杂,但能查清,对评价精度要求较高,面积较大
	电模拟法		
	泉水流量衰减法	以渗流理论为基础,需要泉水动态或抽水资料	泉域水资源评价
	水力消减法		岸边取水
以观测资料统计理论为基础的方法	系统理论方法(黑箱法),相关外推法,Q-s 曲线外推法,开采抽水试验法	需抽水试验或开采过程中的动态观测资料	不受含水层结构及复杂边界条件的限制,适于旧水源地或泉水扩大开采评价
以水均衡理论为基础的方法	水均衡法,单项补给量计算法,综合补给量计算法,开采模数法	需测定均衡区内各项水量均衡要素	最好为封闭的单一隔水边界,补给项或消耗项单一,水均衡要素易于确定
以相似比理论为基础的方法	直接比拟法(水量比拟法),间接比拟法(水文地质参数比拟法)	需类似水源地的勘探或开采统计资料	已有水源地和勘探水源地地质条件和水资源形成条件相似

① 引自廖资生,余国光等. 北方岩溶水源地的基本类型和资源评价方法的选择[J]. 中国岩溶,1990,9(2):130-138. 略加修改.

10.2.2　水量均衡法

水量均衡法是全面研究计算区(均衡区)在一定时间段(均衡期)内地下水补给量、储存量和消耗量之间数量转化关系的方法。通过均衡计算,计算出地下水允许开采量。水量均衡法是水量计算中最常用、最基本的方法,还常用于验证其他计算方法的准确性[4,5,20,33]。

1. 基本原理

一个均衡区内的含水层系统,任一时间段(Δt)内的补给量与排泄量恒等于含水层系统中水体积的变化量,即

$$Q_{补} - Q_{排} = \pm SF\frac{\Delta h}{\Delta t}, \quad S = \begin{cases} \mu, & 潜水 \\ \mu^{*}, & 承压水 \end{cases} \tag{10.1}$$

式中,$Q_{补}$——含水层系统获得的各种补给量之和,m^3/a 或 m^3/d;

$\quad Q_{排}$——含水层系统通过各种途径的排泄量之和,m^3/a 或 m^3/d;

$\quad \mu、\mu^{*}$——重力给水度、弹性释水系数;

$\quad \Delta h$——Δt 时段内均衡区平均水位(头)变化值,m;

$\quad F$——均衡区含水层的分布面积,m^2。

由式(10.1)对允许开采量的分析可知,若要保持均衡区内的地下水资源可持续开采,则允许开采量为

$$Q_{允} = \Delta Q_{补} + \Delta Q_{排} \tag{10.2}$$

在实际工作中,应分析确定均衡区内的各个均衡项目,计算出均衡区内截取的各种排泄量和合理夺取的开采补给量,两者之和为该均衡区地下水的允许开采量。

补给量($Q_{补}$)和消耗量($Q_{排}$)的组成项目很多,并且要准确地测得这些数据往往也是困难的。但对某一个具体的地区来说,常常不是包含全部项目,有的甚至非常简单。例如,在我国西北干旱气候条件下的山前冲洪积扇地区,年降水量很少而蒸发强烈,降水渗入补给($Q_{雨渗}$)几乎可以忽略不计。如果山前基岩裂隙也不发育,则侧向补给($Q_{流入}$)也可略去。当含水层为较单一的砂卵砾石层,无越流补给,也没有各种人工补给时,则地下水的补给量主要靠从山区流出的河水渗入补给($Q_{河渗}$)。开采后,由于水位降低,可以使消耗项中的蒸发($Q_{蒸发}$)、溢出($Q_{溢出}$)都变为零。在这种条件下,水均衡方程可简化为

$$Q_{河渗} - Q_{流出} - Q_{实开} = \mu F\frac{\Delta h}{\Delta t} \tag{10.3}$$

最大允许开采量可用下式确定:

$$Q_{允开} \approx Q_{河渗}$$

因此,在这里准确测定河流渗入量是用水均衡法评价地下水资源的关键。

又如,我国南方的岩溶水地区,主要补给来源是 $Q_{雨渗}$ 和 $Q_{河渗}$,其次是侧向流入 $Q_{流入}$,消耗项中主要是 $Q_{溢出}$,其次是 $Q_{流出}$ 和 $Q_{蒸发}$。只要采取恰当的开采方式,可以充分截取补给,减少消耗,则计算允许开采量的公式可简化为

$$Q_{允开} \approx Q_{雨渗} + Q_{河渗} \tag{10.4}$$

因此,在各种情况下,都应按具体条件建立具体的水均衡方程式。

2. 步骤

(1) 划分均衡区

依据地下水资源评价的目的和要求,在区域地下水资源评价中,应以天然地下水系统边界圈定的范围作为均衡区。局域地下水水量计算的均衡区需人为划分,划分时均衡区的边界应尽量选择天然边界或边界上地下水的交换量容易确定。当均衡区面积比较大时,水文地质条件复杂,均衡要素可能差别较大,还可以以含水介质成因类型和地下水类型进行分区。如果仍感困难,可以按不同的定量指标(如含水介质的导水系数、给水度、水位埋深、动态变幅等)进行二级或更细的划分。

(2) 确定均衡期

地下水资源具有四维性质,不仅随空间坐标变化,还随时间变化,因此,水量均衡计算需要确定出计算时间段。时间段的长短可以根据水量评价的目的、要求和资料情况决定。一般以一个水文年为单位,也可以将一个大水文周期作为均衡期,但计算时仍以水文年为单位逐年计算,然后再进行均衡期内总水量平衡计算。也可以将一个旱季或雨季作为均衡期。

(3) 确定均衡要素,建立均衡方程

均衡要素是指通过均衡区周边界及垂向边界流入或流出的水量项。进入均衡区的水量项称为补给项或收入项,流出的水量项统称排泄项或支出项。

不同的均衡区均衡要素的组成不同,应根据均衡区的水文地质条件确定补给项或排泄项。首先确定天然条件下各项补给量和排泄量,然后再分析计算开采条件下可能增加开采补给量和截取的排泄量,以此建立地下水均衡方程。

(4) 计算与评价

将各项均衡要素值代入均衡方程中,计算 $Q_{补}$ 与 $Q_{排}$ 的差值,检查其与地下水储存量的变化是否相符。若不符合,检查各项均衡要素的计算是否准确,作适当修改后,再进行平衡计算,使方程平衡为止。

评价时,可根据含水层厚度和最大允许降深,将允许开采量作为排泄项纳入均衡方程中,经多年水均衡调节计算,检查地下水位下降能否超过最大允许降深。若

超过,则应调整允许开采量,直到地下水位下降不超过并且接近最大允许降深为止。也可以将总补给量作为允许开采量。进行水量均衡计算,应密切结合均衡区的水文地质条件,根据均衡计算的目的要求,确定最佳计算时段,同时要获得可靠的各类计算所需的参数,保证各个均衡要素计算的精度,才能较准确地计算出地下水允许开采量。

10.2.3　解析法

解析法是直接选用地下水动力学的井流公式进行地下水资源计算的常用方法。地下水动力学公式是依据渗流理论在理想的介质条件、边界条件及取水条件(取水建筑物的类型、结构)下建立起来的。在理论上是严密的,只要符合公式假定条件,计算出来的开采量就是既能取出又有补给保证的地下水允许开采量。但是,由于水文地质条件的复杂性,如客观存在的含水介质的非均质性、边界条件非规则性等,使计算得到的允许开采量常常产生误差,其误差的大小,取决于与公式假设条件的符合程度。因此,用解析法计算出来的允许开采量,常需要用水量均衡法论证其保证程度[4,5,20]。

1. 解析法计算过程

(1) 建立水文地质概念模型

由于地下水动力学公式是描述各种理想条件下水文地质模型的,所以应用解析法首先要概化水文地质条件,建立水文地质概念模型。一般是根据水文地质概念模型选用公式,也常根据公式的应用条件建立水文地质概念模型,二者相互依存,相互制约。同时,根据水文地质概念模型对勘探工作提出技术要求。

(2) 选择计算公式

根据概念模型选择公式时应考虑如下问题:①根据补给条件和计算的目的、要求,选用稳定流公式还是非稳定流公式。如在补给量充足地区,会出现稳定流,可选用稳定流公式计算;在矿床疏干工作中,常采用非稳定流公式计算。②根据地下水类型确定选择承压水还是潜水井流公式。③考虑边界的形态、水力性质、含水介质的均质程度,以及取水建筑物的类型、结构、布局、间距等。

依据上述几个方面选择相应的井流公式计算地下水允许开采量。在现有公式不能满足要求时,也可根据所建立的水文地质概念模型依据渗流理论推导新的计算公式。

(3) 确定所需的水文地质参数

一般情况下应采用计算区勘察试验阶段所获得的水文地质参数,如渗透系数(K)、导水系数(T)、重力给水度、弹性释水系数等。如缺少资料,也可以在水文地质条件相似且能满足精度要求的情况下,引用其他地区的参数或经验数据。

(4) 计算与评价

根据水文地质概念模型,拟定开采(或疏干)方案,确定计算公式,计算开采量并检查水位降深,经过反复调整、计算选出最佳方案,然后进行评价。若计算区补给充足,则计算出来的开采量就是既能取出又有补给保证的地下水允许开采量。由于水文地质条件概化时会出现误差,一般情况下,均应计算地下水补给量,论证所计算开采量的保证程度,最后确定出计算区的地下水允许开采量。

在地下水资源评价中,常用的解析法是干扰井群法和开采强度法。

2. 干扰井群法

干扰井群法适用于井数不多,井位集中,开采面积不大的地区。在有地表水直接补给的地区,可直接采用稳定流干扰井公式计算开采量。例如一侧有河流补给的半无限含水层的干扰井公式为

$$\varphi_R - \varphi_w = \frac{1}{2\pi} \sum_{i=1}^{n} Q_i \ln \frac{r_i'}{r_i} \tag{10.5}$$

承压井:

$$\varphi_R - \varphi_w = KM(H-h)$$

潜水井:

$$\varphi_R - \varphi_w = \frac{1}{2} K(H^2 - h^2)$$

式中,K——渗透系数,m/d;

M——承压含水层厚度,m;

H——天然水头,m;

h——观测点的动水头,m;

Q_i——井 i 的流量,m³/d;

r_i、r_i'——实井、虚井到观测点的距离,m。

在远离地表水补给地区,应采用非稳定流干扰井公式进行计算。如无界含水层非稳定流干扰井公式为

$$\varphi_R - \varphi_w = \frac{1}{4\pi} \sum_{i=1}^{n} Q_i W(u_i) \tag{10.6}$$

式中,$W(u_i)$——泰斯井函数,$u_i = \frac{r_i^2}{4at}$(a 为导压系数,m²/d;t 为开采时间,d);

其余符号含义同前。

在计算过程中,在拟定的开采方案基础上,反复调整开采布局(井数、间距、井位、井流量等),设计降深、开采年限及开采设备,直到开采方案达到最优为止。

3. 开采强度法

在开采面积很大的地区(如平原区)的农业供水,井数很多,井位分散,不宜使用干扰井群法,宜使用开采强度法计算允许开采量。

开采强度法的原理就是把井位分布较均匀,流量彼此相近的井群区概化成规则的开采区,如矩形区或圆形区,再把井群的总开采量概化成开采强度(单位面积上的开采量),利用开采强度公式计算开采量。现以无界承压含水层中的矩形开采区为例,说明开采强度法的原理和应用过程(图 10.1)。

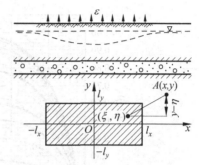

图 10.1　概化的矩形开采区示意图

在矩形开采区内,以点(ξ,η)为中心,取一微分面积 $dF=d\xi d\eta$,并把它看成开采量为 dQ 的一个点井。在此点井作用下,开采区内外将形成水位降的非稳定场,对任一点引起的水位降 ds,可用点函数表示:

$$ds=\frac{dQ}{4\pi T}\int_0^t \frac{e^{-\frac{r^2}{4a\tau}}}{\tau}d\tau \tag{10.7}$$

式中,T——导水系数,m^2/d;

a——导压系数,m^2/d;

t——时间,d;

r——点井到 $A(x,y)$ 点的距离,m。

由图 10.1 知,$r^2=(x-\xi)^2+(y-\eta)^2$。如设开采强度为 ε,则有 $dQ=\varepsilon d\xi d\eta$;同时置换 $T=a\mu^*$,μ^* 为弹性释水系数。把这些关系代入式(10.7),并在矩形区内积分,即得 A 点的总水位降:

$$s(x,y,t)=\frac{\varepsilon}{4\mu^* a}\int_0^t\left(\int_{-l_x}^{l_x}\frac{e^{-\frac{(x-\xi)^2}{4a\tau}}}{\sqrt{\pi\tau}}d\xi\int_{-l_y}^{l_y}\frac{e^{-\frac{(y-\eta)^2}{4a\tau}}}{\sqrt{\pi\tau}}d\eta\right)d\tau \tag{10.8}$$

对 ξ 和 η 作变量置换,并用相对时间 $\bar\tau=\frac{\tau}{t}$ 置换 τ,即得开采强度公式:

$$s(x,y,t)=\frac{\varepsilon t}{4\mu^*}[s^*(\alpha_1,\beta_1)+s^*(\alpha_1,\beta_2)$$
$$+s^*(\alpha_2,\beta_1)+s^*(\alpha_2,\beta_2)] \tag{10.9}$$

其中

$$\alpha_1=\frac{l_x-x}{2\sqrt{at}},\quad \alpha_2=\frac{l_x+x}{2\sqrt{at}},\quad \beta_1=\frac{l_y-y}{2\sqrt{at}},\quad \beta_2=\frac{l_y+y}{2\sqrt{at}}$$

式中：系数 $s^*(\alpha,\beta) = \int_0^1 \mathrm{erf}\left(\dfrac{\alpha}{\sqrt{\bar\tau}}\right)\mathrm{erf}\left(\dfrac{\beta}{\sqrt{\bar\tau}}\right)\mathrm{d}\bar\tau\left(\mathrm{erf}(z)\right.$ 为 概 率 积 分，$\mathrm{erf}(z) =$

$\dfrac{2}{\sqrt{\pi}}\int_0^z \mathrm{e}^{-z^2}\mathrm{d}z\Big)$，$s^*(\alpha,\beta)$ 的数值可由图 10.2 查取。

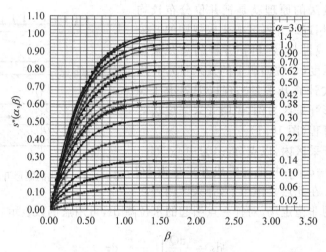

图 10.2　$s^*(\alpha,\beta)$ 与 α,β 关系曲线图

　　如令 $\bar{s} = \dfrac{1}{4}\left[s^*(\alpha_1,\beta_1) + s^*(\alpha_1,\beta_2) + s^*(\alpha_2,\beta_1) + s^*(\alpha_2,\beta_2)\right]$，则式(10.9)表明，流场中任一点的水位降恒等于 $\varepsilon t/\mu^*$ 和 $\bar{s}$ $(\bar{s}<1)$ 的乘积。$\varepsilon t/\mu^*$ 有简单的物理意义：如果开采过程中地下水没有补给，则经过 t 时间，开采区内就应当形成 $\varepsilon t/\mu^*$ 大小的水位降。而实际上开采区外的地下水总是流向开采区，减缓降速使水位降变小，所以 $\varepsilon t/\mu^*$ 要乘以水位降的折减系数 $\bar{s}$ $(\bar{s}<1)$。

　　在资源评价中，人们最关心的地方是开采区中心部位，这里降深最大，最容易超过允许降深而引起吊泵停产。故令 $x = y = 0$，$\bar{s} = s^*(\alpha,\beta)$，式(10.9)简化为

$$s(t) = \frac{\varepsilon t}{\mu^*}s^*(\alpha,\beta) \tag{10.10}$$

其中

$$\alpha = \frac{l_x}{2\sqrt{at}}, \quad \beta = \frac{l_y}{2\sqrt{at}}$$

　　如果潜水含水层厚度 H 较大，而水位降 s 相对较小，即 $\dfrac{s}{H}<0.1$ 时，则式(10.8)和式(10.10)可以直接近似用于无界潜水含水层，计算结果不会过分歪曲实际。

如果 $0.1 < \dfrac{s}{H} < 0.3$ 时，要用 $\dfrac{1}{2h_c}(H^2-h^2)$ 代替 s，用给水度 μ 代替 μ^*，结果得

$$H^2-h^2 = \frac{\varepsilon t}{2\mu}h_c[s^*(\alpha_1,\beta_1)+s^*(\alpha_1,\beta_2)$$
$$+s^*(\alpha_2,\beta_1)+s^*(\alpha_2,\beta_2)]$$

$$H^2-h_0^2 = \frac{\varepsilon t}{2\mu}h_c s^*(\alpha,\beta) \tag{10.11}$$

式中，h_c——开采漏斗内潜水含水层的平均厚度，$h_c = \dfrac{1}{2}(H+h)$；

$\quad\quad h$——任一点的动水位；

$\quad\quad h_0$——开采区中心的动水位。

计算中首先要确定参数 μ^* 和 α。在新水源地，这两个参数可用抽水试验资料确定。在旧水源地，可利用多年开采资料计算参数。

计算开采量有两种做法：一是根据漏斗中心的允许降深和开采时间，按式(10.10)直接求出开采强度，看能否满足设计要求；二是根据规划的开采强度和开采时间，预报漏斗中心的水位降，在不超过允许降深条件下间接确定开采量。由于规划的开采强度在时间上和空间上常常是不均匀的，故在计算中要灵活运用公式。

10.2.4　数值法

数值法是随着电子计算机的发展而迅速发展起来的一种近似计算方法。地下水运移的数学模型比较复杂，计算区的形状一般是不规则的，含水介质往往是多层的、非均质和各向异性的，不易求得解析解，而常用数值方法求得近似解。虽然数值法只能求出计算域内有限个点某时刻的近似解，但这些解完全能满足精度要求，数值法已成为地下水资源评价的常用方法[5,36]。

用于地下水资源评价的数值法有 3 种，即有限差分法、有限单元法和边界元法。有限单元法和有限差分法两者在解题过程中有很多相似之处，都将计算域剖分成若干网格(有限差分法常剖分成矩形、正方形、三角形，有限单元法常剖分成三角形)，都将偏微分方程离散成线性代数方程组，用计算机联立求解线性方程组；所不同的是网格剖分及线性化方法上有差别。

边界元法也称边界积分方程法，该方法不需要对整个计算区域剖分，只需剖分区域边界。在求出边界上的物理量后，计算域内部的任一点未知量可通过边界上的已知量求出。因此，所需准备的输入数据比有限差分法和有限单元法少。边界元法处理无限边界比较容易，用于求解均质区域的稳定流问题(拉普拉斯方程)比较快速、有效；但当用于非均质区，尤其是非均质区域的非稳定流问题时，计算相当

复杂,优越性不明显。

目前常用的数值法是有限差分法和有限单元法。在线性化的数学推导过程中,有限差分法简单易懂、物理定义明确。有限元法较复杂且涉及的数学知识较深。关于其具体的推导过程和详细的解题方法等,在《地下水流数值模拟》等相关文献中有详细论述。这里仅介绍运用数值法进行地下水资源评价的一般步骤。

1. 建立水文地质概念模型

在充分研究和了解计算区的地质和水文地质条件的基础上,结合评价的任务、取水工程的类型、布局等,对实际的水文地质条件进行概化,抽象出能用文字、数据或图形等简洁方式表达出来并且能反映出地下水运动规律的水文地质概念模型。所建立的水文地质概念模型应符合下列要求:①根据目的要求,所建立的水文地质概念模型应反映计算区地下水系统的主要功能和特征;②概念模型应尽量简单明了;③概念模型应能用于定量描述,便于建立描述符合计算区地下水运动规律的数学模型。

对水文地质条件概化的主要内容如下:

(1) 计算范围和边界条件的概化

首先应明确计算层位,然后据评价要求圈定出计算区的范围。计算区应该是一个独立的天然地下水系统,具有自然边界,便于较准确地利用其真实的边界条件,以避免人为边界在提供资料上的困难和误差。但在实际工作中。因勘探范围有限,常常不能完全利用自然边界。此时,需利用调查、勘探和长观资料建立人为边界。计算区范围确定后,可概化为由折线组成的多边形边界。

边界位置确定后,应进一步判明边界的性质,给出定量的数值。当地表水体直接与含水层接触时,可以认为是一类边界,但不能说凡是地表水体都一定是水头边界。只有当地表水与含水层有密切的水力联系、经动态观测证明有统一的水位、地表水对含水层有无限的补给能力、降落漏斗不可能超越此边界线时,才可以确定为水头补给边界。因为水头补给边界对计算成果的影响很大,所以确定时应慎重。如果只是季节性的河流,只能在有水期间定为水头边界。若只有某段河水与地下水有密切水力联系,则只将这段确定为水头边界。如果河水与地下水没有水力联系,或河床渗透阻力较大且仅仅是垂直入渗补给地下水,则应作为二类定流量补给边界。

断层接触边界可以是隔水边界或透水边界,一般情况下处理为流量边界,在特殊条件下,也可能成为水头边界。如果断层本身是不透水的或断层的另一盘是隔水层,则构成隔水边界。如果断裂带本身是导水的,计算区内为富含水层,区外为弱含水层,这种透水边界可形成流量边界。如果断裂带本身是导水的,计算区内为导水性较弱的含水层,而区外为强导水的含水层(这种情况,供水中少有,多出现在矿床疏干时),则可以定为水头补给边界。

岩体或岩层接触边界,一般多属隔水边界,这类边界多处理为流量边界。地下水的天然分水岭,可以作为隔水边界,但应考虑开采后是否会移动位置。

含水层分布面积很大或在某一方向延伸很远,成为无限边界时,如用数值法,不可能将整个含水层分布范围作为计算区,在这种情况下,可用设置缓冲带的方法,即在勘探区外围确定一适当宽度的地方作为水头边界,其宽度一般为 2~3 层单元。缓冲带的参数应比含水层小(有人认为应小 50~100 倍),这就等价于一个无限边界。也可取距离重点评价区足够远的地段,根据长观资料,人为处理为水位边界或流量边界。

凡是流量边界,应测得边界处岩石的导水系数及边界内外的水头差,算出水力坡度,计算出流入量或流出量。边界条件对于计算结果影响是很大的,在勘探工作中必须重视。对复杂的边界条件,如给出定量数据有困难时,应通过专门的抽水试验来确定。个别地段,也可以在识别模型时反求边界条件,但不能遗留得太多。

另外,还需确定计算层的上下边界有无越流、入渗、蒸发等现象,并给出定量数值。

最后,还应根据动态观测资料,概化出边界上的动态变化规律。在进行水位中长期预报时,给定预测期边界值。

(2) 含水层内部结构的概化

首先,要确定含水层类型,查明含水层在空间的分布形状。对承压水,可用顶底板等值线图或含水层等厚度图来表示;对潜水,则可用底板标高等值线来表示。然后,查明含水层的导水性、储水性及主渗透方向的变化规律,用导水系数 T、贮水系数 μ^*(或给水度 μ)进行概化的均质分区。实际上,绝对均质或各向同性的岩层在自然界是不存在的,只要渗透性变化不大,就可相对地视为均质区。此外,还要查明计算含水层与相邻含水层、隔水层的接触关系,是否有"天窗"、断层等沟通。

(3) 含水层水力特征的概化

将复杂的地下水流实际状态概化为较简单的流态,以便于选用相应的计算方程。一是层流、紊流的问题。一般情况下,在松散含水层及发育较均匀的裂隙、岩溶含水层中的地下水流,大都视为层流,符合达西定律。只有在极少数大溶洞和宽裂隙中的地下水流,才不符合达西定律,呈紊流。二是平面流和三维流问题。严格地讲,在开采状态下,地下水运动存在着三维流,特别是在区域降落漏斗附近及大降深的开采井附近,三维流更明显。但在实际工作中,由于三维流场的水位资料难以取得,目前在实际计算中,多数将三维流问题按二维流处理。所引起的计算误差基本上能满足水文地质计算的要求。

2. 建立计算区的数学模型

根据上述水文地质概念模型,就可以建立计算区相应的数学模型。地下水流数学模型是刻画实际地下水流在数量、空间和时间上的一组数学关系式。它具有复制和再现实际地下水流运动状态的能力。实际上,数学模型就是把水文地质概念模型数学化。描述地下水流的数学模型的种类很多,这里指的是用偏微分方程及其定解条件构成的数学模型,定解条件包括边界条件和初始条件。

例如,若概化后的水文地质概念模型为:

(1) 分区均质各向同性的承压含水层;

(2) 有越流补给,其补给量随开采层水位变化而变化;

(3) 水流为平面非稳定流,并服从达西定律;

(4) 初始水头为任意分布 $H_0(x, y)$;

(5) 有开采井,在井数多而集中的单元,概化为开采强度 $Q_V(x, y, t)$;

(6) 边界条件有第一类边界(Γ_1)和第二类边界(Γ_2)。

则其数学模型为

$$
\begin{cases}
\dfrac{\partial}{\partial x}\left(T\dfrac{\partial h}{\partial x}\right) + \dfrac{\partial}{\partial y}\left(T\dfrac{\partial h}{\partial y}\right) + \dfrac{K'}{m'}(H-h) + Q_E(x,y,t) - Q_V(x,y,t) \\
= \mu^* \dfrac{\mathrm{d}h}{\mathrm{d}t} \\
h(x,y,0) = H_0(x,y) \\
h(x,y,t)\,|_{\Gamma_1} = H_1(x,y) \\
T\dfrac{\partial h}{\partial n}\Big|_{\Gamma_2} = -q(x,y,t)
\end{cases}
\tag{10.12}
$$

式中,h、H——含水层、补给层的水头,m;

　　T、μ——含水层的导水系数、弹性释水系数;

　　K'、m'——弱透水层的渗透系数、厚度,m;

　　Q_E——补给强度,m/d;

　　Q_V——开采强度,m/d;

　　H_0——初始流场的水头分布,m;

　　H_1——第一类边界(Γ_1)上的已知水头,m;

　　q——第二类边界(Γ_2)上单位长度的侧向补给量,m²/d;

　　x、y——平面直角坐标,m;

　　t——时间,d;

　　n——第二类边界上的内法线。

有限单元法和有限差分法都是将所建立的数学模型用不同方式离散化,使复杂的定解问题化成简单的代数方程组,通过编程应用计算机求解代数方程组,解出有限个点不同时刻的数值解。

3. 从空间和时间上离散计算域

将计算域进行剖分,离散为若干小单元,作出剖分网格图。剖分时,首先要选好节点,节点最好是观测孔,以便获得较准确的水位资料。但一个计算域的节点不可能都是观测孔,需要许多插值点来补充。插值点应放在水位变化显著的地方、参数分区的部位及井孔节点稀疏的地方。

选好节点后,在将点连接成单元时,还应按单元剖分的原则作适当的点位调整。单元剖分的原则是:相邻单元的大小不要相差太大;对三角形单元来说,3 个边长不要相差太大;最长与最短边之比不能超过 3∶1;三角形的内角宜在 39°～90°为好,必要时可允许出现个别的钝角,但面积不要太小;若钝角三角形太多,会影响解的收敛;在水力坡度变化较大的地段及资料较多的中心地带,网格可加密些,边远地带可放稀些。剖分后,按一定的顺序对节点和网格进行系统的编号,准备相应的数据。

时间离散前,先要确定模拟期和预报期。模拟期主要用来识别水文地质条件和计算地下水补给量,而预报期用于评价地下水可开采量和预测地下水位的变化。一般取一个水文年或若干水文年作为模拟期,在一个较完整的水文周期年识别数学模型,可提高识别的可信度。预测期依据评价目的和要求确定。

模拟期确定后,应给出初始时刻地下水流场,并给出各节点的水位。为了反映出模拟期地下水位的动态变化,还应将模拟期划分成若干个时段,称为时间离散。模拟期时间的离散,可根据水头变化的快慢规律,确定适当的时间步长。对模拟抽水试验来说,开始以分为单位,以后以小时、天为单位。模拟大量开采时,可以月、季(丰水、枯水)及年为单位。

4. 校正(识别)数学模型

模型的识别在数学运算过程中称为解逆问题。在识别过程中,不仅要对水文地质参数进行调整,对地下水的补排量、含水层结构及边界条件都可进行适当调整,所以,解逆问题具有多解性。识别因素越少,则识别越容易。解逆问题有两种:直接解法和间接解法。由于直接解法要求每个节点的水头均应是实际观测值,这在实际上很难办到,所以应用较少,常用的是间接解法。

间接解法就是试算法,即根据所建立的数学模型,选择相应的通用程序或专门编制的程序,用勘探试验所取得的参数和边界条件作为初值,选定某一时刻作为初始条件,按程序所要求的输入数据的顺序输入进去,按正演计算模拟抽水试验或开采,输出各观测孔各时段的水位变化值和抽水结束时的流场情况。把计算所得水头值与实际观测值对比,如果相差很大,则修改参数或边界条件,再一次进行模拟计算,如此反复调试,直到满足判断准则为止。这时所用的一套参数和边界条件及数学模型就可认为是符合客观实际的。

调试的方法也有两种:一是人工调试,二是机器自动优选。人工调试方便简单,特别是在对计算区水文地质条件认识较清楚、正确时,容易达到误差要求。机器自动调试,由于存在多解性,有时可能同时得出几组参数都能满足数学上的要求,这就需要根据水文地质条件人为地分析确定。

逆演问题的唯一性,目前在数学上还没有很好的解决,参数和边界条件可以存在多种组合。因此,识别模型的过程往往很长,要反复调试多次,才能得到较满意的结果。这里对水文地质条件的正确认识至关重要,如果对条件认识不确切,不管用什么办法进行识别,都难以达到满意的结果。

5. 验证数学模型

为了检验所建立的数学模型是否符合实际,还要用实测的水位动态进行校正,即在给定边界、初始条件及参数、各项补排量的情况下,通过比较计算水位与实测水位,检验模型的正确性,这一过程称为模型验证。验证既可以对水文地质参数进行识别,也可以对边界性质、含水层结构等水文地质条件重新认识。

模型识别与验证的判别准则为:

(1) 计算的地下水流场应与实测地下水流场基本一致;

(2) 控制观测井地下水位的模拟计算值与实测值的拟合误差应小于拟合计算期间水位变化值的 10%,水位变化值较小(小于 5 m)的情况下,水位拟合误差一般应小于 0.5 m;

(3) 实际地下水补排差应接近计算的含水层储存量的变化量;

(4) 识别后的水文地质参数、含水层结构和边界条件符合实际水文地质条件。

满足上述要求,则认为所建立的数学模型基本上真实地刻画了水文地质概念模型。

6. 模拟预报及水资源评价

经过验证的模型,虽然符合客观实际,但只能反映勘探阶段的实际情况,而未来大量开采后,其边界条件和补给、排泄条件还可能发生变化。如果进行抽水试验的水位降深不够大,延续时间不够长,边界条件尚未充分暴露,则大量开采后就可能发生变化。因此,在运用验证后的模型进行地下水开采动态的水位预报时,还要依据边界条件的可能变化情况作出修正。对变水头边界,应推算出各时刻的水头值;流量边界,应给出各计算时段的流量;垂向补给排泄量有变化时,应推算出各时段的补排量。这些下推量的准确程度会影响到数值法成果的精度。因此,只有在边界条件和补、排条件变化不大时,数值法的结果才是较准确的。否则,做短期预报还可以;做长期预报时,则依赖于对气候、水文因素预报的准确性。

根据开采资料对模型进行修改以后,可以用于正演计算,解决如下一些问题:

(1)可预报在一定开采方案下水位降深的空间分布和随时间的演化,可用于预测未来一定时期的水位降深,看其是否超过允许降深,但其准确性则依赖于降水量预测的准确性。

(2)预报合理的开采量。根据开采区的现有开采条件,拟定出该区的开采年限、允许降深以及井位井数等。最后计算出在预定开采期内、在允许降深的条件下,能取出的地下水量。

(3)研究某些水均衡要素。可计算出:侧向补给量、垂向补给量及总补给量,模拟开采条件下的补给量,稳定开采条件下的开采量;可进行不同开采方案的比较,选择最佳开采方案。

(4)计算满足开采需要的人工补给量,以及模拟人工补给后水位的变化情况。

(5)研究地表水与地下水的统一调度、综合利用,进行水资源的综合评价,以及研究其他许多水文地质问题。

根据计算成果,可以对地下水资源作出全面评价。

10.2.5　开采试验法

1. 开采抽水法

开采抽水法也称开采试验法,是确定计算地段补给能力,进行地下水资源评价的一种方法。其原理是在计算区拟订布井方案,打探采结合井,在旱季,按设计的开采降深和开采量进行一月至数月开采性抽水,抽水降落漏斗应能扩展到计算区的天然边界,根据抽水结果确定允许开采量[4,5,20,33]。

评价过程如下:

(1)动水位在达到或小于设计降深时,呈现出稳定流状态。在按设计需水量进行长期抽水时,主井或井群中心点的动水位在等于或小于设计降深时,就能保持稳定状态,并且观测孔的水位也能保持稳定状态,其稳定状态均达到规范要求,而且在停抽后,水位又能较快地恢复到原始水位(动水位历时曲线如图10.3所示)。这表明实际抽水量小于或等于开采时的补给量,按设计需水量进行开采是有补给保证的,此时实际抽水量就是允许开采量。

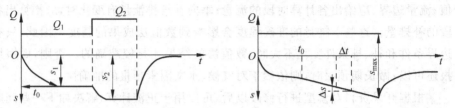

图 10.3　稳定开采抽水试验状态动水位历时曲线图　图 10.4　非稳定状态动水位历时曲线图

(2) 动水位始终处于非稳定状态。在长期抽水试验中,主孔及观测孔的水位一直持续缓慢下降,停止抽水后,水位虽有恢复,但始终达不到原始水位。说明抽水量大于补给量,消耗了含水层中的储存量。出现这种情况,应计算出补给量作为允许开采量。计算补给量的方法是选择抽水后期,主井与观测井出现同步等幅下降时的抽水试验资料,建立水量均衡关系式,求出补给量($Q_{补}$)。此时,任一抽水时段(Δt)内产生水位降如图10.4所示,若没有其他消耗时,水均衡关系式为

$$(Q_{抽} - Q_{补})\Delta t = \mu F \Delta s \tag{10.13}$$

式中,$Q_{抽}$——抽水总量,$\mathrm{m^3/d}$;

　　$Q_{补}$——抽水条件下的补给量,$\mathrm{m^3/d}$;

　　μF——单位储存量,即水位下降 1 m 时,含水层提供的储存量,$\mathrm{m^3/m}$;

　　Δs——Δt(d)时段内的水位下降值,m。

由式(10.13)可得

$$Q_{抽} = Q_{补} + \mu F \frac{\Delta s}{\Delta t} \tag{10.14}$$

式(10.14)说明抽水量由两部分组成,即开采条件下的补给量和含水层消耗的储存量。只要选择水位等幅下降阶段若干个时段的资料,就可利用消元法计算出补给量和 μF 值。为了检验所求补给量的可靠性,可利用水位恢复阶段的资料计算补给量来进行检验,水位恢复时,$\Delta s/\Delta t$ 为水位回升速度,计算时应取负号。由式(10.14)得水位恢复时计算补给量的公式为

$$Q_{补} = \mu F \frac{\Delta s}{\Delta t} \tag{10.15}$$

以所求得的补给量作为允许开采量是具有补给保证的。但用旱季抽水资料求得的补给量作为允许开采量是比较保守的,没有考虑到雨季的降水补给量。因此,最好将抽水试验延续到雨季,用同样的方法求出雨季的补给量,并应用多年水位、

气象资料进行分析论证,用多年平均补给量作为允许开采量。

用开采抽水法求得的允许开采量准确、可靠,但需要花费较多人力、物力。一般适用于中小型地下水资源评价项目,特别是水文地质条件复杂、短期内不易查清补给条件而又急需作出评价时,常采用这种方法。

2. 补偿疏干法

补偿疏干法是在含水层有一定调蓄能力的地区,运用水量均衡原理,充分利用雨洪水,扩大可开采量的一种方法。这种方法适用于:含水层分布范围不大,但厚度较大,有较大的蓄水空间起调节作用;并且仅有季节性补给,雨季有集中补给,补给量充足,旱季没有地下水补给来源;含水介质渗透系数较大,易接受降水和地表水入渗补给。如季节性河谷地区、构造断块岩溶发育地区等。这些地区若按天然补给量进行评价时,容易得出地下水资源贫乏的结论。若充分利用含水层系统储存量的调节作用,在旱季动用部分储存量,维持开采,等到雨季或丰水年得到全部补给,就可以增加地下水补给量,扩大地下水可开采资源量。

应用这种方法时,除考虑水文地质条件外,尚需注意下列 3 点:①可借用的储存量必须满足旱季连续开采;②雨季补给量除了满足当时的开采外,多余的补给量必须把借用的储存量全部补偿回来;③要注意计算区流域内水资源总量的合理优化配置。

补偿疏干法的步骤是:

(1) 计算最大开采量

通过旱季的抽水试验求得单位储存量 μF。因为旱季抽水时无任何补给来源,完全靠疏干储存量来维持抽水。由于含水层范围有限,抽水时的降落漏斗极易扩展到边界,所以抽水时的水均衡式为

$$Q_{\text{旱抽}} = \mu F \frac{\Delta s}{\Delta t}$$

则单位储存量为

$$\mu F = Q_{\text{旱抽}} \frac{\Delta t}{\Delta s} = Q_{\text{旱抽}} \frac{t_1 - t_0}{s_1 - s_0} \tag{10.16}$$

式中,μ——给水度;

F——含水层抽水影响面积,m^2;

$Q_{\text{旱抽}}$——旱季抽水量,m^3/d;

Δs——水位下降值,m;

Δt——抽水时间,d;

t_0——抽水时水位急速下降后开始平稳等幅下降的时间,即降落漏斗扩展到

边界的时间，d；

s_0——降落漏斗扩展到边界时的水位降深值，m；

t_1——旱季末时刻或任一抽水延续时刻，d；

s_1——t_1 时刻对应的水位降深值，m。

这些地区，μF 一般可视为常数，所以只要有一段平稳等幅下降的抽水试验资料便可以计算出来。如果不是常数，则用整个旱季的抽水试验资料，计算出一个平均值。

求出了单位储存量（μF）之后，再根据含水层的厚度和取水设备的能力，给出最大允许下降值 s_{max}，查明整个旱季的时间 $t_旱$，则可计算最大开采量（$Q_开$）：

$$Q_开 = \mu F \frac{s_{max} - s_0}{t_旱} \tag{10.17}$$

（2）计算雨季补给量

地下水雨季补给量除保证雨季开采外，多余部分补偿旱季借用的储存量，引起水位回升。可以根据旱季延续至雨季抽水试验资料，求出水位回升的速率 $\frac{\Delta s'}{\Delta t'}$，可以认为水位回升时的单位补偿量 $\mu' F$ 与水位下降时的单位储存量 μF 是近似相等的。则雨季补给水量等于抽水量（$Q_{雨抽}$）与水位回升恢复的储存量之和：

$$Q_补 = \mu F \frac{\Delta s'}{\Delta t'} + Q_{雨抽} \tag{10.18}$$

（3）评价开采量

如果地下水一年接受补给的时间为 $T_雨$，为了安全可以乘以修正系数 $r(r=0.5\sim1.0)$，则得到的补给总量为

$$V_补 = Q_补 T_雨 r$$

把 $V_补$ 分配到全年，即得到每天的补给量为

$$Q_补 = \left(\mu F \frac{\Delta s'}{\Delta t'} + Q_{雨抽} \right) \frac{T_雨 r}{365} \tag{10.19}$$

若 $Q_补 \geq Q_开$，则 $Q_开$ 可作为允许开采量；若 $Q_补 < Q_开$，则以 $Q_补$ 作为允许开采量。

3. Q-s 曲线外推法

1）原理与应用条件

Q-s 曲线外推法与开采抽水法一样，适用于水文地质条件不易查清而又急于作出评价的地区，该方法广泛应用于开采及矿床疏干涌水量的计算中。

这种方法的基本原理是：根据稳定井流理论抽水，抽水井涌水量与水位降深之间可以用 Q-s 曲线的函数关系表示，依据所建立的 Q-s 曲线方程，外推设计降深时的涌水量。

在实际抽水过程中出现的涌水量与水位降深关系极复杂,曲线形态特征与下列因素有关:

(1) 水文地质条件的影响

在含水层厚度大,分布广,补给条件好的地区,Q-s 曲线常呈抛物线型;在含水层规模有限,补给条件较差的地区,抽水开始时,曲线形态呈抛物线型,当水位降至一定深度后,曲线形态转化成幂曲线类型;当开采区或疏干区靠近隔水边界,或含水层规模很小,或补给条件极差时,Q-s 曲线呈对数曲线类型,此时抽水实验常难以达到真正的稳定,不能用不稳定的抽水资料去建立 Q-s 方程。

(2) 水位降深的影响

水位降深增大到一定程度,井周围出现三维流或紊流,也可能出现承压转无压的现象,都会使 Q-s 曲线方程无法外推预测,推断范围受到限制,一般不应超过抽水试验最大降深的 1.75～2 倍,超过时预测精度会降低。

(3) 抽水井结构的影响

井的不同结构(如井的类型、直径,过滤器的长度及位置等)均影响 Q-s 曲线形态。如小口径井在降深较大时水跃现象明显,而大口径井可减弱水跃现象发生。尤其是用勘探时抽水孔的口径抽水所得到的资料,推测矿床疏干竖井的涌水量,会有较大误差,更不宜用此资料预测复杂井巷系统的涌水量。

另外,抽水过程中其他一些自然和人为因素的干扰,也都会影响外推预测的精度。

因此,应用 Q-s 曲线外推法,必须重视抽水试验的技术条件,抽水试验条件(包括井孔位置、井孔类型、口径、降深等)应尽量接近未来开采条件,尽量排除抽水试验过程中其他干扰因素。

2) 计算方法与步骤

(1) 建立各种类型 Q-s 曲线

Q-s 曲线的类型可归纳为直线型、抛物线型、幂曲线型、对数曲线型 4 类。对每一类型,均可建立一个相应的数学方程,如表 10.2 所示。

表 10.2　常见的 Q-s 曲线类型

类　　型	表 达 式	说　　明
Ⅰ 直线型	$Q=qs$	q 为单位涌水量($\mathrm{m^3/(a \cdot m)}$),s 为水位降深值(m),在 Q-s 坐标系中呈直线
Ⅱ 抛物线型	$s=a+bQ^2$	在 s/Q-Q 坐标系中为直线,a、b 为待定系数
Ⅲ 幂曲线型	$Q=as^b$	在 $\lg Q$-$\lg s$ 坐标系中呈直线
Ⅳ 对数曲线型	$Q=a+b\lg s$	在 Q-$\lg s$ 坐标系中为直线

（2）鉴别 Q-s 曲线类型

① 伸直法：将曲线方程以直线关系式表示，以关系式中两个相对应的变量建立坐标系，把从抽水试验（或开采井巷排水）取得的涌水量和对应的水位降深资料放到表征各直线关系式的不同直角坐标系中去，进行伸直判别。如其在哪种类型直角坐标中伸直了，则表明抽水（排水）结果符合哪种 Q-s 曲线类型。如其在 Q-$\lg s$ 直角坐标系中伸直了，则表明 Q-s 关系符合对数曲线。余者同理类推。

② 曲度法：用曲度 n 值进行鉴别，其形式如下：

$$n = \frac{\lg s_2 - \lg s_1}{\lg Q_2 - \lg Q_1}$$

式中，Q——抽水量，m^3/d；

s——水位降深，m。

当 $n=1$ 时，为直线；$1<n<2$ 时，为幂曲线；$n=2$ 时，为抛物线；$n>2$ 时，为对数曲线。如果 $n<1$，则抽水试验资料有误。

（3）确定方程参数 a、b，外推预测降深时的涌水量

① 图解法：利用相应类型的直角坐标系图解进行测定。参数 a 是各直角坐标系中直线在纵坐标上的截距长度，参数 b 是各直角坐标系图解中直线对水平倾角的正切。

② 最小二乘法：当精度要求较高时，通常用最小二乘法获取参数 a、b。

直线方程：q 为单位降深涌水量，可根据抽（放）水量大降深资料 $q = Q_大/s_大$ 求得。

求出有关的方程参数后，将它和疏干设计水位降深（s）值代入原方程式，即可求得预测涌水量。

（4）换算井径

当用抽水试验资料时，因钻孔井径（$2r_孔$）远比开采井筒直径（$2r_井$）小，为消除井径对涌水量的影响，需换算井径。

地下水呈层流时：

$$Q_井 = Q_孔 \left(\frac{\lg R_孔 - \lg r_孔}{\lg R_井 - \lg r_井} \right)$$

地下水呈紊流时：

$$Q_孔 = Q_井 \sqrt{\frac{r_井}{r_孔}}$$

井径对涌水量的影响，一般认为比对数关系大，比平方根关系小。

如广东某金属矿区，曾用 Q-s 曲线预测 +50 m 水平的涌水量为 14 450 m^3/d，与巷道放水外推的数值（14 000 m^3/d）接近，而用解析法预测的结果（12 608 m^3/d）则偏小 12%。

10.2.6　回归分析法

回归分析法是依据长期、系统的试验或观测资料,用数理统计法找出地下水资源量与地下水水位或其他变量之间的相关关系,并建立回归方程外推地下水资源量或预测地下水水位的变化[5,20]。

在统计学中,将研究变量之间关系的密切程度称为相关分析,将研究变量之间联系形式称为回归分析,在实际应用中二者密不可分,故一般不加区别。

地下水资源量与许多因素有关,如地下水水位、降水量、潜水蒸发量、开采区的面积等。若将这些因素作为自变量,则它们与地下水资源量之间存在统计相关关系,如果自变量只有一个,称为一元相关或简单相关;若有两个以上自变量,则称为多元相关或复相关。在多元相关中,只研究其中一个自变量对因变量的影响,而将其他自变量视为常量的称为偏相关;自变量为一次式,称为线性相关;为多次式的,称为非线性相关。

1. 简相关

(1) 一元线性回归方程

在地下水资源量计算中,常常需要确定开采量 Q 与水位降深 s 之间的关系。下面以研究两者之间的关系为例,介绍建立一元线性回归方程的原理和方法。

设有 i 组($i=1,2,3,\cdots,n$)系列观测统计资料 Q_i 和 s_i。资料数 n 称为样本容量。将这些资料展在 $Q\text{-}s$ 坐标图上,如图 10.5 所示,各点的位置比较分散,不能连成直线或光滑曲线,因而不能用某种函数关系来描述其变化规律。但从整体看,呈直线或曲线分布趋势。按其分布趋势,用最小二乘法原理,可以找出一条最佳配合直线或曲线(也称回归直线或曲线),使所有观测值偏离回归直线的距离最小。描述回归直线或曲线的方程称为回归方程。可以用来外推设计降深下的开采量。

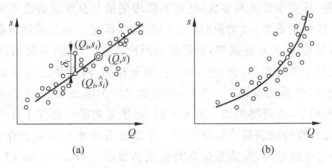

图 10.5　$Q\text{-}s$ 散点分布趋势图

(a) 直线分布;(b) 曲线分布

现假设观测点的分布趋势为直线,则最佳配合直线的方程一般表达式为

$$s = A + BQ \tag{10.20}$$

上式中把降深 s 视为因变量,把开采量 Q 作为自变量,A 和 B 为待定系数。由于最佳配合直线的位置取决于 A 和 B,就将寻找最佳配合直线转化为如何求待定系数 A、B 的问题。采用研究区的大量实际观测统计资料,运用最小二乘法原理可求得待定系数 A 和 B。求待定系数的方法如下:

由图 10.5(a) 可见,任一实测值 (Q_i, s_i) 与最佳配合直线的偏差 $\delta_i = s_i - \hat{s} = s_i - (A + BQ_i)$。若所有实测点的观测值与最佳配合直线的偏差平方和 $\Delta = \sum\limits_{i=1}^{n} \delta_i^2$ 为最小,此时,由待定系数 A 和 B 确定的直线即为最佳配合直线。即 $\Delta = \sum\limits_{i=1}^{n} \delta_i^2 = \sum\limits_{i=1}^{n} [s_i - (A + BQ_i)]^2$ 最小。因 Q_i 和 s_i 都是实际观测资料,故 Δ 可视为 A 和 B 的函数。若使函数值最小,则 Δ 对 A 和 B 的偏导数应等于零,可求得待定系数 A 和 B:

$$A = \bar{s} - B\bar{Q}, \quad B = \frac{\overline{Qs} - \overline{Q}\,\overline{s}}{\overline{Q^2} - (\overline{Q})^2} \tag{10.21}$$

将求得的待定系数 A 代回式(10.20),则得

$$s = \bar{s} + b(Q - \bar{Q}) \tag{10.22}$$

上式即为常用的一元线性回归方程,B 是直线的斜率,称为回归系数。上式是降深倚流量的回归方程,同理可得到流量倚降深的方程:

$$Q = \bar{Q} + B(s - \bar{s}) \tag{10.23}$$

求得的回归方程虽然是最佳的,但任何系列的实测资料,无论多分散的点,都可以找到一条最佳配合直线,都可以求得最佳回归方程。回归方程只解决了变量联系形式问题,其实用价值有多大,还需判断因变量与自变量的密切联系程度。在数理统计中,用相关系数 (r) 衡量变量之间的密切程度。相关系数取值为 $0 \sim 1$,即 $0 \leqslant r \leqslant 1$,$r$ 愈接近 1,关系愈密切,方程的实用价值愈大,用所求得的回归方程外推计算,其误差平方和就愈小;当 $r = 1$ 时,称完全相关,两变量之间呈函数关系。反之 r 愈接近于 0,联系愈差;当 $r = 0$ 时,两变量之间为零相关,没有关系。

在实际应用中,还需要判断 r 值多大时,所建立的回归方程才有价值。数理统计中应用相关系数检验表解决这个问题。所谓显著性水平就是指作出"显著"(即认为有价值)这个结论时,可能发生判断错误的概率。当 $a = 0.05$ 时,说明判断错误的可能性不超过 5%;当 $a = 0.01$ 时,这种可能性不超过 1%。说明当 a 小时,检验严格,要求的相关系数值大。在同一显著水平下,抽样数 n 愈小,要求的相关系

数值愈大。这说明当两个变量的关系密切时,少量取样就反映出它们的关系。若两变量关系密切程度差时,必须有很多的抽样才能反映出它们的实际情况。经过显著性检验以后所建立的回归方程虽然是有价值的,若用以预报外推涌水量或水位降,仍然可能存在一定的误差,还需要研究预报的精度问题。

各实际观测值与回归方程计算值的误差称为剩余标准差,以 δ_s 表示,用下式计算:

$$\delta_s = \sqrt{\frac{\sum\limits_{i=1}^{n}(s_i - \hat{s})^2}{n-2}} \tag{10.24}$$

式中,s_i——任一点(i 点)的实际水位降深,m;

$\hat{s}$——以 s_i 时观测的实际流量通过回归方程计算的水位降深,m。

也可用均方根差 σ'_s 和相关系数(r)计算:

$$\delta_s = \sigma'_s \sqrt{1-r^2}$$

式中,$\sigma'_s = \sqrt{\dfrac{\sum(s_i - \bar{s})^2}{n-1}}$。

剩余标准差的大小,反映了各实测点偏离回归方程的程度,可以用来说明用此回归方程外推预报的精度。δ_s 愈小,则预报精度愈高。

由计算 δ_s 的公式可知,它取决于均方根差 δ'_s、相关系数 r 和观测数据的总量 n。因此,要提高预报精度,只有提高观测的准确性,尽量减少人为误差,观测数据要多,自变量的取值范围要大,相关系数要大。

(2) 曲线相关方程

若实际观测值在散点图上没有直线的趋势,而呈近似的曲线时,则可用上述相同的道理建立一个曲线回归方程。不过,用变换坐标的方法,把曲线变为直线(即线性化)更为方便,就可以直接利用前述的一元线性回归方程了。

2. 复相关

实际上影响地下水水位下降的因素往往不止一个,而是多个独立自变量的同时影响。因此,需要进行复相关分析,用多元回归方程来进行外推预报。复相关的基本原理与建立一元回归方程基本相同,但计算较复杂。应用计算机编程可使计算很简便。

(1) 二元直线回归方程

回归方程的一般形式为

$$y = a + b_1 x_1 + b_2 x_2 \tag{10.25}$$

式中，a、b_1、b_2——待定系数；

x_1、x_2——两个相互独立的自变量，这里指影响地下水位的因素，例如开采量、降水量、回灌量等。

同样可用最小二乘法的原理，求出各待定系数，其计算步骤与一元回归相同。

（2）二元曲线回归方程

也是将其线性化以后按线性方程计算。例如，二元幂曲线的一般式为

$$y = a x_1^{b_1} x_2^{b_2} \tag{10.26}$$

两边取对数则变为

$$\lg y = \lg a + b_1 \lg x_1 + b_2 \lg x_2$$

令 $y' = \lg y$，$a' = \lg a$，$x_1' = \lg x_1$，$x_2' = \lg x_2$，则得

$$y' = a' + b_1 x_1' + b_2 x_2'$$

便可按直线二元回归方程计算。

（3）多元回归方程

当有更多自变量影响时，可以用一般的多元线性回归方程：

$$y = a + b_1 x_1 + b_2 x_2 + b_3 x_3 + \cdots + b_m x_m \tag{10.27}$$

同样，用最小二乘法原理可以求出各个待定系数，即回归系数。解多维联立线性方程组时，可借助计算机计算，有关文献中有专门程序可借鉴。若采用逐步回归法计算，计算机还可以自动进行因子"贡献"大小的挑选，剔除"贡献"小的和不独立的因素，最后得到主要影响因素的回归方程。

3. 回归分析法的适用条件

回归分析法是建立在数理统计理论的基础上的，考虑了一些随机因素的影响，便于解决一些复杂条件的水文地质问题。在数据采样时，应注意资料来源的一致性。它是根据现实物理背景下得出的统计规律，在此基础上适当外推是可以的，但外推范围不能太大。

这种方法适用于稳定型或调节型开采动态，或补给有余的旧水源地扩大开采时的地下水资源评价。如果已经是消耗型水源地，要用人工调蓄、节制开采来保护水源地，这时，也可以用回归分析法分析开采量、回灌量与水位的关系，求得合理的开采量和人工回灌量。上海市在控制地面沉降时曾作过这样的分析。

10.2.7　地下水水文分析法

地下水水文分析法是依照水文学，用测流的方法来计算地下水在某一区域一年内总的流量。这个量如果接近补给量或排泄量，则可以用它作为区域的允许开采量。由于地下水直接测流很困难（有时只能用间接测流法），所以地下水文分析

法只能用于一些特定地区,例如岩溶管流区、基岩山区等地,而这些地区常常也是其他许多方法难于应用的地区[4,5,20,33]。

1. 岩溶管道截流总和法

在岩溶水呈管流、脉流的地区,区域地下水资源绝大部分是集中于岩溶管道中的径流量,而管外岩体的裂隙或溶裂中所储存的水量甚微。因此,岩溶管道中的地下径流量不仅可以代表一个地区地下水天然资源的数量,而且也可以表征该地区地下水可开采的资源数量。在现代生产技术水平下,一般暗河中的径流量都可以开发和利用,因此,在这种地区只要能设法在各暗河的出口用地表水水文测流法测得各暗河的径流量,总加起来就是该区的地下水允许开采量。取各暗河枯水季节的流量较有开采保证,即

$$Q_{开} = \sum_{i=1}^{n} Q_{管i} \tag{10.28}$$

式中,$Q_{开}$——地下水管道控制流域范围内的地下水允许开采量,m^3/d;

$Q_{管i}$——计算区各管道的流量,m^3/d。

对于暗河发育的脉流区,应在暗河系统的下游选取一垂直流向的计算断面,使断面尽可能通过更多的暗河天窗(落水洞或竖井等)和暗河出口,再补充一些人工开挖、爆破的暗河露头,直接测定通过断面的各条暗河的流量,总加起来便是该脉状系统控制区域的地下水可开采量。

截流总和法适用于我国西南石灰岩地下暗河发育地区。这一地区暗河通道的"天窗"和出口较多,地下水呈管流紊流,用渗流理论不易计算,用这种方法效果较好。

2. 地下径流模数法

该方法的原理是:在水文地质条件相差不大、其补给条件相近的地区,可以认为地下暗河的流量或地下径流量与其面积是成正比的。其比例系数的意义就是单位补给面积内的地下径流量,即地下径流模数。因此,只要在该地区内选择一两个地下暗河通道或泉并测定出其流量和相应的补给面积,计算出地下径流模数,再乘以全区的补给面积,便可求得区域地下水的径流量,以此作为区域地下水的允许开采量。若测得某一补给区域(面积 F_i)内的地下径流量(Q_i),则地下径流模数($m^3/(km^2 \cdot s)$)用下式计算:

$$M = \frac{Q_i}{F_i} \tag{10.29}$$

若整个计算区的补给面积为 F,则计算区的总流量 $Q(m^3/s)$ 为

$$Q = MF \qquad (10.30)$$

应用该方法时一定要注意水文地质条件的相似性。

广西水文地质队曾在地苏、大化、六也、保安等地用地下径流模数法计算出各暗河枯水期流量,并与"天窗"实测流量、抽水试验所得最大出水量相比,其平均准确度达86%,说明在这些地区用地下径流模数法评价地下水资源是可行的。

3. 频率分析法

水文分析法都是用求得的地下径流量作为区域地下水的允许开采量。地下径流量往往受气候条件影响较大,是随时间而变化的,有季节性变化,还有多年变化。如果所有资料是丰水年测得的,则会得出偏大的数据,在平水年和枯水年没有保证;如果是用枯水年的资料,则又过于保守。因此,最好是计算出不同年份的(或不同月份的)多个数据,进行频率分析,求出不同保证率的数据。如果地下径流量观测的数据较少、系列较短时,可以与观测数据较多、系列较长的气象资料进行相比分析,用回归方程来外推和插补,再进行频率分析。

10.3　地下水水质评价

地下水水质评价一般根据水质标准进行。我国主要水质标准有《生活饮用水卫生标准》(GB 5749—2006)、《地表水环境质量标准》(GB 3838—2002)、《地下水质量标准》(GB/T 14848—1993)、《农田灌溉水质标准》(GB 5084—2005)、《渔业水质标准》(GB 11607—1989)。

10.3.1　供水水质评价

地下水是重要的供水水源,可分别按生活用水、工业用水和灌溉用水进行水质评价[5]。

1. 生活饮用水水质评价

生活饮用水水质评价应按照《生活饮用水卫生标准》(GB 5749—2006)进行评价,一般应符合下列基本要求:水的感官性能良好,水中所含化学物质及放射性物质不得危害人体健康,水中不得含有病原微生物。评价时应包括地下水的感官指标、一般化学指标、毒理学指标、细菌学指标和放射性指标。

(1) 物理性状评价(感观评价):饮用水的物理性质应当是无色、无味、无臭、不含可见物,清凉可口(水温 7~11℃)。水的物理性质不良,会使人产生厌恶的感觉,同时也是含有致病物质和毒性物质的标志。

(2) 一般化学指标评价（普通溶解盐的评价）：水中溶解的普通盐类，主要指常见的离子成分，如 Cl^-、SO_4^{2-}、HCO_3^-、Ca^{2+}、Mg^{2+}、Na^+、K^+、Fe、Mn、I、Sr、Be 等。它们大都来源于天然矿物，在水中的含量变化很大。它们的含量过高时，会损及水的物理性质使水过咸或过苦不能饮用，并严重影响人体的正常发育；它们含量过低时，也会对人体健康产生不良影响。饮用水标准中规定，水的总矿化度不应超过 1 g/L，水的总硬度（以碳酸钙计）不应超过 450 mg/L，硫酸盐的含量应在 250 mg/L 以下，锶的含量限定为 0.003 mg/L。

(3) 有毒物质的限制：主要有砷、硒、镉、铬、汞、铅、氟化物、氰化物、酚类、硝酸盐、氯仿、四氯化碳以及其他洗涤剂、农药等成分，在饮用水中的限量分别为：砷为 0.05 mg/L，硒为 0.01 mg/L，铬为 0.05 mg/L，铅为 0.01 mg/L，氟化物为 1.0 mg/L，氰化物为 0.05 mg/L。

(4) 细菌学指标的限制：细菌总数规定小于 100 CFU/mL，CFU 为菌落形成单位；总大肠菌群和粪大肠菌群每 100 ml 水样中不得检出。

2. 工业用水水质评价

不同工业用水水质的限定要求在供水水文地质勘察与水质的评价中系统地、有重点地在拟开发的地下水水源地布置水质采样点，按照工业用水的水质标准全面评价水源地水的质量状况。

(1) 锅炉用水的水质评价

在工业用水中，锅炉用水构成了供水的最主要部分而且对水质的要求也较高，由于蒸汽锅炉中的水处在高温、高压条件下，水中的一些化学物质会发生各种不良化学反应。其中成垢作用、起泡作用和腐蚀作用等不良的化学作用严重地影响锅炉的正常使用。

成垢作用是指水煮沸时，水中所含的一些离子、化合物可以相互作用而生成沉淀，并依附于锅炉壁上，形成锅垢的现象。锅垢的成分通常有 CaO、$CaCO_3$、$CaSO_4$、$CaSiO_3$、$Mg(OH)_2$、$MgSiO_3$、Al_2O_3、Fe_2O_3 及悬浊物质的沉渣等。锅垢总重量可根据水质分析资料用下式计算：

$$H_0 = S + C + 72[Fe^{2+}] + 51[Al^{3+}] + 70[Mg^{2+}] + 118[Ca^{2+}] \quad (10.31)$$

式中，H_0——锅垢的总质量浓度，mg/L；

S——悬浮物的质量浓度，mg/L；

C——胶体物（$SiO_2 + Al_2O_3 + Fe_2O_3 + \cdots$）质量浓度，mg/L；

$[Fe^{2+}]$、$[Al^{3+}]\cdots$——离子的浓度，mmol/L。

按锅垢总量对成垢作用进行评价时，可将水分为 4 个等级：$H_0 < 125$ mg/L 时，为锅垢很少的水；$H_0 = 125 \sim 250$ mg/L 时，为锅垢较少的水；$H_0 = 250 \sim$

500 mg/L 时，为锅垢较多的水；$H_0>$500 mg/L 时，为锅垢很多的水。

起泡作用是指水在锅炉中煮沸时产生大量气泡的作用。起泡作用可用起泡系数（F）评价。起泡系数据钠、钾的含量计算：

$$F = 62[Na^+] + 78[K^+]$$

当 $F<$60 mg/L 时，为不起泡的水（机车锅炉一周换一次水）；当 $F=$60～200 mg/L 时，为半起泡的水（机车锅炉 2～3 天换一次水）；当 $F>$200 mg/L 时，为起泡的水（机车锅炉1～2 天换一次水）。

腐蚀作用是水通过化学的、物理化学的或其他作用对炉壁的侵蚀破坏现象。水的腐蚀性可以按腐蚀系数（K_k）进行评价。

酸性水：

$$K_k = 1.008([H^+] + 3[Al^{3+}] + 2[Fe^{2+}] + 2[Mg^{2+}] - 2[CO_3^{2-}] - [HCO_3^-])$$

碱性水：

$$K_k = 1.008(2[Mg^{2+}] - [HCO_3^-])$$

当 $K_k>0$ 时，为腐蚀性水；当 $K_k<0$ 但 $K_k+0.0503Ca^{2+}>0$ 时，为半腐蚀性水；当 $K_k+0.0503Ca^{2+}<0$ 时，为非腐蚀性水（其中，Ca^{2+} 的单位以 mg/L 表示）。

（2）工业用水对水质的要求

不同工业部门对水质的要求不同，纺织、造纸及食品等工业对水质的要求较严格。水质既直接影响到工业产品的质量，又影响着产品的生产成本。硬度过高的水，对于肥皂、染料及酸、碱生产的工业都不太合适。硬水不利于纺织品的着色，并使纤维变脆，使皮革不坚固，糖类不结晶。如果水中有亚硝酸盐存在，可使糖制品大量减产。当水中存在过量的铁、锰盐类时，能使纸张、淀粉及糖等出现色斑，影响产品质量。食品工业用水，首先必须符合饮用水标准，然后还要考虑影响质量的其他成分。

3. 地下水的侵蚀性评价

天然地下水对工程建筑物的危害主要表现在对金属构件的腐蚀和对混凝土的侵蚀破坏。当地下水中含有某些成分时，水对建筑材料中的混凝土、金属等有侵蚀性和腐蚀性。当建筑物经常处于地下水的作用下时，应进行地下水的侵蚀性评价。

地下水侵蚀性可分为分解性侵蚀、结晶性侵蚀和分解结晶复合性侵蚀。分解性侵蚀指酸性水溶滤氢氧化钙及侵蚀性碳酸溶滤碳酸钙使水泥分解破坏的作用，可分为一般性侵蚀和碳酸侵蚀两种。结晶性侵蚀是指混凝土与水中硫酸盐发生反应，在混凝土的空隙中形成石膏和硫酸铝盐（又名结瓦尔盐）晶体。分解结晶复合性侵蚀又称镁盐侵蚀，主要是地下水中弱盐基硫酸盐离子的侵蚀，即当水中 Mg^{2+}、Fe^{2+}、Fe^{3+}、Cu^{2+}、Zn^{2+}、NH_4^+ 等含量很多时，它们与水泥发生化学反应，使混凝土力学强度降低，甚至破坏。

环境水对混凝土的腐蚀程度分级,主要依据一年内腐蚀区混凝土的强度降低 $F(\%)$ 值的大小确定,共分为 5 级。$F=0$ 时,无腐蚀;$F<5\%$ 时,弱腐蚀,材料表面略有损坏;$5\%\leqslant F<20\%$ 时,中等腐蚀,侧壁表面有明显隆起剥落;$F\geqslant20\%$ 时,强腐蚀,材料有明显的破坏(严重裂开掉小块)。

判别环境水对混凝土的腐蚀性时,应搜集流域地区或工程建筑物场地的气候条件、冰冻资料、海拔高程、岩土性质、环境水的补给排泄循环和滞留条件、污染情况等资料。具体评价时参照表 10.3。

表 10.3　环境水对混凝土腐蚀性的判别标准[21]

腐蚀性类型		腐蚀性特征判定依据	腐蚀程度	界 限 指 标	
分解类	溶出型	HCO_3^- 含量 /(mmol/L)	无腐蚀 弱腐蚀 中等腐蚀 强腐蚀	$HCO_3^->1.07$ $1.07\geqslant HCO_3^->0.70$ $HCO_3^-\leqslant0.70$ —	
	一般酸性型	pH 值	无腐蚀 弱腐蚀 中等腐蚀 强腐蚀	$pH>6.5$ $6.5\geqslant pH>6.0$ $6.0\geqslant pH>5.5$ $pH\leqslant5.5$	
	碳酸型	侵蚀性 CO_2 含量 /(mg/L)	无腐蚀 弱腐蚀 中等腐蚀 强腐蚀	$CO_2<15$ $15\leqslant CO_2<30$ $30\leqslant CO_2<60$ $CO_2\geqslant60$	
分解结晶复合类	硫酸镁型	MgO_2 含量 /(mg/L)	无腐蚀 弱腐蚀 中等腐蚀 强腐蚀	$Mg^{2+}<1000$ $1000\leqslant Mg^{2+}<1500$ $1500\leqslant Mg^{2+}<2000$ $2000\leqslant Mg^{2+}<3000$	
结晶类	硫酸盐型	SO_4^{2-} 含量 /(mg/L)	无腐蚀 弱腐蚀 中等腐蚀 强腐蚀	普通水泥 $SO_4^{2-}<250$ $250\leqslant SO_4^{2-}<400$ $400\leqslant SO_4^{2-}<500$ $500\leqslant SO_4^{2-}<1000$	普通水泥抗硫酸盐水泥 $SO_4^{2-}<3000$ $3000\leqslant SO_4^{2-}<4000$ $4000\leqslant SO_4^{2-}<5000$ $5000\leqslant SO_4^{2-}<10\,000$

10.3.2　灌溉水质评价

农业灌溉用水的水质好坏对保护农田土壤、地下水源(防止被污染的灌溉水补给地下水、农业灌溉水的回渗是地下水的一个主要补给源)以及农产品的质量十分重要。灌溉用水水质状况主要涉及水温、水的总矿化度及溶解盐类的成分,同时,必须考虑由于人类污染造成的灌溉水的 pH 值和有毒元素对农作物和土壤的影响[5,20,33,37]。

1. 农业用水的水质要求

灌溉用水的温度应适宜。在我国北方,以 10～15℃ 为宜;在南方的水稻区,以 15～25℃ 为宜。温度过低或过高对作物生长都不利。灌溉用水的矿化度不能太高,太高对农作物生长和土壤都不利,一般以不超过 1.7 g/L 为宜。水中所含盐类成分不同,对作物有不同的影响。对作物生长最有害的是钠盐,尤以 Na_2CO_3 危害最大。

2. 农田灌溉水质评价方法

(1) 水质标准法

为了保护人体健康,维护生态平衡,促进经济发展,我国制定并修订了《农田灌溉水质标准》(GB 5084—2005),评价时可以作为依据。

水质标准法就是对照国家颁布的《农田灌溉水质标准》进行评价,对有些不适宜灌溉的地下水成分须经进行处理,达到标准后方能进行灌溉。

(2) 钠吸附比值法

钠吸附比值(SAR)法是美国农田灌溉水质评价采用的一种方法,它是根据地下水中的钠离子与钙镁离子的相对含量来判断水质的优劣。其计算公式为

$$SAR = \frac{[Na^+]}{\sqrt{\frac{1}{2}([Ca^{2+}] + [Mg^{2+}])}} \tag{10.32}$$

式中,$[Na^+]$、$[Ca^{2+}]$、$[Mg^{2+}]$——各离子的摩尔浓度,mmol/L。

当 SAR>20 时,为有害水;当 SAR=15～20 时,为有害边缘水;当 SAR<8 时,为相当安全的水。

(3) 灌溉系数法

灌溉系数是根据 Na^+、SO_4^{2-} 的相对含量采用不同的经验公式计算的,它反映了水中的钠盐值,但忽略了全盐的作用。其计算公式见表 10.4。

表 10.4　灌溉系数计算表[5,20]

水的化学类型	灌溉系数(K_a)计算公式
$[Na^+]<[Cl^-]$,只有氯化钠存在时	$K_a = \dfrac{288}{5[Cl^-]}$
$[Cl^-]+[SO_4^{2-}]>[Na^+]>[Cl^-]$,有氯化钠及硫酸钠存在时	$K_a = \dfrac{288}{[Na^+]+4[Cl^-]}$
$[Na^+]>[Cl^-]+[SO_4^{2-}]$,有氯化钠、硫酸钠及碳酸钠存在时	$K_a = \dfrac{288}{10[Na^+]-5[Cl^-]-9[SO_4^{2-}]}$

灌溉系数 K_a ＞18 时，为完全适用的水；K_a＝6～18 时，为适用的水；K_a＝1.2～5.9 时，为不太适用的水；K_a＜1.2 时，为不能用的水。

10.3.3　矿泉水质评价

地下水中的某些特殊矿物盐类、微量元素或某些气体含量达到某一标准或具一定温度时，使其具有特殊的用途时，称其为矿泉水。按矿泉水的用途，可分为三大类，即工业矿水，医疗矿水和饮用矿泉水[5]。

1. 天然饮用矿泉水的基本特征

(1) 深埋在地层深部，沿断裂带或通过人工揭露出露地表；

(2) 地下水通过深部循环，与围岩发生地球化学作用，产生一定量对人体有益的常量元素、微量元素或其他化学成分；

(3) 经过长期的溶滤作用，水质洁净，没有受到地面污染的影响，因而不必进行任何净化处理，可直接饮用；

(4) 水质、水量和水温的动态能基本保持相对的稳定性；

(5) 天然饮用矿泉水都是在自然条件下形成的，所以人造矿泉水（包括纯净水）不属于天然矿泉水的范畴。

2. 天然饮用矿泉水特殊组分的界限指标

天然饮用矿泉水是一种矿产资源。能否定义为天然饮用矿泉水除了具备来自地下深部循环的天然露头或经人工揭露的且所含化学成分、流量、水温等具有稳定动态以及其水质不须处理直接达到生活饮用水标准外，还应符合《中华人民共和国饮用天然矿泉水标准》(GB 8537—2008)所限定的特殊化学组分的界限指标。凡符合表 10.5 中各项指标之一者，可称为饮用天然矿泉水。

表 10.5　饮用天然矿泉水特殊化学组分的界限指标

项　　目	指标/(mg/L)
锂	≥0.20
锶	≥0.20(含量在 0.20～0.40 mg/L 时，水源水水温应在 25℃以上)
锌	≥0.20
碘化物	≥0.20
偏硅酸	≥25.0(含量在 25～30 mg/L 时，水源水水温应在 25℃以上)
硒	≥0.01
游离二氧化碳	≥250
溶解性总固体	≥1000

3. 天然饮用矿泉水的分类与命名

天然饮用矿泉水主要按其所含的微量元素进行分类。矿泉水可按达标的微量元素命名，例如我国比较常见的饮用矿泉水大致可划分为：碳酸矿泉水（水中的游离 CO_2 含量＞250 mg/L）、硅酸矿泉水（水中的 H_2SiO_3＞25 mg/L）、锶矿泉水（Sr 含量为 0.2～5 mg/L）、锌矿泉水（0.20～5 mg/L）、锂矿泉水（0.20～5 mg/L）、溴矿泉水（＞1.0 mg/L）、碘矿泉水（0.2～0.5 mg/L）、硒矿泉水（0.01～0.05 mg/L）。

根据所含的微量元素，又可划分为含单项达标微量元素的矿泉水和含多项达标的微量元素的矿泉水两大类。多数矿泉水属单项微量元素矿泉水，其中硅酸矿泉水常同时含锶，称为含锶硅酸矿泉水。含两项以上微量元素的矿泉水较为少见。我国碳酸矿泉水与含硅酸、含锶矿泉水分布较广，称为常见矿泉水；而含锌、锂、硒等矿泉水较为少见，称为稀有矿泉水。

10.3.4　地下水环境质量评价

地下水环境质量评价是环境评价中水环境评价的一部分，地下水环境质量评价主要是以水质为核心问题进行的环境质量评价，除了进行一般性的水质现状评价外，还应对以水质为核心的地下水环境质量作出回顾评价、影响评价[5,37]。

1. 地下水质量分类标准

依据我国地下水水质的现状、人体健康基准值及地下水质量保护目标，并参照生活饮用水、工业、农业用水水质要求，地下水质量评价将地下水质量划分为 5 类：

Ⅰ类：主要反映地下水化学组分的天然低背景含量。适用于各种用途。

Ⅱ类：主要反映地下水化学组分的天然背景含量。适用于各种用途。

Ⅲ类：以人体健康基准值为依据。主要适用于集中式生活饮用水水源及工农业用水。

Ⅳ类：以工农业用水要求为依据。除适用于农业用水和部分工业用水外，适当处理后，可作为生活饮用水。

Ⅴ类：不宜饮用，其他用水可根据用水目的选用。

2. 地下水质量综合评价法

采用国家标准《地下水质量标准》中提出的加附注的评分法。具体要求与步骤如下：

（1）参加评分的项目应不少于本标准规定的监测项目，但不包括细菌学指标。

（2）首先进行各单项组分评价，划分组分所属质量类别。

（3）对各类别按下列规定（表 10.6）分别确定单项组分评价分值 F_i。

表 10.6 地下水分类级别及单项评价分值

类 别	Ⅰ	Ⅱ	Ⅲ	Ⅳ	Ⅴ
F_i	0	1	3	6	10

（4）按下式计算综合评价分值 F。

Nemerow 公式：

$$F = \sqrt{\frac{\overline{F}^2 + F_{\max}^2}{2}} \tag{10.33}$$

$$\overline{F} = \frac{1}{n} \sum_{i=1}^{n} F_i \tag{10.34}$$

式中，$\overline{F}$——各单项组分评分值 F_i 的平均值；

$F_{\max}$——单项组分评价分值 F_i 中的最大值；

n——项数。

（5）根据 F 值，按表 10.7 划分地下水质量级别，再将细菌学指标评价类别注在级别定名之后。如"优良（Ⅱ类）"、"较好（Ⅲ类）"。

表 10.7 地下水质量级别划分标准

级别	优良	良好	较好	较差	极差
F	＜0.80	0.80～＜2.50	2.50～＜4.25	4.25～＜7.20	＞7.20

思 考 题

1. 论述地下水资源评价的原则。

2. 简述地下水资源评价的内容。

3. 概述地下水资源及可开采资源评价的主要方法。

4. 概述地下水允许开采量的分级特点。

5. 简述水量均衡法的基本原理。

6. 在地下水均衡计算中如何确定均衡区、均衡期和各均衡要素？

7. 什么是水文地质概念模型？在工作中如何建立水文地质概念模型？

8. 地下水数值模拟中为什么要对模型进行识别和验证？

9. 应用数值法如何进行地下水资源评价？

10. 解析法进行地下水资源评价的前提和条件有哪些?

11. 什么是开采试验法?

12. 通常可以采用哪些回归方法进行地下水资源计算?

13. 在哪些条件下可以采用地下水水文分析法计算地下水资源?

14. 地下水水质评价主要包括哪些方面?

15. 如何进行地下水环境质量评价?

第11章　建设项目地下水专题评价

本章主要讲授基坑降水、矿山开发工程、水利水电工程、隧道工程的水文地质勘察、环境水文地质勘察及有关地下水问题分析计算,并介绍了目前地下水问题分析中常用的专业软件。

城市建设、水利水电、发电、公路、铁路、冶金、矿山、工业企业等建设项目通常需要进行水文地质勘察,解决工程建设中诸多实际问题。在建设项目水文地质勘察中,地下水计算是实际工作中非常重要的工作[38]。

11.1　基坑降水工程

11.1.1　基坑降水的概念及常用方法

基坑开挖至地下水面以下时,要遇到地下水的入流问题。当涌水量较大时,基坑降水,又称基坑排水,往往是设计和施工中的重要问题。基坑降水工程是指应用水文地质学原理,通过降水设计和降水施工,排除地表水体和降低地下水位,满足建设工程的降水深度和时间要求,并对工程环境无危害性影响的工程。

基坑降水工程是土方工程、地基与基础工程施工中的一项重要技术措施,通过人工方式降低地下水位,可以疏干基土中的水分,促使土体固结,提高地基强度,减少土坡土体侧向位移与沉降,稳定边坡,消除流砂,减少基底土的隆起,使位于天然地下水以下的地基与基础工程施工能避免地下水的影响,提供比较干的施工条件,还可以减少土方量、缩短工期、提高工程质量和保证施工安全[39]。

基坑降水主要有井点降水和明沟排水(截水)两种方式。明沟排水是在基坑内(或外)设置排水沟、集水井,并用抽水设备把地下水从集水坑、井中不断抽走,保持基坑干燥;此法因设备简单、施工简便、成本低,而得到广泛采用。井点降水是在拟建工程的基坑四周埋设能渗水的井点管,配置抽水设备,将地下水抽走,使基坑范围内的地下水降至设计深度;井点法降水适用于具有不同几何形状的基坑,它有克服流砂、稳定边坡的作用。由于基坑内土方干燥,有利于机械化施工,缩短工期,保证工程质量与安全,是一种行之有效的现代化施工方法,已广泛应用。

常用的基坑降水方法概述如下：

(1) 明沟加集水井

明沟加集水井是一种人工排降法，它具有施工方便、用具简单、费用低廉的特点，在施工现场应用的最为普遍。在高水位地区基坑边坡支护工程中，这种方法往往作为阻挡法或其他降水方法的辅助排降水措施，主要排除地下潜水、施工用水和天降雨水。在地下水较丰富地区，若仅单独采用这种方法降水，由于基坑边坡渗水较多，锚喷网支护时使混凝土喷射难度加大(喷不上)，有时加排水管也很难奏效，并且作业面泥泞不堪有碍施工操作。因此，这种降水方法多在低水位地区或土层渗透系数很小及允许放坡的工程中单独应用。

(2) 轻型井点

轻型井点是国内应用很广的基坑降水方法，其井点系统施工简单、安全、经济，特别适用于基坑面积不大、降低水位不深的场所。该法降低水位深度一般为 3～6 m，若要求降水深度大于 6 m，理论上可以采用多级井点系统，但要求基坑四周外需要有足够的空间，以便于放坡或挖槽。轻型井点适用的土层渗透系数为 0.1～50 m/d，当土层渗透系数偏小时，需要在井点管顶部采用粘土封填和保证井点系统各连接部位的气密性良好等措施，以提高整个井点系统的真空度，才能达到良好的效果。

(3) 喷射井点

能在井点底部产生 250 mmHg 的真空度，其降低水位深度大，一般在 8～20 m 范围。它适用的土层渗透系数与轻型井点一样，一般为 0.1～50 m/d。但其抽水系统和喷射井管较复杂，运行故障率较高，能量损耗很大，所需费用比其他井点法要高。

(4) 电渗井点

适用于渗透系数很小的细颗粒土，如粘土、亚粘土、淤泥和淤泥质粘土等。这些土的渗透系数小于 0.1 m/d，用一般井点很难达到降水目的。利用电渗现象能有效地把细粒土中的水抽吸排出。它需要与轻型井点或喷射井点结合应用，其降低水位深度决定于轻型井点或喷射井点。在电渗井点降水过程中，应对电压、电流密度和耗电量等进行量测和必要的调整，并做好记录，因此比较繁琐。

(5) 管井井点

适用于渗透系数大的、地下水丰富的地层以及轻型井点不易解决的场址。每口管井出水流量可达到 50～100 m³/h，土的渗透系数在 20～200 m/d 范围内，降低地下水位深度约 3～5 m。一般用于潜水层降水。

(6) 深井井点

深井井点是基坑支护中应用较多的降水方法，其优点是排水量大、降水深度大、降水范围大等。对于砂砾层等渗透系数很大且透水层厚度大的场址，一般用轻型井点和喷射井点等方法不能奏效,采用此法最为适宜。深井井点适用的岩土层渗透系数为 $10\sim250$ m/d、降低水位深度可大于 15 m,常用于降低承压水。它多布置在基坑四周外围,必要时也可布置在基坑内。有时这种方法与其他井点系统组合应用降低水位效果更好。对于基坑底部有可能发生突涌、流砂、隆起的危险场址,深井点降低承压水位,有助于减除压力、保证基坑的安全性。深井点的缺点是:由于降水深度大、出水量大和水位降落曲线陡等原因,势必造成降水的影响范围和影响程度大,因此对基坑周围建筑物的不均匀沉降要有足够重视、慎重对待、定时观察、及时处理。

11.1.2　基坑降水工程勘察

建筑基坑降水工程勘察是指查清降水工程的地质条件,满足降水工程需要所进行的勘察。建筑基坑工程应具备降水勘察资料,当已有工程勘察资料不能满足降水设计时应进行补充勘察。降水工程设计应选择最佳的降水方案,将地下水位降低至要求的深度,并论证工程环境影响。当预测可能对环境产生危害时,应提出相应的防治措施。

降水工程勘察内容一般包括搜集当地已有的水文、气象、地质、水文地质、工程地质、环境地质、工程环境等资料,查明地下水类型、含水层与隔水层的空间分布、渗透性、地下水水位动态、水质动态、地下水的补给、径流、排泄及地下水与地表水关系;查明第四系堆积物的物理、力学、化学性质与分布,特殊土的分布和有关指标,以及不良地质现象;查明基岩、裂隙、构造、岩溶、地表水体、涵洞与降水工程的影响关系;查明降水工程对地上建筑、市政工程、地下设施、水土资源等的影响以及对降水工程的制约作用;按场地适宜条件确定降水试验方法,提交技术成果和提出有关建议。勘探孔布设时,每个含水层不应少于一个勘探孔、一个抽水试验井、一个观测孔。勘探孔深度应大于降水深度的 2 倍;试验井深度应不得小于降水深度的 1.5 倍;观测孔深度应达到需要观测某一含水层的层底。抽水试验井应在下管填料后立即洗井,洗至水清沙净,至少做一个单井抽水试验和两次降深,其中一次最大降深应接近基坑底板设计深度。

基岩裂隙水地区的降水工程勘察主要内容包括:基岩风化程度、范围和深度,构造裂隙性质、分布发育情况、产状特征,基岩裂隙的导水性、充填物和岩脉阻水性,地下水的补给、径流、排泄条件以及泉水的形成,地下水、泉水水位、水量、水质动态及预测,预测构造断层破碎带突水可能性。勘察中应查明基岩构造和裂隙发育,工作量应能控制主要含水构造和破碎带。

岩溶地区降水工程勘察内容包括:查明第四系地层的岩性、厚度、分布,第四系地层与下伏岩溶的接触关系;重点查明浅层岩溶溶洞、漏斗、暗河、石芽、凹谷、土洞、串珠状洼地等现象的发育程度、形态、成因及充填物;查明深层岩溶发育规律、浅层与深层岩溶的关系;查明岩溶发育与地貌、构造、岩性的关系;查明岩溶地下水的补给、径流、排泄条件以及泉水露头的成因和条件;观测地下水或泉水水位、水量、水质的动态及预测;预测降水工程影响范围应判断产生地面沉降、淘空、塌陷的可能性及开挖后产生"扩泉"、"放水"的可能性。

11.1.3 基坑降水工程设计

1. 降水井类型及布设

在软土地区基坑开挖深度超过 3 m,一般就要用井点降水。开挖深度浅时,亦可边开挖边用排水沟和集水井进行集水明排。降水技术方法有多种,其适用条件如表 11.1 所示,选择时根据土层情况、降水深度、周围环境、支护结构种类等综合考虑后优选。当因降水而危及基坑及周边环境安全时,宜采用截水或回灌方法。

表 11.1 地下水控制方法适用条件

降水技术方法	适 合 地 层	渗透系数/(m/d)	降水深度/m
明排井(坑)	粘性土、砂土	<0.50	<2
真空井点	粘性土、粉质粘土、砂土	0.10~20.0	单级<6,多级<20
喷射井点		0.10~20.0	<20
电渗井点	粘性土	<0.1	按井类型确定
管井	粉土、砂土、碎石土、可溶岩、破碎带	1.0~200.0	>5
集水井	填土、粉土、粘性土、砂土	7~20.0	<5
大口井	砂土、碎石土	1.0~200	<20
辐射井	粉土、砂土、砾砂	0.1~20.0	<20
浅埋井	粉土、砂土、砾砂	0.1~20.0	<2

降水井布设时,条状基坑宜采用单排或双排降水井布置在基坑外缘的一侧或两侧,在基坑端部,降水井外延长度应为基坑宽度的 1~2 倍,选择时依预测计算确定;面状基坑降水井宜在基坑外缘呈封闭状布置,距边坡线 1~2 m,当面状基坑很小时可考虑单个降水井;对于长宽度很大、降水深度不同的面状基坑,为确保基坑中心水位降深值满足设计要求或为加快降水速度,可在基坑内增设降水井;在基坑运土通道出口两侧应增设降水井,其外延长度不少于通道口宽度的一倍;采用辐射井降水时,辐射管的长度和分布应能有效地控制基坑范围;降水井的布置可在地下

水补给方向适当加密,排泄方向适当减少。

2. 降水井的深度

降水井的深度可按下式确定:

$$H_w = \sum_{i=1}^{6} H_{w_i} = H_{w_1} + H_{w_2} + H_{w_3} + H_{w_4} + H_{w_5} + H_{w_6} \tag{11.1}$$

式中,H_w——降水井深度,m;

　　H_{w_1}——基坑深度,m;

　　H_{w_2}——降水水位距离基坑底要求的深度,m;

　　H_{w_3}——$i r_0$;i 为水力坡度在降水井分布范围内宜为 $1/15 \sim 1/10$,r_0 为降水井分布范围的等效半径或降水井排间距的 $1/2$,m;

　　H_{w_4}——降水期间的地下水位变幅,m;

　　H_{w_5}——降水井过滤器工作长度,m;

　　H_{w_6}——沉砂管长度,m。

3. 基坑涌水量计算

根据水井理论,水井分为潜水(无压)完整井、潜水(无压)非完整井、承压完整井和承压非完整井[39]。

(1) 面状基坑的出水量

潜水完整井:

$$Q = \frac{\pi K(H^2 - \bar{h}^2)}{n \ln R - \ln(r_1 r_2 \cdots r_n)} \tag{11.2}$$

或

$$Q = \frac{1.366 K(2H - s)s}{n \lg R - \lg(r_1 r_2 \cdots r_n)} \tag{11.3}$$

承压水完整井:

$$Q = \frac{2.73 KMs}{\lg R - \dfrac{1}{n}\lg(r_1 r_2 \cdots r_n)} \tag{11.4}$$

或

$$Q = \frac{2.73 KMs}{\lg \dfrac{R}{r_0}} \tag{11.5}$$

式中,Q——基坑出水量,m³/d;

　　s——基坑设计水位降深值,m;

　　R——基坑范围的引用影响半径,m;

M——承压含水层厚度,m;

K——含水层厚度的渗透系数,m/d;

r_0——降水干扰井群分别至基坑中心点的距离,通常称为大井等效半径,m;

n——降水井数,个;

$\bar{h}$——抽水前与抽水时含水层厚度的平均值,m。

实际计算中,当基坑为圆形时,基坑等效半径取圆半径,即 $r_0 = \sqrt{r_1 r_2 r_3 \cdots r_n}$,$r_i$ 为第 i 眼井到基坑中心的距离。

(2)条状基坑出水量

可采用大井法计算,大井法是把基坑折算成一种具有引用半径的虚构井进行计算的方法。

潜水完整井:

$$Q = LK \frac{H^2 - \bar{h}^2}{R} \tag{11.6}$$

或

$$Q = nQ' = n \frac{\pi K (2H - s_w) s_w}{\ln\left(\dfrac{d}{\pi r_w}\right) + \dfrac{\pi R}{2d}} \tag{11.7}$$

承压水完整井:

$$Q = 2LK \frac{Ms}{R} \tag{11.8}$$

或

$$Q = nQ' = n \frac{2\pi KM s_w}{\ln\left(\dfrac{d}{\pi r_w}\right) + \dfrac{\pi R}{2d}} \tag{11.9}$$

式中,Q'——降水干扰情况下单井出水量,m³/d;

s_w——降水干扰井设计水位降深值,m;

d——降水干扰井间距之半,m;

L——条状基坑长度,m;

其余符号含义同前。

当基坑非圆形时,对矩形基坑的等效半径计算公式为 $r_0 = \dfrac{\eta}{4}(a+b)$ 或 $r_0 = \sqrt{\dfrac{F}{\pi}}$,其中 a、b 分别为基坑长、短边的长度,m;F 为条形基坑的面积,m²;η 为基坑形状系数。当 $b/a = 0.0 \sim 0.50$ 时,$\eta = 2.0745\left(\dfrac{b}{a}\right)^3 - 2.3121\left(\dfrac{b}{a}\right)^2 + 0.9749\left(\dfrac{b}{a}\right) + 1.0028$;$b/a = 0.50 \sim 1.0$ 时,$\eta = 1.18$。

明沟、集水井排水时,应视水量多少连续或间断抽水,直至基础施工完毕、回填土为止。

当基坑开挖的土层由多种土组成,中部夹有透水性能的砂类土,基坑侧壁出现分层渗水时,可在基坑边坡上按不同高程分层设置明沟并和集水井构成明排水系统,分层阻截和排除上部土层中的地下水,避免上层地下水冲刷基坑下部边坡而造成塌方。

11.2　矿山开发工程

地下水对采矿有比较大的威胁,成为水害或水患。矿床水文地质是把地下水作为需防治和排除的对象而加以研究的。矿坑涌水及突水是矿产资源开发过程中常遇见的一种水患,影响井巷开拓和回采工作,需耗巨资建立防、排水工程,增加了采矿成本。矿坑突水还会造成重大的人身伤亡和整个矿井的淹没[4,5,20]。矿山开发工程水文地质工作,主要是研究露天采矿人工降低地下水水位工程,包括改变地下水动力场和破坏地下水资源的过程和程度;研究地下开采固体矿床矿山排水工程,包括对地下水资源的破坏和对地下水水质的污染。

11.2.1　矿山开发工程概况

1. 矿床及其分类

矿床是指在当前经济技术条件下,具有开采价值(品位、储量)的含矿地质体。按其成因,可分为岩浆矿床、沉积矿床、变质矿床;按矿体的产状,可分为层状矿体、非层状矿床。矿体本身一般不含水,即使含水也是少量的裂隙水,对矿床充水无意义。矿床充水主要因围岩含水所造成,围岩含水性决定了矿床的充水条件与矿坑涌水量,不同类型矿床的含水性各异。

对于岩浆矿床,由于围岩多为岩浆岩,含裂隙水,矿坑涌水量小;但也有分布在碳酸盐岩分布区的接触交代型与侵入型矿床,因为围岩是可溶岩,矿坑涌水量大。沉积矿床则视含砂沉积建造的特点而异,陆相沉积建造矿层的顶底板均为碎屑岩,矿坑涌水量小;海陆交互相沉积构造,因矿床顶底板分布碳酸盐,矿坑涌水量大。变质矿床要视其原生性质而定。

2. 矿山开采方式

(1) 露天开采

浅埋矿床一般宜露天开采。露天开采经济、安全、机械化程度和效率高。如晋、蒙五大露天矿,设计年产量均为 1500 万 t,相当于 5 个特大型矿井的开采量。露天开采时,把矿层分割为一定厚度的水平分区,由上而下梯状开采。

(2) 井下开采

按主井的形式可分为竖井、斜井和平洞 3 种开采形式。竖井一般位于矿体中部,生产能力大,但投资也大;斜井适用于缓倾矿体,尤其是含矿沉积盆地边缘的矿体开采;平洞适用于多山地区,有利于自然排水与矿石运输。由于矿体空间分布大,开采前首先需将矿体分割成若干开采块段。在垂向上,层状矿称水平;非层状矿称中段,每一水平控制的开采厚度为 100~150 m,中段略小;在平面上称采区。

开拓、采准、回采依次是井采的 3 个阶段。开拓阶段的主要任务是从地面到矿体通过开掘一系列的井(垂直的)、巷(水平的),建立运输、通风、排水、供水系统,这些通称为开拓井巷,均分布在围岩中,故开拓井巷涌水量在矿坑总涌水量中所占比例较大;采准阶段是对采区作进一步的分割,以形成更多的采矿工作区,也主要分布在围岩中;回采阶段是大量采用矿石的生产过程,采矿过程完成后即形成采空区。

3. 矿床充水因素

矿体尤其是围岩中赋存有地下水,这种现象称矿床充水。这些地下水及与之有联系的其他水源,在开采状态下造成矿坑的持续涌水。把水源进入矿坑的途径称为充水通道。水源与通道构成了矿床充水的基本条件,其他各种因素只是通过对水源与通道的作用,影响矿坑涌水量的大小,称充水强度影响因素。如阻隔各种水源进入矿坑的自然因素,扩大天然通道、产生新通道的采矿因素。水源、通道、充水强度影响因素,通称矿床充水因素,它们在充水过程中的不同组合,形成了不同的充水条件。其中,充水水源的规模、充水通道的导水性以及导致采矿后发生变化的采矿因素,是矿床充水因素分析的重点。矿床充水是矿坑涌水、矿坑突水的前提条件。

充水因素分析贯穿矿床勘探与开采的全过程。勘探阶段,主要根据矿床所处的自然环境及矿区水文地质条件,初步预测采后主要充水水源和通道,为矿坑涌水量的预测提供依据;开采阶段,可结合具体开采条件为解决矿坑充水水源和充水通道问题,以及防治矿坑充水措施提供依据。

11.2.2 矿山开发工程勘察

矿山开发工程勘察应查明矿区水文地质条件及矿床充水因素,预测矿坑涌水量,对矿床水资源综合利用进行评价,指出供水水源方向;查明矿区的工程地质条件,评价露天采矿场岩体质量、边坡的稳定性或井巷围岩的岩体质量和稳固性,预测可能发生的主要环境工程地质问题;评述矿区的地质环境质量,预测矿床开发可能引起的主要环境地质问题,并提出防治建议。

根据矿床主要充水含水层的容水空间特征,将充水矿床分为以孔隙含水层充水为主的孔隙充水矿床、以裂隙含水层充水为主的裂隙充水矿床和以岩溶含水层充水为主的岩溶充水矿床。

(1)孔隙充水矿床

应着重查明含水层的成因类型、分布、岩性、厚度、结构、粒度、磨圆度、分选性、胶结程度、富水性、渗透性及其变化;查明流砂层的空间分布和特征,含(隔)水层的组合关系,各含水层之间、含水层与弱透水层以及与地表水之间的水力联系,评价流砂层的疏干条件及大气降水和地表水对矿床开采的影响。

(2)裂隙充水矿床

应着重查明裂隙含水层的裂隙性质、规模、发育程度、分布规律、充填情况及其富水性;岩石风化带的深度和风化程度;构造破碎带的性质、形态、规模及其与各含水层和地表水的水力联系;裂隙含水层与其相对隔水层的组合特征。

(3)岩溶充水矿床

应着重查明岩溶发育与岩性、构造等因素的关系,岩溶在空间的分布规律、充填深度和程度、富水性及其变化,地下水主要径流带的分布。以溶隙、溶洞为主的岩溶充水矿床,应查明上覆松散层的岩性、结构、厚度或上覆岩石风化层的厚度、风化程度及其物理力学性质,分析在疏干排水条件下产生突水、突泥、地面塌陷的可能性、塌陷的程度与分布范围以及对矿坑充水的影响。对层状发育的岩溶充水矿床,还应查明相对隔水层和弱含水层的分布。以暗河为主的岩溶充水矿床,应着重查明岩溶洼地、漏斗、落水洞等的位置及其与暗河之间的联系,暗河发育与岩性、构造等因素的关系,暗河的补给来源、补给范围、补给量、补给方式及其与地表水的转化关系,暗河入口处的高程、流量及其变化;暗河水系与矿体之间的相互关系及其对矿床开采的影响。

11.2.3　矿坑底板突水计算

底板突水对煤田威胁极大,但底板突水预测的难度很大,至今仍无理想的方法,勘探阶段均用西安煤科所和峰峰、邯郸两矿务局技术人员总结多年经验于1979年提出来的半经验公式——突水系数法计算,以满足充水因素分析要求。

$$T_s = \frac{p}{M - C_p} \tag{11.10}$$

式中,T_s——突水系数,MPa·m;

p——隔水层承受的水压力,MPa;

M——隔水层厚度,m。考虑到隔水层岩性与强度因素,计算时 M 应采用等效厚度,即以砂岩每米所能承受的水压力 0.1 MPa 为强度单位,砂质页岩为 0.07 MPa,粘土质页岩为 0.05 MPa,断层带岩石为 0.035 MPa。计算时将不同岩性隔水层换算成同等的等效隔水层厚度;

C_p——矿山压力对底板的破坏厚度,m;

按式(11.10)计算,就全国实际资料看,底板受构造破坏块段突水系数一般不大于 0.6,正常块段不大于 1.5。

安全隔水厚度计算公式为

$$M = \frac{L(\sqrt{\gamma^2 L^2 + 8K_p H} - \gamma L)}{4K_p} \tag{11.11}$$

式中,M——安全隔水厚度,m;

L——采掘工作面底板最大宽度,m;

γ——隔水层岩石的容重,t/m³;

K_p——隔水层岩石的抗张强度,t/m²;

H——隔水层底板承受的水头压力,t/m²。

按式(11.11)计算,如底板隔水层实际厚度小于计算值时,就是不安全的。

11.2.4 矿坑(井)涌水量计算

矿坑涌水量是指矿山开拓与开采过程中,单位时间内涌入矿坑(包括井、巷和开采系统)的水量,通常以 m³/h 表示。它是确定矿床水文地质条件复杂程度的重要指标之一,关系到矿山的生产安全与成本,对矿床的经济技术评价有很大的影响。并且也是设计与开采部门选择开采方案、开采方法,制定防治疏干措施,设计水仓、排水系统与设备的主要依据。因此,在矿床水文地质调查中,要求正确评价未来矿山开发各个阶段的涌水量。其内容与要求可概括为以下 4 个方面:

(1)矿坑正常涌水量:指开采系统达到某一标高(水平或中段)时,正常状态下保持相对稳定的总涌水量,通常是指平水年的涌水量。

(2)矿坑最大涌水量:指正常状态下开采系统在丰水年雨季时的最大涌水量。对某些受暴雨强度直接控制的裸露型、暗河型岩溶充水矿床来说,常常还应依据矿山的服务年限与当地气象变化周期,按当地气象站所记录的最大暴雨强度,预测数十年一遇特大暴雨强度产生时可能出现暂短的特大矿坑涌水量,作为制定各种应变措施的依据。

(3)开拓井巷涌水量:指包括井筒(立井、斜井)和巷道(平巷、斜巷、石门)在开拓过程中的涌水量。

(4)疏干工程的排水量:指在规定的疏干时间内,将一定范围内的水位降到某一规定标高时,所需的疏干排水强度。

矿坑涌水量计算必须建立在正确认识矿区水文地质条件的基础上,勘探设计时应初步确定其计算方案,并在勘探过程中,随着对矿区水文地质条件认识的深化逐步修正和完善。

矿坑涌水量计算主要方法有比拟法、数理统计法、水均衡法、解析法(常用的大井法)、数值法[40]和物理模拟法等。应根据概化的矿区水文地质模型和所获得的各项水文地质参数情况选择,必须注意计算方法的使用条件,有条件时应采用几种方法计算和对比。对计算成果应进行详细评述,推荐作为矿山一期开拓水平疏干排水设计的矿坑涌水量,分析论证计算涌水量可能偏大或偏小的原因及矿床开采后矿坑充水因素和涌水量的变化。

在矿坑疏干过程中,当矿坑的涌水量包括其周围的水位降低呈现相对稳定的状态时,即可认为以矿坑为中心形成的地下水辐射流场基本满足稳定井流的条件。矿坑的形状极不规则,尤其是坑道系统,分布范围大,构成复杂的边界,要求将它理想化。在理论上可将形状复杂的坑道系统看成是一个大井在工作,而把不规则的坑道系统圈定的面积相当于大井的面积,整个坑道系统的涌水量就相当于大井的涌水量,从而可以近似应用裘布依的稳定流基本方程。这种方法,在矿坑涌水量预测中称为大井法。

应用数值法进行矿坑涌水量预测工作,是确定计算方案、检验计算精度、编写预测报告、制订相应的规划和设计的依据。数值法可用于矿井正常涌水量、矿井最大涌水量、各开采水平的涌水量、井筒和开拓坑道的涌水量及疏干工程或专门排水装置的涌水量的预测。常用的数值方法有有限单元法、有限差分法、边界元法、有限分析法等。根据实际条件选定算法后,必须简要说明该算法的计算过程、计算程序设计步骤以及计算程序框图。

根据生产部门的实际情况与要求制定几种预测方案,给定排水孔位置与个数,按不同方案进行水位预报,便于对比分析和选用最优方案。按照开采施工计划确定疏排水的期限及提前疏排时间,同时确定各控制点的水位降深。涌水量预测为一正演问题,需要反复修正水量,使各控制点的计算水位降达到设计要求,最终求取各预测方案下的涌水量,包括正常涌水量和最大涌水量。正常涌水量定义为以多年平均降水量和补给边界处平均水位、水量作为输入条件求得的涌水量。最大涌水量则为以最大年降水量和补给边界处最大水位和水量值作为输入条件求得的涌水量。

矿坑涌水量预测是一项重要而复杂的工作,是矿床水文地质勘探的重要组成部分。

对于矿床水文地质勘探阶段来说,主要是进行评价性的计算,以预测正常状态下矿坑涌水量及最大涌水量为主。至于开拓井巷的涌水量预测和专门性疏干工程的排水量的计算,由于与矿山的生产条件密切相关,一般均由矿山基建部门或生产部门承担。

11.2.5　矿坑排水环境影响分析

矿区地质环境类型可根据地质环境现状及矿床开采引起的变化分析确定。第一类为矿区地质环境质量良好,矿区附近无污染源,地表、地下水水质良好(Ⅰ、Ⅱ类),矿石和废石不易分解出有害组分。第二类为矿区地质环境质量中等,采矿可产生局部地表变形,但对地质环境破坏不大;区内无重大的污染源,无热害,地表水、地下水水质较好(不低于Ⅲ类),矿坑排水对附近水体有一定污染;矿石和废石化学成分基本稳定,无其他环境地质隐患。第三类为矿区地质环境质量不良,矿区水文地质、工程地质条件复杂,因采矿可带来严重的环境地质问题,如地面塌陷、山体开裂失稳、井泉干涸;有热害或矿坑排水以及矿石、废石有害组分的分解易造成对附近水体的污染,水体水质超过Ⅲ类标准。

应进行矿区水资源综合利用评价,即对矿坑排水应对其利用的可能性及可利用程度作出评价;矿区内有可供利用的供水水源时,应根据现有资料作出评价;矿区无可供利用的水源时,应在区域上指出供水方向;矿区内有地下热水时,应圈定热异常范围,大致查明热水的形成条件,估算热水量,测定其化学成分,分析热水开发利用前景;根据矿区水化学分析成果,研究赋存矿泉水的可能性;如果矿坑排水不能充分利用时,应分析矿坑排出的水量及水质对周边环境的影响。

在查明矿区地表水、地下水的物理性质、化学成分及其变化、卫生防护条件的基础上,应进行矿区水环境质量评价。结合勘察资料,进行环境地质评价。指出可能影响矿区安全的滑坡、崩塌、山洪泥石流等物理地质现象的危害,河流洪水危害及放射性和其他有害物质的分布及其对人身安全的影响。

11.3　水利水电工程

11.3.1　水库区

1. 勘察内容及方法

水库区勘察的目的与任务是:查明水库区水文地质条件,为工程设计提供依据;分析评价水库渗漏、浸没等有关的水文地质问题。

水库渗漏、浸没勘察的基本内容:地形地貌条件,重点是单薄地形分水岭、河间地块、古河道等以及临近库岸的农(林)作物区、建筑物区;地层岩性特征,隔水层、透(含)水层的空间分布及渗透性；地质构造发育特征、渗透性及其与库水的关系；地下水的类型及其补给、径流、排泄条件，地下水位及其动态变化，地下分水岭位置及高程；可能产生严重渗漏地段的位置及其渗漏条件；水库渗漏量的估算，水库渗漏问题的评价；土的毛管水最大上升高度、给水度、渗透系数，产生浸没的地下水临界深度和植物根系深度，对黄土类土还应注意研究其湿陷性；对城镇居民区和大型建筑物应了解其基础砌置深度及地下水壅高对地基土承载力的影响，预测由于浸没对该地段房屋等建筑物的影响及环境地质变化情况；水库蓄水后库尾淤高情况及引起的水文地质条件改变情况，对水库蓄水后引起的地下水位壅高值进行分析计算，对水库周边可能发生的浸没地段、范围及类型进行预测和评价。

水库渗漏、浸没勘察方法应包括水文地质测绘、物探、勘探、试验、地下水动态长期观测等。水文地质勘探方法可采用钻探、坑、槽、井探等探测技术。勘探方法要与勘察区地形地质条件相适应，以查明地下水类型、地下水位、水文地质单元的边界条件和参数为原则；勘探线的布置应垂直于地下分水岭或平行于地下水流向，勘探剖面应实测，勘探点布置应同时考虑地下水动态观测的成网需求；渗漏地段勘探剖面的间距一般为 2~5 km，水文地质条件复杂地段为 0.2~1 km。每条勘探剖面应布置不少于 3 个坑孔，钻孔深度一般应钻至可靠的相对隔水层或地下水枯水位或当地最低侵蚀基准面以下不少于 5 m；浸没地段勘探剖面间距农田地区宜为 500~2000 m，城镇地区宜为 200~500 m；剖面上坑孔间距宜为 300~500 m，岩相变化大、地下水坡降陡时孔距可为 50~200 m。试坑应挖到地下水位，钻孔深度应进入相对隔水层。浸没区所在的地貌单元不应少于两个控制钻孔，第一个控制孔应布置在靠近正常蓄水位的边线附近；勘探剖面之间可采用物探技术了解地下水位、相对隔水层或基岩埋深的变化情况。

2. 水库渗漏计算

水库不存在向邻谷渗漏问题具备的条件包括：非悬托式河流的邻谷河水位高于水库正常蓄水位；水库周边有连续、稳定、可靠的相对隔水层分布，构造封闭条件良好，且分布高程高于水库正常蓄水位；水库与邻谷之间存在地下水分水岭且高于水库正常蓄水位；或地下水分水岭虽低于正常蓄水位，但河间分水岭宽厚，经估算水库壅水后的地下水分水岭高于水库正常蓄水位。

当水库正常蓄水高于邻谷河水位，河间地块无地下水分水岭或地下水分水岭低于正常蓄水位，且正常蓄水位以下有通向库外的中等以上透水层；或当河水补给地下水、河流上下游流量出现反常情况、有明显的河水漏失现象时，可判定为存在水库渗漏问题。

水库渗漏量估算可采用解析法和数值模拟法，解析法的估算公式可参考有关规范和水文地质手册进行选择,数值模拟法应采用经鉴定的计算程序或软件。

可根据含水层类型选择相应的计算公式进行渗漏量的计算,一般可采用均质松散的渗漏计算公式。渗透系数的取得主要依靠现场钻孔(井)抽水试验、压水试验、注水试验以及动态观测分析。由于测试手段和对比计算方法的不同,结果往往相差较大,应对参数进行分析选取。

具体进行水库渗漏问题的评价时,应根据水文地质勘察资料作出水库是否存在渗漏的定性评价结论;根据库区渗漏量估算结果,作出库区渗漏严重程度的定量评价结论。当渗漏量小于河流多年平均流量的 3% 时为轻微渗漏,渗漏量在 3%~10% 时为中等渗漏,渗漏量大于 10% 时为严重渗漏。

3. 水库浸没评价

水库浸没评价应依据当地浸没临界值与潜水回水位埋深之间的关系确定。当预测的潜水回水位埋深值小于浸没的临界地下水位埋深时,该地区应判定为浸没区[21,32,41]。

水库易浸没地区包括:平原型水库的坝下游、顺河坝或围堤的外(背水)侧,特别是地面高程低于河床的库岸地段;山区水库宽谷地带库水位附近的松散堆积层,且有建筑物和农作物分布的区域;地下水位埋藏较浅,地表水或地下水排泄不畅;封闭、半封闭洼地或沼泽的边缘地带。

地下水壅高计算可采用解析法和数值模拟法。浸没区地层上部为透水性微弱的粘性土层,下部为透水性良好的砂砾石层时,宜结合水动力学原理进行计算。

计算中参数的选取非常重要,含水层厚度大、相对隔水层埋藏很深时,可按地下水壅高值的影响程度取有效厚度;壅水前的天然地下水位宜取枯水期或平水期水位作为原始水位;最终浸没范围预测时,地下水稳定壅水计算的起始水位应取正常蓄水位,水库库尾地区还必须考虑水位超高值;渗透系数的选取应符合有关规范的规定;数值模拟法所需的有关参数宜根据试验和地下水动态观测成果综合选取。

库岸区(阶地区)地下水与河库水之间通常有密切的水力联系。河库水位的变化,将会影响地下水位的变化。地下水位壅高计算是水利工程中库区浸没的重要工作之一,常用的解析法主要有以下几种。

1) 无入渗时均质岩层中的水位壅高

(1) 隔水底板水平,河岸陡直:

$$h = \sqrt{h_2^2 - h_1^2 + H^2}$$ (11.12)

(2) 隔水底板水平,河谷平缓开阔:

$$h = \sqrt{\frac{L'}{L}(h_2^2 - h_1^2) + H^2}$$ (11.13)

（3）隔水底板倾斜，按巴甫洛夫公式计算：

正坡（倾向河床）时：

$$h = \sqrt{\frac{z^2}{4} + H^2 + h_2^2 - h_1^2 + z(h_2 + h_1 - H)} - \frac{z}{2} \tag{11.14}$$

反坡时：

$$h = \sqrt{\frac{z^2}{4} + H^2 + h_2^2 - h_1^2 - z(h_2 + h_1 - H)} + \frac{z}{2} \tag{11.15}$$

式中，L、L'——计算断面距初始水边（h_1）、壅高后水边（H）的水平距离，m；

　　h_1、H——自隔水底板算起的河库初始水位、壅高后水位，m；

　　h_2、h——自隔水底板算起的计算断面初始地下水位、壅高后地下水位，m。

　　z——河库底部隔水底板与计算断面处的底板之差，m。

2）无入渗时非均质岩层中的水位壅高

（1）双层结构水平岩层，下部为 K_1 含水层，上部为 K_2 含水层，采用卡明斯基公式：

$$2K_1 M(h_2 - h_1) + K_2(h_2^2 - h_1^2) = 2K_1 M(h - H) + K_2(h^2 - H^2) \tag{11.16}$$

式中，h_1、H——河库初始水位、壅高后水位（自 K_1 顶板算起），m；

　　h、h_2——距河库水边为 L 处初始壅高前、壅高后地下水位（自 K_1 顶板算起），m；

　　K_1、K_2——下部含水层、上部含水层渗透系数，m/d；

　　M——下部含水层厚度，m。

（2）隔水底板水平，构造复杂的非均质岩层：

$$(K_1 h_1 + K_2 h_2)(h_2 - h_1) = (K_1' H + K_2' h)(h - H) \tag{11.17}$$

式中，h_1、H——河库初始水位、壅高后水位，m；

　　h、h_2——距河库水边为 L 处初始壅高前、壅高后地下水位，m；

　　K_1、K_1'——壅高前、壅高后江河底部岩层的平均渗透系数，m/d；

　　K_2、K_2'——壅高前、壅高后计算断面岩层的平均渗透系数，m/d。

（3）非均质岩层，隔水底板倾斜时，按斯卡巴拉诺维奇公式计算：

正坡（倾向河床）时：

$$h = \sqrt{\left(H - \frac{z}{2}\right)^2 + \frac{K}{K'} l' I(h_1 + h_2)} - \frac{z}{2} \tag{11.18}$$

反坡时：

$$h = \sqrt{\left(H - \frac{z}{2}\right)^2 + \frac{K}{K'} l' I(h_1 + h_2)} + \frac{z}{2} \tag{11.19}$$

式中，h_1、H——河库初始水位、壅高后水位，自隔水底板算起，m；

　　　h_2、h——计算断面初始地下水位、壅高后地下水位，自隔水底板算起，m；

　　　z——河库底部隔水底板与计算断面处的底板之差，m；

　　　K、K'——壅高前、壅高后河库底部与计算断面间岩层的平均渗透系数，采用
　　　　　　加权平均渗透系数，m/d；

　　　l'——计算断面到水边的距离，m；

　　　I——壅高前计算断面与起始断面间的水力坡度。

　　浸没的临界地下水位埋深，应根据地区具体水文地质条件、农业科研单位的田间试验观测资料和当地生产实践经验确定，也可按下式计算求得：

$$H_{cr} = H_k + \Delta H \tag{11.20}$$

式中，H_{cr}——浸没的临界地下水位埋深，m；

　　　H_k——地下水位以上土壤毛管水上升带的高度，m；

　　　ΔH——安全超高值，对农业区，该值即根系层的厚度；城镇和居民区，该值
　　　　　　取决于建筑物荷载基础形式和砌置深度，m。

　　根据水位壅高后的水位埋深和临界地下水位埋深的对比，即可以判定水库是否会发生浸没问题。

11.3.2　坝(闸)址区

1. 勘察目的与内容

　　勘察目的与任务是：查明坝(闸)址区水文地质条件，划分坝(闸)址区岩土体渗透结构类型，进行岩土体渗透性分区；分析评价坝(闸)址区可能存在的坝基及绕坝渗漏、渗透变形、坝基基坑涌水等主要水文地质问题，为水工建筑物和防渗、排水工程设计提供有关水文地质资料及建议[21,32]。

　　勘察内容主要包括：各透(含)水层和相对隔水层的岩性、厚度、渗透性及其空间分布规律，古河道的分布规律及其渗透性；褶皱、断层、软弱夹层、裂隙和岩体风化卸荷带的分布规律及其渗透性，尤其是集中渗漏带的分布特征及其与地表水的连通条件；地下水补给、径流、排泄关系，各含水层地下水位及其动态变化规律、地表水和地下水的水力联系；地表水和地下水的化学特性，环境水对混凝土的腐蚀性评价；水文地质边界条件，岩土体渗透结构类型，岩土体渗透性分区；重大工程坝基、坝肩岩体的各向异性渗透特征及其在高水头下的渗透性；对坝基及绕坝渗漏、渗透变形、坝基基坑涌水等水文地质问题进行分析评价，提出相应的工程处理建议；进行坝(闸)址区水文地质观测、施工期水文地质巡视及分析预报，提出对有关

问题的处理建议。

2. 主要勘察方法

勘察方法主要包括水文地质测绘、水文地质物探、水文地质钻探、水文地质试验、水文地质观测与巡视等。水文地质钻探应结合坝(闸)址区工程地质钻探进行,勘探剖面线应根据坝(闸)址区具体水文地质条件并结合渗控工程设计方案布置;专门性勘探钻孔的数量、间距及深度可根据具体需要确定。钻探过程中应注意观测和记录冲洗液消耗量,含水层初见及稳定水位,承压含水层自流钻孔涌水量及稳定水位、水温等内容;并注意钻进中出现的掉钻、孔壁坍塌、缩径、涌砂等现象。

水文地质试验应按下述要求进行:对坝基第四纪覆盖层中的主要含水层宜进行抽水试验,各主要含水层的抽水试验不应少于3组,其中对水文地质条件复杂的工程区各主要含水层宜布置至少一组多孔抽水试验。当含水层透水性较小不适于进行抽水试验时,亦可进行钻孔注水试验;坝基、坝肩及防渗帷幕线上的基岩钻孔应进行压水试验或注水试验,其他部位的钻孔可根据需要确定;坝高大于200 m时,宜进行高压压水试验;当需要评价岩体各向异性渗透性时,宜进行定向压水试验;对强透水的大断层破碎带、裂隙密集带等集中渗漏带应视具体情况进行抽水试验或压水、注水试验。必要时亦可进行连通试验。

3. 水文地质问题分析

(1) 坝基及绕坝渗漏问题

应根据地形地貌条件、库水与河谷两岸地下水的补排关系、坝基与坝肩岩土层渗透性及其分布组合特征、地质构造发育及分布特征等,对坝基及绕坝渗漏问题进行综合判定。

符合下列情况之一的坝(闸)址区,可判为存在较严重的坝基或绕坝渗漏问题:坝基或坝肩分布有强透水岩土层,且透水层未被相对隔水层阻隔;坝基或坝肩分布有沟通上下游的断层破碎带、裂隙密集带、层间剪切破碎带、风化卸荷带、古河道等集中渗漏通道;坝肩山体单薄,无地下水分水岭或地下水分水岭低于水库正常蓄水位,且无封闭条件良好的相对隔水层存在。

坝基及绕坝渗漏量的估算应符合以下原则:应在分析坝基及坝肩水文地质条件的基础上,正确判定渗漏形式,划分岩土体渗透结构类型,确定各水文地质分区、分段渗透参数及计算边界条件;坝基及绕坝渗漏量的估算可视具体条件采用地下水动力学法或数值模拟法进行。

（2）坝基基坑涌水问题

坝基基坑涌水问题评价应在综合分析基坑水文地质条件及其补给条件的基础上进行，主要内容包括：各含水层及相对隔水层性质、厚度、分布特征，地下水位及其动态变化，含水层渗透性及其补给条件等；基坑规模、位置、底部高程、设计水位降深、挡水建筑物抗渗特点、拟采用的防渗措施等；基坑上下游水位及其动态变化，坝基基坑涌水量估算可视具体条件采用地下水动力学法或数值模型法进行。

（3）坝基土渗透变形问题

坝基土渗透变形问题评价应在查明坝基透（含）水层和相对隔水层的岩性、颗粒组成、厚度变化和空间分布，以及断层、破碎带的分布、规模、产状、性状、岩土渗透性等情况的基础上进行。

4. 坝址渗漏量计算

按发生部位，坝址渗漏可分为坝基渗漏和绕坝渗漏。绕坝渗漏亦称坝肩渗漏，指绕道两岸坝肩岩体向下游的渗漏[21,32,41]（图 11.1）。

坝肩渗漏可以采用如下公式计算。

潜水，均一渗漏，水平隔水层：

$$Q = 0.366 KH(H_t + h_t) \lg \frac{B}{r_0} \quad (11.21)$$

承压水，均一渗漏，水平隔水层：

$$Q = 0.732 KHM \lg \frac{B}{r_0} \quad (11.22)$$

$$Q_i = b_i KM \frac{H}{l_i} \quad (11.23)$$

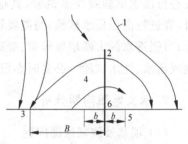

图 11.1　绕坝渗漏示意图

1—天然水流线；2—坝轴线；3—水库；
4—绕渗带；5—下游；6—坝

承压水近似，渗漏段长度不详：

$$Q = 2KHM \quad (11.24)$$

式中，Q——渗漏量，m^3/d；

　　K——含水层的渗透系数，m/d；

　　M——承压含水层的厚度，m；

　　H——潜水含水层的水位，m；

　　B——绕渗带的长度，m；

　　r_0——坝肩绕渗半径，m；

　　H_t、h_t——上游、下游的水位，m；

　　b_i——渗漏段宽度，m；

　　l_i——渗透路径长度，m。

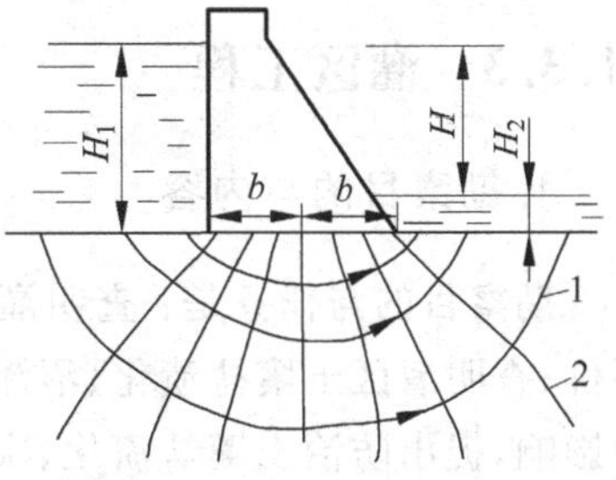

坝基渗漏指通过坝基岩土体向下游的渗漏（图 11.2）。坝基渗漏对工程可能产生的不利影响主要有：因渗漏而造成水库的水量损失，因渗透水流的潜蚀作用而影响坝基、岸坡岩体或覆盖层的稳定，因渗透压力而影响坝体或坝后建筑物的稳定。

坝基中存在渗漏通道是产生渗漏的首要条件。一般来说，经过开挖处理，除大断层破碎带外，坝基、坝肩的裂隙渗漏量过大，能影响工程状况使坝基岩体性质恶化、失稳。

坝基渗漏量可采用如下公式进行计算。

单一含水层，水平厚度不大：

$$q = KM \frac{H}{2b + M_1} \tag{11.25}$$

双层含水层，$K_1/K_2 < 1/10$，$M_1 < M_2$：

$$q = \frac{H}{\dfrac{2b}{K_2 M_2} + 2\sqrt{\dfrac{M_1}{K_1 K_2 M_2}}} \tag{11.26}$$

多层含水层，各层 K 值相差小于 10 倍：

$$q = K_{cp} M_1 \frac{H}{2b + M_1}$$
$$K_{cp} = \sqrt{K_1 K_v}, \quad 2b' = \frac{2b}{\sqrt{\dfrac{K_1}{K_v}}} \tag{11.27}$$

裂隙较大，地下水呈紊流时：

$$q = KM \sqrt{\frac{H}{2b + M}} \tag{11.28}$$

式中，q——单宽渗漏量，$m^3/(d \cdot m)$；

K——含水层的渗透系数，m/d；

K_{cp}、K_v——含水层平均及垂直渗透系数，m/d；

M——含水层的厚度，m；

b——坝基宽度之半，m；

H_1、H_2——大坝上、下游水头（水深），m；

H——大坝上、下游水头差，$H = H_1 - H_2$，m。

水库渗漏量一般不宜超过上游来水量的 5%。

图 11.2　坝基渗漏示意图
1—流线；2—等水头线

11.3.3　灌区工程

1. 勘察目的与内容

勘察目的与任务是：查明灌区水文地质条件；对灌区地下水资源进行计算与评价；查明灌区土壤盐渍化、沼泽化现状，分析由于农业开发对地下水环境所产生的影响，提出防治土壤盐渍化、次生沼泽化的建议[21,32]。

勘察内容：水文、气象、农田水利及水资源利用状况；区域水文地质条件及地下水资源量；灌区地形、地貌、地层岩性、地质构造和水文地质条件；主要含水层补给量、储存量和可开采量；根据灌区的发展与规划情况，分析预测潜水位变化趋势；土壤盐渍化的类型、程度及其分布特征；地下水与土壤的水盐动态平衡；分析确定土壤盐渍化的潜水临界深度和地下排水模数；提出地下水开发方式，以及防治土壤盐渍化、次生沼泽化等土壤改良措施的建议。

2. 勘察方法

灌区水文地质勘察应在水文地质条件复杂程度分类的基础上进行。灌区水文地质条件复杂程度可划分以下 3 类。

简单：地下水含水层（组）层次少，分布稳定，地下水补给、径流、排泄条件简单，含水层条件清楚，潜水埋藏较深，水化学类型单一，水质较好，土壤无盐渍化。

中等：地下水含水层（组）层次较少，分布较稳定，地下水补给、径流、排泄条件较简单，含水层边界条件较清楚，潜水埋藏较浅，水化学类型较复杂，部分地区有土壤盐渍化现象。

复杂：含水层属多层结构，分布不稳定，地下水补给、径流、排泄条件与边界条件复杂，潜水埋藏浅，水化学类型复杂，土壤盐渍化现象普遍。

收集灌区水文、气象、水文地质、水利工程现状，土地开发利用现状及水资源开发利用现状资料。

水文地质测绘范围应根据灌区面积和所处水文地质单元确定，水文地质测绘可与水文地质遥感解译结合进行，主要包括下列内容：地貌的形态、成因类型和新构造运动特征；地层的成因类型、产状、厚度及分布范围，不同地层的透水性、富水性及其变化规律；地质构造类型、规模、等级和不同构造部位的富水性；区内地表水系水体的特征，天然排泄与蓄水条件，地表水与地下水的补排关系；水井的类型、结构、水量、水位、水质、开采量及其动态变化；泉水的水质、水量、出露条件、成因类型、补给来源和动态变化；盐渍土的类型、程度、成因发展过程与分布规律，及其与自然和人为因素的关系；包气带地层的水理性质、渗透性、毛管水上升高度、给水度、土壤盐渍化的潜水临界深度；了解地下水水化学成分的变化规律及地下水污染的来源、危害程度，划分地下水的水化学类型。

水文地质物探方法的选择应根据水文地质条件、探测目的、物性特征等因素按有关规范的规定执行。物探工作点线应沿地质、水文地质条件变化最大的方向布置，并宜与水文地质勘探线一致。对于复杂问题和重点水文地质勘察地段，宜采用综合物探方法。

水文地质勘探方法应符合下列规定：每个地貌单元应有坑、孔控制，勘探点、线、网相结合，并应结合地下水和土壤水水盐动态均衡长期观测的需要；地下水资源勘察的钻孔以深孔为主，其布置宜在水文地质测绘和物探工作的基础上进行，孔深应能够确定主要含水层的埋深、厚度，并考虑深层承压水的越流补给条件；土壤改良勘察以浅孔为主，孔深应达到潜水位以下 5～10 m。

水文地质试验中的抽水试验包括民井简易抽水试验和勘探孔抽水试验。民井简易抽水试验以稳定流抽水试验为主，勘探孔抽水试验以带观测孔的抽水试验为主。必要时，还可进行干扰抽水试验或开采性抽水试验。

试坑注水试验应在不同地貌与水文地质单元中，选择代表性岩性地段或综合岩性段进行，测定包气带地层在天然状态下的垂直渗透系数，注水试验注水稳定后，应延续 2～4 小时方可结束试验。

对地表水和地下水进行水质简分析和专项分析，试验应符合《地下水质量标准》(GB/T 14848—1993)、《农田灌溉水质标准》(GB 5084—2005)、《地表水环境质量标准》(GB 3838—2002) 和《生活饮用水卫生标准》(GB 5749—2006) 的有关规定。

土样试验包括颗分、密度、天然含水量、毛管水上升高度试验、土壤化学成分简分析和易溶盐含量试验。土壤易溶盐含量试验应垂直分层取样，取样深度宜分别为 0～0.3 m、0.3～0.5 m、0.5～1.0 m、1.0～1.5 m、1.5～2.0 m、2.0 m 至地下水位。

根据需要还可进行咸水利用改造试验、盐渍化土壤改良试验等专门性试验。

对地下水和土壤的水盐动态进行观测，动态观测应符合下列规定：观测点应包括勘探坑、孔、井、泉等地下水露头和地表水体；观测线应结合潜水面的形态和主要水文地质问题布置，应与地下水流向一致；观测网应在观测点、线的基础上，根据地形、地貌、水文地质条件和土壤盐渍化特征，结合灌区现状和发展规划；地下水和土壤水盐动态观测项目应包括水位、水温、水量、水化学成分、土壤含盐量；观测频次可为 2～3 次/月，观测时间不宜少于一个水文年。

3. 土壤盐渍化评价

土壤盐渍化评价应符合《水利水电工程地质勘察规范》(GB 50287)的有关规定。

盐渍化类型划分可以根据土壤阴离子毫摩尔比值划分土壤盐渍化类型,也可以根据土壤含盐量进行土壤盐渍化程度分级,还可根据干旱荒漠地区耐盐性较强作物生长区土壤盐渍化程度进行分级。

11.3.4 渠道工程

1. 勘察目的与内容

勘察目的与任务是:查明渠道沿线的水文地质条件;分析和评价渠道渗漏、浸没等水文地质问题,提出预防及处理建议。

主要勘察内容:渠道沿线地形、地貌,地层岩性,岩土体的渗透性,可溶岩地区喀斯特赋水特征;傍山渠道沿线岩土体、构造赋水特征及对边坡稳定的不利影响;渠道沿线地下水类型、地下水位及其动态变化,地下水与地表水水力联系,环境水对混凝土的腐蚀性;对渠道、渗漏引起的浸没及盐渍化、渠道开挖涌水等问题进行分析评价,预测渠道运行期间两侧水文地质条件的变化及其对工程和环境的影响。

2. 勘察方法

渠道水文地质测绘的范围以渠道为中心线向两侧延展,测绘范围包括渠道两侧宽度各 200～500 m;对可能渗漏、浸没的地段,可适当扩大测绘范围。

水文地质物探方法选择应按规范的规定进行。

水文地质勘探应结合工程地质勘察在可能出现渗漏、浸没、涌水的渠道段布置纵横勘探剖面,且靠近渠道边缘应有钻孔控制;钻孔深度应达到渠底以下 5～10 m 或地下水位以下 5～10 m,控制性钻孔深度宜达到相对隔水层;钻探中应观测初见水位和静止水位。

渠道水文地质试验宜采用现场试验与室内试验相结合的方式进行。室内试验内容应主要包括岩土的渗透系数、饱和度、土的毛管水上升高度、土壤含盐量和水化学成分等。主要岩土层试验组数累计应不少于 5 组。对与渠道相关的主要含水层宜进行抽水试验。对位于地下水水位以上的透水层或透水性较小的含水层,亦可视具体情况进行钻孔注水试验或渗水试验,必要时可布置地下水长期观测工作。

3. 主要水文地质问题评价

如果渠基为相对不透水岩土层或周围地下水位高于渠道设计水位,可判定为渠道不存在渗漏问题。如果渠基为透水层或渠道设计水位高于地下水位,可判定渠道存在渗漏问题。渠道渗漏量计算可采用类比法和计算法。

渠道两侧地下水位壅高计算及渠道浸没问题评价,可参考水库区的计算及评价方法。

渠道开挖涌水问题评价应在综合分析渠道水文地质条件及其地下水补给条件的基础上进行,主要内容包括:各含水层性质、厚度、分布特征,地下水位及其动态变化,含水层渗透性及其补给条件等;渠道规模、渠底板高程、渠道开挖方式等;渠道开挖涌水量估算可视具体条件采用地下水动力学法或数值模型法进行。

11.3.5　堤防工程

1. 勘察目的与内容

勘察目的与任务是:查明工程场区的水文地质条件,为堤防工程设计提供水文地质资料;对可能产生的水文地质问题作出评价,提出预防及处理的地质建议[21,32]。

勘查内容包括:堤基地质结构,地层岩性,岩土体透水性,基岩区断层破碎带、裂隙密集带的发育特征,堤基相对隔水层和透水层的埋深、厚度、特性及其与地表水的水力联系;堤线附近埋藏的古河道、古冲沟、渊、潭、塘等的分布与性状特征,堤基土洞、岩溶洞穴的分布、规模及充填情况,分析其对堤基渗漏、稳定的影响;已建堤防自建成以来所产生的渗漏、渗透稳定等情况;地下水补给、径流、排泄条件,各含水层地下水位及其动态变化规律,井、泉分布及水位、流量变化规律,地下水、地表水化学特性及其对混凝土的腐蚀性;对堤基渗漏、渗透稳定等问题进行分析评价,提出工程处理建议。对采用垂直防渗的堤段应预测其对环境水文地质条件的影响。

2. 勘察方法

水文地质测绘应符合下列规定:水文地质测绘的比例尺应符合规范的有关规定;水文地质测绘范围应以能满足水文地质评价为原则,一般情况下以堤内500~1000 m、堤外500 m为宜。对水文地质条件复杂且可能影响水文地质评价的地段以及控导、护岸等距堤防一定距离的工程地段,应适当扩大测绘范围。

水文地质物探应根据工程区水文地质条件和探测目的选择合适的方法进行,并应符合规范的规定。

水文地质勘探应结合堤防区工程地质勘探进行,每一水文地质单元均应有勘探剖面控制;水文地质勘探方法应与测试内容、试验项目相适应;所有勘探点均应量测初见水位、终孔稳定水位。必要时,进行分层止水后的稳定水位观测。

　　水文地质试验应根据具体的水文地质条件确定采用室内试验及抽水试验、注水试验、压水试验等适宜的原位试验方法;主要透水层室内渗透性试验组数不宜少于6组,原位试验组数不宜少于3组;必要时可提出建立地下水长期观测系统的建议。

　　3. 水文地质问题评价

　　堤基土渗透变形问题评价应包括堤基土渗透变形类型,提出渗透变形允许水力比降。堤基渗漏问题评价应在分析堤基水文地质条件的基础上,正确判定渗漏形式、层位、范围,合理确定计算边界条件;堤基渗漏量的估算可视具体条件采用地下水动力学法或数值模拟法进行。

11.4　隧道(隧洞)工程

11.4.1　隧道(隧洞)水文地质勘察

　　隧道(隧洞)勘察的目的与任务是:查明地下洞室区的水文地质条件,为工程设计和施工提供水文地质资料及处理建议;预测地下洞室区可能的涌水量、外水压力分布、突水突泥等问题,分析评价工程活动对当地水文地质环境的影响[32,43,44]。主要勘察内容包括:地层岩性,岩层产状,地质构造,主要断层、破碎带、裂隙密集带的空间分布、规模、性状、组合关系及其与地表溪沟的连通情况;岩(土)层透水性,含水层、汇水构造、强透水带的分布、埋藏条件及其富水性;洞室地段岩溶发育规律,主要洞穴的发育层位、规模、连通与充填情况、富水性;地下水位、水温、水压,地下水动态变化特征,地下水补给、径流和排泄条件,地下水与地表水的水力联系;地下水的化学特性及其对混凝土的腐蚀性;预测涌水和突泥的可能性及对围岩稳定和环境水文地质条件可能的影响,估算最大涌水量;预测可能的外水压力。

　　隧道(隧洞)勘察方法包括水文地质测绘、物探、钻探、试验、观测及巡视等。水文地质测绘范围宜包括拟建洞线两侧各300～1000 m宽度,对于深埋长隧洞应根据需要适当扩大。地下洞室水文地质勘探应结合工程区的工程地质勘察进行,专门性水文地质勘探剖面及勘探点的间距宜根据具体需要确定;钻孔的深度以进入拟定洞室底板高程以下10～30 m为宜。水文地质试验应符合下列规定:对洞室穿越的松散层中的各主要含水层应进行抽水试验,试验组数不应少于3组;基岩钻孔在地下水位以下孔段宜进行压水试验或注水试验;当隧洞内水压力超过300 m水头时,应进行高压压水试验,试验组数不宜少于3组;当需要评价岩体各向异性渗透性时,宜进行定向压水试验。地下水动态观测应利用井、泉及已有的钻孔、洞室等进行,观测内容应包括水位、水温、水化学、流量等,观测时间宜延续一个水文年以上。施工期水文地质观测内容应包括:开挖过程中的地下水出渗情况、洞室的排水量以及施工期洞室周围的地下水位变化情况。

隧道(隧洞)水文地质巡视应侧重于以下内容:洞室内地下水的出渗位置、高程、涌水量、水头、水温、颜色、气味、携出物、溶蚀和沉淀情况以及附近地表水体水位、原观测孔中的地下水位变化等。对岩体中的隧洞,应注意地下水沿断层、节理、软弱夹层、岩溶通道的活动情况;对松散层中的隧洞,应注意管涌、流土等渗透变形情况;施工过程中防渗、排水工程出现的钻孔塌孔、漏浆、串浆、涌水等异常现象。

11.4.2　隧道涌水量计算

当隧洞(或地下洞室)穿越富水地层或其他储水构造,或穿越富水的断层带、节理密集带或其他构造破碎带,或穿越充水岩溶洞穴、地下暗河等岩溶通道,可判定为存在隧道(或地下洞室)涌水问题。

地下洞室的涌水量可根据具体情况选用下列方法计算,并宜采用不同计算方法进行相互验证。对于开挖工程集中的地下洞室系统,如地下厂房等,可采用大井法进行计算。当地下洞室系统含水层各个方向上的透水性或补给条件差别很大时,宜将工程周围分成若干扇形地段,然后根据辐射流公式,分段计算出洞室的涌水量。

潜水计算公式:

$$Q = \frac{K(b_1 - b_2)}{\ln b_1 - \ln b_2} \times \frac{h_1^2 - h_2^2}{2L} \tag{11.29}$$

承压水计算公式:

$$Q = \frac{KM(b_1 - b_2)(H_1 - H_2)}{(\ln b_1 - \ln b_2)L} \tag{11.30}$$

式中,Q——地下洞室区流向地下洞室的水量,m^3/d;

　　M——扇形区段内承压水含水层的平均厚度,m;

　　K——扇形区段内承压水含水层的平均渗透系数,m/d;

　　h_1、H_1、b_1——上游计算断面潜水层厚度、承压水位和计算断面宽度,m;

　　h_2、H_2、b_2——下游计算断面潜水层厚度、承压水位和计算断面宽度,m;

　　L ——上、下游断面之间的平均距离,m。

当隧洞通过潜水含水体时,可用下列公式预测隧洞最大涌水量。

(1) 古德曼公式

$$Q_0 = L \frac{2\pi KH}{\ln \frac{4H}{d}} \tag{11.31}$$

式中，Q_0——隧洞通过含水体时的最大涌水量，m^3/d；

$\quad$ K——含水体渗透系数，m/d；

$\quad$ H——静止水位至洞身横断面等价圆中心的距离，m；

$\quad$ d——洞身横断面等价圆直径，m；

$\quad$ L——隧洞通过含水体的长度，m。

（2）佐藤邦明非稳定流公式

$$q_0 = L\frac{2\pi mKh_2}{\ln\left[\tan\dfrac{\pi(2h_2 - r_0)}{4h_c}\cot\dfrac{\pi r_0}{4h_c}\right]} \tag{11.32}$$

式中，q_0——隧洞通过含水体地段的单位长度最大涌水量，$m^3/(s\cdot m)$；

$\quad$ m——换算系数，一般取 0.86；

$\quad$ K——含水体渗透系数，m/s；

$\quad$ h_2——静止水位至洞身横断面等价圆中心的距离，m；

$\quad$ r_0——洞身横断面等价圆直径，m；

$\quad$ h_c——含水体厚度，m。

当新建隧洞附近有水文地质条件相近的已有隧洞时，可采用水文地质比拟法预测隧洞涌水量。

正常涌水量可以采用水均衡法计算。当越岭隧道通过一个或多个地表水流域时，预测可采用地下径流深度法和地下水径流模数法。

地下水径流模数法预测隧洞正常涌水量的计算公式为

$$Q_s = MA \tag{11.33}$$

$$M = Q'/F \tag{11.34}$$

式中，Q_s——隧道通过含水体地段的正常涌水量，m^3/d；

$\quad$ M——地下径流模数，$m^3/(d\cdot km^2)$；

$\quad$ Q'——地下水补给的河流的流量或下降泉流量，采用枯水期流量计算，m^3/d；当地下洞室水文地质条件复杂、边界条件比较明确时，可采用数值模拟法计算地下洞室涌水量；

$\quad$ F——与 Q' 的地表水或下降泉流量相当的地表流域面积，km^2；

$\quad$ A——隧道通过含水体地段的集水面积，km^2。

地下径流深度法的计算公式为

$$Q_s = 2.74hA \tag{11.35}$$

$$h = P - R - E - S_s$$

$$A = LB$$

式中，Q_s——隧道通过含水体地段的正常涌水量，m^3/d；

　　h——年地下径流深度,mm;

　　A——隧道通过含水体地段的集水面积,km^2;

　　P——年降水量,mm;

　　R——年地表径流深度,mm;

　　E——某流域年蒸发蒸散量,mm;

　　S_s——年地表滞水深度,mm;

　　L——隧道通过含水体地段的长度,km;

　　B——隧道涌水地段 L 长度内对两侧的影响宽度,km。

　　隧道正常涌水量还可采用狭长水平廊道法进行预测,公式为

$$Q = \sum_{i=1}^{n} Q_i = B_i K_i \frac{H_i^2}{R_i} \tag{11.36}$$

式中,Q——隧道涌水量,m^3/d;

　　Q_i——隧道 i 分段涌水量,m^3/d;

　　B_i——隧道 i 分段长度,根据隧道地形地貌、埋深、围岩及水文地质条件进行分段,m;

　　K_i——i 分段渗透系数,采用钻孔抽水试验资料取得或采用经验数据,m/d;

　　H_i——i 分段水柱高度,为地下水水位至隧道设计路面之间的平均高度,m;

　　R_i——i 分段影响半径,采用潜水公式 $R=2H_i$ 计算,m。

11.4.3　隧道外水压力及突泥评价

　　地下洞室外水压力问题评价应根据地质和水文地质条件确定。当地下洞室位于地下水位以下,并且隧洞本身为不透水隧洞或隧洞的透水量小于补给水量时,可以判定为存在外水压力问题;地下洞室的外水压力的估算应综合考虑地下水的静力学特性和动力学特性,当动力学特性不易确定时,可按有关规范的规定进行评价。

　　地下洞室突泥问题评价亦应结合地质和水文地质条件进行。当地下洞室位于松散含水层中,或地下洞室穿越饱水断层破碎带或其他构造破碎带地段,或地下洞室穿越充填型岩溶洞穴、地下暗河等地段,可判定存在地下洞室突泥问题。突泥量的大小可在综合考虑松散饱水体性质、规模、地下水活动特征等影响因素的基础上进行定性判定。

11.5　地热资源勘察

　　地热资源勘察评价的重点是:在查明地热地质背景的前提下,确定地热田或地热资源可开发利用的地区及合理的开发利用深度;查明热储的岩性、空间分布、

孔隙率、渗透性及其与常温含水岩层的水力联系密切程度；查明盖层的岩性、厚度变化情况及其地热增温率；查明地热液体的温度、状态、物理性质与化学组分，并对其利用方向作出评价；查明地热液体动力场特征、补给排泄条件；计算评价地热资源及其储量，提出地热资源可持续开发利用的建议。

11.5.1　地热资源的调查研究

（1）地质研究

研究地热田的地层、构造、岩浆（火山）活动及地热显示等特点，确定热储、盖层、控热构造及热储类型，依据地热田类型的不同确定勘察工作的重点；对地热田周边及相关地区应进行必要的地质调查和地球物理、地球化学勘察，研究地热田形成的地质背景及地热流体的补给来源和循环途径；查明地热田的范围、热储层、盖层、地热流体通道及地热田的边界条件，确定地热田的地质模型。

（2）地温场研究

查明地热田不同阶段、不同深度的地温变化，研究勘察深度内的地温特征、地热田范围，并对热田成因、控热构造、热源作出分析推断。利用地球化学温标估算热储温度，预测地热田的开发潜力。

（3）热储研究

查明各热储的岩性、厚度、埋深、分布、相互关系及其边界条件，测定各热储的空隙率、有效空隙度、弹性释水系数、渗透系数、压力传导系数等参数，为地热资源/储量计算提供依据；详细研究主要热储或近期具有开发利用价值的热储的渗透性、地热流体的产量、温度、压力及其变化。

（4）地热流体研究

查明地热流体的相态、排放时的汽水比例（蒸汽干度）、不凝气体成分，为地热资源的开发与环境影响评价提供依据；测定地热流体的物理性质、化学成分、微生物含量、同位素组成、有用组分及有害成分，评价地热流体的可能利用方向；测量各地热井（孔）地热流体的压力、产量，研究不同热储间地热流体的相互关系，分析地热流体的来源、储集、运移、排泄条件；研究地热流体的温度、压力、产量及化学组分的动态变化。

11.5.2　储量计算原则

地热田储量计算应建立在地热田的综合分析研究基础上，一般包括地热能与地热流体的可开采量计算。地热能与地热流体可开采量的计算，应在分别计算热储的固体与流体体积中储存的地热能与地热流体储存总量、天然补给量的基础上进行。对于地表有地热流体排放、地热显示强烈的地热田，可计算天然排放的地热流体量和地热能作为天然补给量的下限。

（1）热储面积和厚度的确定：普查阶段可根据地面测绘、物化探资料分析推定；详查阶段、勘探阶段应结合岩心、岩屑录井、简易水文观测、地球物理测井以及水热蚀变等资料确定。

（2）温度梯度和渗透率的要求：确定热储体积时，热储盖层的平均地温梯度应不小于 3℃/100 m 或 1000 m 深度以下获得的地热流体温度不低于 40℃。热储层的渗透率不应小于 0.05 μm^2。也就是说，小于 3℃/100 m 和 0.05 μm^2 的岩体不应作为热储加以计算。

（3）热储温度的确定：一般根据钻孔实测温度，按算术平均或加权平均温度计算。

（4）热储地热能采收率确定：应根据热储的岩性、有效孔隙度、热储温度以及开采回灌技术条件合理确定。对于松散孔隙热储，其孔隙率大于 20% 时，采收率可取 25%；岩溶裂隙热储采收率可取 15%～20%；固结砂岩、花岗岩、火成岩等裂隙热储，采收率可取 5%～10%。

（5）岩石的各种物性参数的确定：如密度、比热、热导率和孔隙度等，应采取试样实际测定。普查阶段可按经验值确定。

（6）地热流体计算参数的确定：主要计算参数包括：导水系数（T）、渗透率（K）、压力传导系数（a）、给水度（μ）、储水系数（μ^*）及越流系数 K'/M' 等。

上述参数在普查阶段可根据单孔试验确定，详查阶段主要根据多孔试验确定，勘探阶段主要通过群孔流量试验资料计算确定。若热田具有较长期的动态监测资料，应通过这些资料反求上述有关计算参数。

11.5.3　地热资源的评价

地热资源类型不同，其计算方法也不相同。我国已发现的地热资源类型有沉积盆地型、断裂（裂隙）型和近期岩浆活动型 3 种。

1. 热储法

热储法，又称体积法，实际上就是估算开采热储层体积（可开采深度的岩石和水）内存储的热量。这是一种常用的比较简便的方法，不但适用于非火山型地热资源量的计算，也适用于与近期火山活动有关的地热资源量计算；不仅适用孔隙型热储，也适用于裂隙型热储。公式如下：

$$Q_R = \bar{C}Ad(t_r - t_j) \tag{11.37}$$

$$\bar{C} = \rho_c c_c(1 - n) + \rho_w c_w n \tag{11.38}$$

式中，Q_R——地热资源量，kJ；

A——热储层面积，m^2；

d——热储层厚度，m；

t_r——热储温度，℃；

t_j——基准温度，即当地地下恒温层温度或年平均气温，℃；

$\bar{C}$——热储岩石和水的平均热容量，$kJ/(m^3 \cdot K)$；

ρ_c、ρ_w——岩石、水的密度，kg/m^3；

c_c、c_w——岩石、水的比热容，$kJ/(kg \cdot K)$；

n——岩石的孔隙度，%。

将式(11.38)代入式(11.37)得

$$Q_R = Ad[\rho_c c_c(1-n) + \rho_w c_w n](t_r - t_j) \tag{11.39}$$

用热储法计算出的资源量不可能全部被开采出来，只能开采出一部分，两者的比值称为采收率，以下式表示：

$$R_E = Q_{wh}/Q_R \tag{11.40}$$

式中，R_E——采收率；

Q_{wh}——开采出的热量，即从井口得到的热量，kJ；

Q_R——埋藏在地下热储中的地热资源量，kJ。

由于采收率的大小对地热资源评价影响很大，在某些水热对流系统中，R_E 可能达到 25%，但是，在多数自然系统中，这个系数要低得多。在无裂隙不透水岩石中，这个系数可减少到零。

从地质时期来看，地热能是可再生的。但是就人类和工业时期考虑，譬如在 100 年之内，地热能是否可以再生就不一定。再补给的模式主要有 3 种：①通过侧向的水流把区域热流运移到热源体中；②从地下邻近的侵入体经过热传导的热能；③通过水流把热储围岩的热集中起来。这几种模式对有些热储，补给很少或很慢，甚至基本上没有补给，用一点少一点，这就与有较好补给条件的热储相差甚大。所以是否有补给对地热资源的评价至关重要。

2. 自然放热量推算法

自然放热量推算法又称地表热流量法，是初步评价地热资源量的一种花费较小、简易可行的方法。在天然状态下，地球内部的热量通过热传导和对流，并以温泉、喷气孔等形式释放的热量称为自然放热量或天然放热量。用从地表测量获得的放热量来推算地下储藏的热量，是假定地下热量与自然放热量有成比例的倍数关系。但是这种倍数从几倍到一千倍都有。所以用自然放热量推算地热资源量是一种粗略的估算办法。但是在进行地热资源规划时，特别在钻探深孔前的普查阶段，仍不失为一种较好的办法。计算公式如下：

$$Q_z = Q_d + Q_k + Q_h + Q_g + Q_p \tag{11.41}$$

式中，Q_z——计算区的总放热量，kJ/s；

$\quad Q_d$——从热传导求出的放热量，kJ/s；

$\quad Q_k$——从喷气孔求出放热量，kJ/s；

$\quad Q_h$——从河流求出的放热量，应扣除温泉水流入河中的流量，kJ/s；

$\quad Q_g$——从温泉求出的放热量，kJ/s；

$\quad Q_p$——从冒气地面求出的放热量，kJ/s。

式(11.41)比较全面地表达了一个地热区所要测量的内容。

3. 水热均衡法

水热均衡法主要通过一个汇水区(热水盆地或山间盆地)内的水热均衡计算，了解地下深部水热储存量和汇水区外水热补给情况。这种方法对山区裂隙水、盆地比较适用。

水热均衡法的基本原理就是在一个汇水区内，水的收入量应该等于水的支出量。以此平衡关系求得深部的热水量及地下补给水量。水的收入量有降水量 Q_{vs} 和深部的热水量及地下水补给量 Q_{vr}。水的支出量有温泉水量 Q_{vq}、河水流出量 Q_{vh} 和实际蒸发量 Q_{vz}。根据水的收入量与水的支出量相等，则有

$$Q_{vs} + Q_{vr} = Q_{vq} + Q_{vh} + Q_{vz}$$

因此，深部的热水量及地下补给水量为

$$Q_{vr} = Q_{vq} + Q_{vh} + Q_{vz} - Q_{vs} \tag{11.42}$$

热均衡法与水均衡法相似，在一个汇水区内，热收入量应等于热支出量。热收入量有阳光照射量 Q_y、大地热流量 Q_d 和地热异常区热储存量 Q_r。热的支出量有向大气散发的热量 Q_f 和温泉等热显示点的放热量 Q_g。根据热的收量与热的支出量相等，有

$$Q_y + Q_d + Q_r = Q_f + Q_g$$

因此，地热异常区热储存量为

$$Q_r = Q_f + Q_g - Q_y - Q_d \tag{11.43}$$

水热均衡法建立在长期动态观测的基础上。特别是在山区，热储厚度、分布以及有关参数不清楚的情况下都可以使用。

4. 类比法

类比法又称比拟法，即利用已知地热田的地热资源量，去推算地热地质条件相似的地热田的地热资源量。

地热资源的开采是有限的，特别是当前最常见的以开采地下热水型的地热田，

如果勘探工作不足,热储研究不够充分,资源评价精度不高或过量开采、只采不灌,势必造成地下水水位持续下降,使地热资源不能够得到持续的开发利用。同时,也需注意的是,在进行地热资源开发利用时应注重对环境的保护。地热弃水中含有的有害成分会不同程度地对周围环境造成污染,过度开采会造成地面沉降等后果,含有的大量硫化氢等有害气体会对大气造成污染,因此,在地热开发中必须注意其污染问题。

11.6　环境水文地质勘察

环境水文地质调查内容包括:包气带岩性、结构、厚度及防渗隔污性能,含水层的岩性组成、厚度、渗透性和富水性,隔水层的岩性、结构、厚度、连续性,地下水类型、水动力特征和开发利用状况,集中供水水源地和水源井的分布情况、水井结构、地质剖面,卫生防护情况,有无地下水开采引起的不良环境水文地质问题及其影响程度和分布情况等。

环境水文地质勘察应根据环境水文地质条件复杂程度和环境水文地质问题的性质,分别采用遥感、钻探、物探、坑探以及水土化学分析和室内外测试、试验等手段开展调查工作。其中环境水文地质试验除常规水文地质试验外,常用浸溶试验、土柱淋滤试验、弥散试验等。

11.6.1　地下水污染

在《水文基本术语和符号标准》(GB/T 50095—98)中,水污染是由于人为或天然因素,污染物进入水体,引起水质下降,使水的使用价值降低或正常功能丧失的现象;地下水污染是指污染物沿包气带竖向入渗,并随地下水流扩散和输移导致地下水体的污染的现象[45]。

地下水污染是在人类活动影响下地下水水质变化朝着水质恶化方向发展的现象。由于人类活动使地下水的物理、化学和生物性质发生恶化,因而限制了地下水的正常应用。

地下水污染具有隐蔽性和难以逆转性的特点。隐蔽性表现在某些组分含量少但危害大,对人类和人体的影响为慢性的长期作用,不易觉察;难以逆转性是指地下水一旦受到污染,便很难治理及恢复[46]。

1. 地下水污染源和污染物

污染物是指引起环境(包括大气、地表水、地下水、土壤等)污染的物质。污染物的来源称为污染源。

从不同的角度对污染源进行分类研究,便于掌握地下水污染的特征、运动规律和采用相应的治理措施。按产生污染物的部门或活动,可将污染源分为工业污染源、生活污染源、农业污染源等;按污染源的空间分布特征,可将其分为点状污染源、线状污染源和面状污染源;按污染物存在的状态,又可将其分为固体的、液体的、气体的及可溶混和不可溶混的污染源。污染源也可分为天然污染源和人为污染源两大类。天然污染源一般指海水、含盐量高及水质差的地下含水层(含水透镜体)、含有害成分较高的矿体等。人为污染源包括工业污染源、农业污染源、城市污染源、矿山污染源、放射性污染源和石油污染源。

污染物可分为以下几种主要类型:

1) 城市液体废物

包括生活、工业废污水和降雨地表径流。生活污水一般含有较高的 BOD、SS(悬浮物),N(NH_4-N)、P、Cl、细菌及病毒含量也较高。工业污水种类繁多,污染物种类多。

2) 城市固体废物

包括生活垃圾、工业垃圾、污水和处理了的污泥等。

(1) 生活垃圾。BOD 高,SO_4^{2-}、Cl^-、NH_4^+、TOC(总有机碳)、细菌混杂物和有机质较高,经淋滤、降解后可生产 SO_4^{2-}、Cl^-、NH_4^+、TOC、BOD、SS,乃至 CO_2、CH_4。

(2) 工业垃圾。冶金:氯化物;造纸:亚硫酸;电子工业:汞;石油化工:多氯联苯、农药废物、含酚焦油、矿物油、碳氢化合物溶剂、酚;燃煤热电厂:粉尘、滤液含 As、Cr、Se、Cl。

(3) 污泥。富含金属及植物养分(N、P、K 等)。

3) 农业活动及采矿活动造成的污染源

农药、化肥、农家肥等含 NO_3-N;矿山尾矿淋滤液、加工厂污水、煤矿等 Fe、SO_4^{2-} 升高。

地下水污染物的种类主要包括 3 类:①化学污染物以 NO_3^- 为主,次为 Cl^-、Ca^{2+}、Mg^{2+}、TDS,微量的 As、F、Cr、Hg、Cd、Zn,有机化合物甚微;②生物污染物有细菌、病毒和寄生虫,人类粪便中有 400 多种细菌,病毒 100 多种;③放射性污染物有人为的,也有天然的。

2. 地下水污染途径

地下水的污染途径是指污染物从污染源地进入到地下水中所经过的途径。地下水污染方式可分为直接污染、间接污染。直接污染的特点是地下水中污染组分直接来源于污染源,污染组分在迁移过程中其化学性质保持不变,为地下水污染的主要方式。除了少部分气体、液体污染物可以直接通过岩石空隙进入地下水外,大部分污染物都随着补给地下水的来源一道进入地下水中。地下水的污染途径与地下水的补给来源有密切联系,可分为以下几种形式:通过包气带连续渗入,通过包气带断续渗入,由井、孔、坑道、岩溶通道等直接注入,由地表水体的侧向渗入和含水层之间的垂向越流。根据水动力学特点,地下水污染途径可分为:

(1) 间歇入渗型:降水、灌溉水淋滤污染物周期性进入含水层中,主要污染潜水。

(2) 连续入渗型:污染物随污水或污染溶液连续不断地渗入含水层,其污染组分是液态的,多污染潜水。

(3) 越流型:受污染含水层中以越流补给相邻含水层。

(4) 径流型:以径流方式进入含水层。

3. 地下水污染的主要表现

地下水污染主要是指地下水在开采过程中,因环境污染、水动力、水化学条件改变,而使水中的某些化学、微生物成分含量不断增加以致超过规定使用标准的水质变化过程。地下水污染现象主要表现为:

(1) 许多地下水天然化学成分中不存在的有机化合物(如各种合成染料、去污剂、洗涤剂、溶剂、油类以及有机农药等)出现在地下水中。

(2) 在天然地下水中含量极微的毒性金属元素(如汞、铬、镉、砷、铅及某些放射性元素等)大量进入地下水中。

(3) 各种细菌、病毒在地下水体中大量繁殖,远远超过饮用水水质标准(NH_4^+、NO_2^-、NO_3^-、H_2S、PO_4^{3-}、COD、BOD 骤增)。

(4) 地下水的硬度、矿化度、酸度和某些单项的常规离子不断上升,以致超过使用标准。

4. 地下水污染调查及监测

地下水污染源调查应查明地下水中的主要污染物及其分布特征、污染程度、污染范围、污染原因、污染类型及其对环境和生态的影响,包括:

(1) 工业污染源调查。应查明工业污染源的位置。由废水、废气、废渣中排出的主要污染物及其浓度、年排放量、排放方式、排放途径和去向、处理及综合利用状况。

(2) 生活污染源调查。应了解生活污水和医疗卫生废水的排放量、排放方式、排放途径、去向与处理程度,生活垃圾、粪便的排放、储存、处理利用状况,露天厕所分布状况。

（3）农业污染源调查。应了解郊区化肥、农药和农家肥施用量及其历年的变化,较大的牲畜场分布、规模与发展状况,污灌区位置、范围、污灌量、灌溉方式、污水的主要成分和作物种类。

地下水污染的监测目的是准确掌握污染物在地下水系统中的运移和分布规律,精确绘制开采条件下的等水位线图,正确掌握污染物的空间和时间上的迁移分布规律。监测对象包括含水层、污染物排放源、包气带。监测项目包括水位、水温、水量、常规项、微量元素、生物、化学、放射性等项目。

11.6.2 地面沉降

地面沉降是指在自然因素或人为因素影响下发生的幅度较大、速率较大的地表高程垂直下降的现象,通常是指某一区域内由于开采地下水或其他地下流体所导致的地表浅部松散沉积物压实或压密引起的地面标高下降的现象。主要发生于大型沉积盆地和沿海平原工业发达的城市及油气田开采区。其特点是涉及范围广,下沉速率缓慢,往往不易被察觉,对于建筑物、城市建设和农田水利设施危害极大。

意大利威尼斯城最早发现地面沉降。之后随着经济发展,人口增加和地下水（油气）开采量增大,世界上许多国家如美国、日本、墨西哥、欧洲和东南亚一些国家均发生了严重的地面沉降。日本东京等地区已有 20 多个都道府县的 40 多个地区有不同程度的地面沉降,其中东京和大阪下沉了 4.23 m 和 2.8 m。美国西部地区开采地下水、石油和天然气,使地下水位逐年下降,出现地面沉降,加利福尼亚圣华金流域到 1968 年地面下降达 9.0 m。墨西哥首都墨西哥城许多地区的地面沉降最高达 6 m。目前我国已有上海、天津、江苏、浙江等 16 个省（市、区）46 个城市（地区）、县城出现了地面沉降,总沉降面积达 4.87 万 km²。最大地面沉降量,上海为 2.67 m,天津 2.92 m,苏锡常地区 2.80 m。

经过对地面沉降的长期观测和研究,对地面沉降的主要原因已取得比较一致的看法。地面沉降的原因颇多,有地质构造、气候等自然因素,也有人为原因。人类工程活动是主要原因之一,既可导致地面沉降,又可加剧地面沉降。例如,大量抽取地下水、石油等液体资源和天然气、沼气等地下气是造成大幅度、急剧地面沉降的最主要原因,采掘地下固体矿藏（如沉积型煤矿、铁矿等）形成的大范围采空区、地下工程（隧道、防空洞、地下铁道等）也是导致地面下沉变形的原因,重大建筑物、蓄水工程（如水库）对地基施加的静荷载使地基土体发生压密下沉变形。

从地层结构而言,透水性差的隔水层（粘土层）与透水性好的含水层（砂质土层、砂层、砂砾层）互层结构易于发生地面沉降,即在含水性较好的砂层、砂砾层内抽排地下水时,隔水层中的孔隙水向含水层流动就会引起地面沉降。根据土的固结理论可知,含水层上覆荷载的总应力应由含水层中水体和土体颗粒共同承受。其中由水体所承受的孔隙压力并不能引起土层压密,称为中性压力。由土体承受的部分压力直接作用于含水层固体骨架之上,可直接造成土层压密,称为有效压力。水压力和有效压力共同承担上覆荷载。从孔隙承压含水层中抽取地下水,引起含水层中地下水位下降,水压降低,但不会引起外部荷载的变化,这将导致有效应力的增加。

地面沉降调查主要包括调查由于常年抽取地下水引起水位或水压下降而造成的地面沉降,主要通过搜集资料、调查访问来查明地面沉降原因、现状和危害情况。着重查明下列问题:

(1) 综合分析已有资料查明第四系沉积类型、地貌单元特征,特别要注意冲积、湖积和海相沉积的平原或盆地及古河道、洼地、河间地块等微地貌分布。第四系岩性、厚度和埋藏条件,特别要查明压缩层的分布。

(2) 查明第四系含水层水文地质特征、埋藏条件及水力联系,搜集历年地下水动态、开采量、开采层位和区域地下水位等值线图等资料。

(3) 根据已有地面测量资料和建筑物实测资料,同时结合水文地质资料进行综合分析,初步圈定地面沉降范围和判定累计沉降量,并对地面沉降范围内已有建筑物的损坏情况进行调查。

地面沉降勘察有两种情况:一是勘察地区已发生了地面沉降,主要是调查地面沉降的原因,预测地面沉降的发展趋势,并提出控制和治理方案;二是勘察地区有可能发生地面沉降,主要预测地面沉降的可能性和估算沉降量。

地面沉降原因的调查内容包括场地工程地质条件、场地地下水埋藏条件和地下水变化动态。应首先查明场地的沉积环境和年代,查明冲积、湖积或浅海相沉积平原或盆地中第四纪松散堆积物的岩性、厚度和埋藏条件,特别要查明硬土层和软弱压缩层的分布。着重研究地表下一定深度内压缩层的变形机理及其过程。进行地面沉降水准测量时一般需要设置 3 种标点:基准标也称背景标,设置在地面沉降所不能影响的范围,作为衡量地面沉降基准的标点;地面沉降标用于观测地面升降的地面水准点;分层沉降标用于观测某一深度处土层的沉降幅度的观测标。

地面沉降预测方法包括水位预测模型、土力学模型两部分,可利用相关法、解析法和数值法等进行地下水位的预测分析;土力学模型包括含水层弹性计算模型、粘性土层最终沉降量模型、太沙基固结模型、流变固结模型、比奥(Biot)固结理论模型、弹塑性固结模型、回归计算模型、半理论半经验模型(如单位变形量法等)和最优化计算方法等。

粘性土层的固结是一个缓慢的过程,土层的最终沉降量是指土层完全固结情况下的沉降量,常采用分层总和法(e-lg P 曲线法):

$$s = \sum s_i \tag{11.44}$$

砂性土：

$$s_i = \frac{1}{E}\Delta h_i \gamma_{\mathrm{w}} H_{砂} \tag{11.45}$$

粘性土：

$$s_\infty = \frac{\alpha_{\mathrm{v}}}{2(1+e_0)}\gamma_{\mathrm{w}}\Delta h H_{粘} \tag{11.46}$$

式中，s——土层总沉降量，m；

　　　s_i——第 i 层土层的沉降量，m；

　　　s_∞——土层的最终压密量，m；

　　　$H_{砂}$、$H_{粘}$——砂层、粘性土层的厚度，m；

　　　γ_{w}——水的容重，$\mathrm{kN/m^3}$；

　　　Δh、Δh_i——承压水头的降低值，m；

　　　E——砂层的弹性模量，MPa；

　　　e_0、α_{v}——粘性土层的孔隙比、压缩系数，$\mathrm{MPa^{-1}}$。

　　反映土层平均固结程度的指标称为固结度（Q），其定义为

$$Q = \frac{s_t}{s_\infty} = 1 - \frac{8}{\pi^2}\left(\mathrm{e}^{-N} + \frac{1}{9}\mathrm{e}^{-9N} + \frac{1}{25}\mathrm{e}^{-25N} + \cdots\right)$$

$$\approx 1 - 0.8\mathrm{e}^{-N} \tag{11.47}$$

$$N = nt, \quad n = \frac{\pi^2}{4}\frac{C_{\mathrm{v}}}{H_{粘}^2}$$

单面排水时：

$$N = \frac{C_{\mathrm{v}}}{H_i^2}t_i$$

双面排水时：

$$N = \frac{C_{\mathrm{v}}}{\left(\frac{1}{2}H_i\right)^2}t_i$$

$$C_{\mathrm{v}} = \frac{K(1+\varepsilon_0)}{\alpha_{\mathrm{v}}\gamma_{\mathrm{w}}} \tag{11.48}$$

式中，Q、N——固结度、时间因数；

　　　C_{v}——固结系数，$\mathrm{m^2/d}$；

　　　K——渗透系数，m/d；

　　　t——时间，d；

　　　s_t——承压水头降低后在时间 t 内的压缩量，m。

该法曾用于对日本东京、中国上海、常州等进行了地面沉降预测,与实测结果基本吻合。

地面沉降监测通常采用的方法有:在地面沉降区或研究区内布设水准测量点,定期进行测量,监测地面沉降的变形;监测含水层地下水的抽排量、回灌量及地下水位的变化,观测地面沉降;用室内试验(常规试验、微观结构研究、高压固结、三轴剪切、长期流变、孔隙水压力消散、室内模型试验等)和野外试验(抽水试验、回灌试验、静力触探等)探索地面沉降发生、发展规律,并运用试验取得的数据进行经验性、理论性预测;在地面沉降区及附近,设立相对沉降、孔隙水压力和基岩等标志,监测各岩土层和含水层的变形及地下水位动态变化。

11.6.3　岩溶塌陷

岩溶地面塌陷是指覆盖在溶蚀洞穴之上的松散土体,在外动力或人为因素作用下产生的突发性地面变形破坏,其结果多形成圆锥形塌陷坑。地面塌陷所形成的单个塌陷坑洞的规模不大,直径一般为数米至数十米,个别巨大者达百米左右。

岩溶地面塌陷是地面变形破坏的主要类型,多发生于碳酸盐岩、钙质碎屑岩和盐岩等可溶性岩石分布地区。激发塌陷活动的直接诱因除降雨、洪水、干旱、地震等自然因素外,往往与抽水、排水、蓄水和其他工程活动等人为因素密切相关,而后者往往规模大、突发性强、危害也就大。岩溶地面塌陷发现于碳酸盐岩分布区,其形成受到环境和人类活动的双重影响。

岩溶地面塌陷调查内容包括:调查过程中首先要依据已有资料进行综合分析,掌握区内岩溶发育、分布规律及岩溶水环境条件;查明岩溶塌陷的成因、形态、规模、分布密度、土层厚度与下伏基岩岩溶特征;地表、地下水活动动态及其与自然和人为因素的关系;划分出变形类型及土洞发育程度区段;调查岩溶塌陷对已有建筑物的破坏损失情况,圈定可能发生岩溶塌陷的区段。

岩溶塌陷研究中,要监测地面、建筑物的变形和井泉或水库水量、水位变化,地下洞穴发展动态,及时发现塌陷前兆现象,对预防、减轻塌陷灾害损失非常重要。在地面塌陷频繁发生的地区或潜在的地面塌陷区内,可采取有关监测和预报措施。

11.6.4　海水入侵

海水(咸水)入侵是指在沿海地区,由于大量开采地下水导致地下水位大幅度下降,海水(咸水)侵入沿岸含水层并逐渐向内陆渗透的现象。海水入侵灾害具有隐蔽性和持续性的特点。

海水入侵的研究要采用多种方法,常见的探测手段有钻探、地下水动态观测、同位素测定、地球物理勘探、遥感等,用于研究海水入侵区域的通道类型、界面变化、物质交换、危害范围等。

地球物理勘探是地球科学研究领域中探明、解决各种地质问题的主要勘探方法,探测第四纪含水层分布特征、咸淡水界面,圈定古河道位置等。钻探不但可以获取地层结构、地质构造特征方面的资料,并可以打成观测井,随时获取水化学方面的资料,掌握咸、淡水水文动态情况。如地下水位的波动,成层地下水的分布,地下淡水与海水界面变化,地下水流动方向与速度,弥散带的垂直变化和地下水的盐度变化以及两者与降雨补给、人工抽取的关系等。同位素方法可以确定不同水体的分布,研究微咸水的成因,测定咸水年龄等。常用稳定同位素如^{18}O、^{2}H、^{34}S 等来研究地下水成因,确定水体之间的水力联系、水文地质参数和地下水中盐分来源等。

海水入侵勘察的目的是通过对海水入侵状况、发展趋势和海水入侵对环境的影响等进行勘察和观测,认识海水入侵灾害及其形成规律,为海水入侵的防治提供基础地质资料。勘察内容包括:海水入侵灾情,海水入侵的环境背景、形成条件和影响因素,海水入侵特征、成因和规律,海水入侵的发展及其危害性预测,海水入侵的防治对策。

11.7　地下水模型技术

11.7.1　GMS 软件

GMS(groundwater modeling system,地下水模拟系统)是目前国际上最先进的综合性的地下水模拟软件包,GMS 是由 MODFLOW、MODPATH、MT3D、FEMWATER、PEST、MAP、SUBSUR-FACE CHARACTERIZATION、Borehole Data、TINs(triangulated irregular nets)、Solid、GEO-STATISTICS 等模块组成的可视化三维地下水模拟软件包。可进行水流模拟、溶质运移模拟、反应运移模拟;建立三维地层实体,进行钻孔数据管理、二维(三维)地质统计;可视化和打印二维(三维)模拟结果。GMS 在美国和世界其他国家得到广泛应用。它是唯一支持 TIN、立体图、钻孔数据、2D 和 3D 地质统计、2D 和 3D 有限元和有限差分的集成系统。由于 GMS 的模块特性,可以配置带有所需模块和模型界面的用户版本 GMS。

MODFLOW 是世界上使用最为广泛的三维地下水水流模型,可以模拟水井、河流、排泄、蒸散发和补给对非均质和复杂边界条件的水流系统的影响。其主要特点如下:

(1) 程序结构的模块化:MODFLOW 包括一个主程序和若干个相对独立的子程序包(package)。每个子程序中有数个模块,每个模块用以完成数值模拟的一部分。MODFLOW 的这种模块化结构使得其程序易于理解、操作、修改和添加。

（2）离散方法的简单化：MODFLOW 采用有限差分法对地下水流进行数值模拟，引进了模拟期（stress period）概念，它将整个模拟时间分为若干个模拟期，每个模拟期又可再分为若干个时间段。在同一模拟期，各时间段既可以按等步长，也可以按一个规定的几何序列逐渐增长。而在每个模拟期内，所有的外部源汇项的强度应保持不变。这样就简化、规范了数据文件的输入，而且使得物理概念更为明确。

（3）求解方法的多样化：迄今为止，MODFLOW 已经含有强隐式法、逐次超松弛迭代法、预调共轭梯度法等子程序包，其求解子程序包必将更加多样化，应用范围也更为广泛。

MODPATH 模块是确定给定时间内稳态或非稳态流中质点路径的三维质点示踪模型，可进行正向示踪和反向示踪，计算三维水流路径，从而成为水井捕获带和井位警戒研究的理想工具。

PEST 模块是由澳大利亚 Watermark Computing 公司开发的新版本，利用一个强有力的数值反演算法来"控制"运行中的模型，程序在每次模拟之后自动调整所选择的模型参数，直到将校正的目标最小化为止。

FEMWATER 模块是一个完全的 3D 有限元模型，是用来模拟饱和流和非饱和流环境下有限单元密度驱动（如海水入侵、酸法地浸采铀）的三维水流与污染物运移耦合模型。在该模型中，可以直接表示复杂的地层，可以用高度理想的 3D 绘图和动画序列显示结果。

MAP 模块可使用户快速地、直接地在一张使用 GIS 实体的场地扫描地图上建立概念模型及相应的数值模型。

GMS 中的 TIN 模块用于总体目的的表面模拟。通过连接具有形成一个三角形边的一组 x、y、z 数据可以形成 TINs。TINs 可用于表示由数学函数定义的一个地质单元或表面，以倾斜角度观看，用于构造立体模型或 3D 有限元网格。

GMS 中的 Solid 模块利用钻孔数据输入用于建立三维地层模型。一旦生成了这样的模型，可以在模型上任意位置切割地质剖面，可用于生成地质剖面或实体的高度理想的图片，还可以计算实体的体积。

GMS 包括一组工具以帮助模型校正。可以在观测点定义具有可信值的实测水头。当一个计算解导入 GMS 后，在每个点的校正目标上绘制残差，并形成一些曲线图以表示校正统计结果。GMS 可以很好地实现计算结果的可视化。任何一个瞬时数据集可以在几秒内被转化为一个动画片循环。动画片以 Windows 格式（.AVI）生成与保存。AVI 文件可以导入 PowerPoint 或放到网页上。

11.7.2　FEFLOW 软件

FEFLOW 是功能齐全的地下水水量及水质计算机模拟软件系统。FEFLOW

具备图形人机对话、地理信息系统数据接口、快速自动产生空间有限单元网络、空间参数数据区域化、快速精确的数值算法、先进的图形视觉化技术、实时图形显示结果与成图等功能。通过学习充分掌握 FEFLOW 齐全的地下水模拟功能，并能够制作三维空间模型、二维平面、二维剖面或者轴对称二维类型、非稳定流或稳定流模拟、多层自由表面含水系模拟（包括滞水模拟、化学物质迁移）及热传递模拟（包括温度盐分迁移模拟）、可变密度流场模拟（盐水或海水入侵问题）等。在 FEFLOW 系统中，用户可以很方便迅速地产生空间有限单元网格，设置模型参数和定义边界条件，运行数值模拟以及实时图形显示结果与成图。

（1）系统输入特点（建立模型）

通过标准数据输入接口，用户既能直接利用已有的 GIS 空间多边形数据生成有限单元网格。也可以用鼠标设计和调整网格几何形状、增加和放疏网格密度。在建立水流场和迁移模型时，用户不仅能够视具体情况定义第一、第二和第三类边界，而且可以对边界条件增加特定的限制条件，以避免非现实的数值解。用户也能够直接定义多含水层中的抽水和注水井边界条件。所有边界及附加条件既可设置为常数，也能定义为随时间变化的函数。已知的边界及模型参数可以按点、线或面的形式直接输入。对离散的空间抽样数据进行内插或外推（数据区域化），FEFLOW 提供克里格法（Kriging）、阿基玛（Akima）和距离反比加权法（IDW）。输入数据格式既可以是 ASCII 码文件，也可以是 GIS 地理信息系统文件。FEFLOW 支持 ARC/INFO 点、线、面的广义数据格式，ArcView 形状数据格式，DXF 格式，Tiff 图形以及 HPGL 数据格式。

（2）系统模型求解特点

FEFLOW 具有齐全的地下水模拟功能：三维空间模型、二维平面、二维剖面或者轴对称二维模型；非稳定流或稳定流模拟；多层自由表面含水系模拟，包括滞水（perched water）模拟；化学物质迁移及热转递模拟，包括温度盐包（thermohaline）迁移模拟；可变密度流场模拟（盐水或海水入侵问题）；非饱和带流场及物质迁移模拟。FEFLOW 采用加辽金法为基础有限单元法，并配备若干先进的数值求解法来控制和优化求解过程；快速直接求解法，如 PCG、BICGSTAB、CGS、GMRES 以及带预处理的再启动 ORTHOMIN 法；灵活多变的 up-wind 技术，如流线 up-wind、奇值捕捉法（shock capturing）以减少数值弥散；皮卡和牛顿迭代法求解非线性流场问题，自动调节模拟时间步长；模拟污染物迁移过程包括对流、水动力弥散、线性及非线性吸附、一阶化学非平衡反应；为非饱和带模拟提供了多种参数模型，如指数式、Van Genuchten 式和多种形式的 Richard 方程；垂向滑动网格（BASD）技术处理自由表面含水系以及非饱和带模拟问题；适应流场变化强弱的有限单元自动加密放疏技术，以获得最佳数值解；实时图形显示模拟非稳定流过程中观测点水头和污染物浓度的动态变化值;非稳定流模拟计算可以随时暂停,以便用户显示和分析中间模拟结果;开放性外部程序接口,以便用户在 FEFLOW 系统中连接和使用自己的程序模块。

(3) 系统结果输出及显示

FEFLOW 的计算结果既有水位、污染物浓度及温度等标量数据,也包括流速、流线和流径线等向量数据。模型参数和计算结果既能按 ASCII 码文件、GIS 地理信息系统文件、DXF 或 HPGL 文件输出,又能在 FEFLOW 系统中直接显示和成图。FEFLOW 提供了丰富实用的图形显示和数据结果分析工具。

FEFLOW 的应用领域包括:模拟地下水区域流场及地下水资源规划和管理方案;模拟矿区露天开采或地下开采对区域地下水的影响及其最优对策方案;模拟由于近海岸地下水开采或者矿区抽排地下水引起的海水或深部盐水入侵问题;模拟非饱和带以及饱和带地下水流及其温度分布问题;模拟污染物在地下水中的迁移过程及其时间空间分布规律(分析和评价工业污染物及城市废物堆放对地下水资源和生态环境的影响,研究最优治理方案和对策);结合降水-径流模型联合动态模拟"降雨-地表水-地下水"水资源系统(分析水资源系统各组成部分之间的相互依赖关系,研究水资源合理利用以及生态环境保护的影响方案等)。

11.7.3　MODFLOW 软件

美国地质调查局(USGS)从 20 世纪 70 年代初开始进行地下水模型的开发和应用研究,已经开发出了一系列计算机模型来模拟饱和的和非饱和的地下水流、溶质运移和化学反应。其中应用最广泛的是 MODFLOW 模型,它利用有限差分法模拟三维(3D)地下水流(GWF)(Harbaugh,2005)。目前,与 MODFLOW 相关的模型系列能够模拟耦合的地下水和地表水系统、溶质运移、非饱和流、参数估计和地下水管理(GWM)(优化模型)。

MODFLOW 的最新版本是 MODFLOW-2005(Harbaugh,2005)。这一版本只包含了 GWF 和观测程序(observation processes),但是预计它的应用范围会不断拓展。

与 MODFLOW-2000(Harbaugh 等,2000)相比,MODFLOW-2005 的主要变化是使用了 FORTRAN 模块来声明可以为子程序共享的数据。

应用 MODFLOW 的地下水运移(GWT)程序(以前称为 MOC3D,Konikow 等,1996)可以模拟常密度的溶质运移。

在某些水文地质背景下,地下水密度不变的这个假设是无效的。在这种情况下,可以利用结合了 MODFLOW-2000 和 MT3DMS(Zheng 和 Wang,1999)的 SEAWAT-2000(Langevin 等,2003;Langevin 和 Guo,2006)来模拟变密度的

GWF 和溶质运移。

SEAWAT-2000 利用 MODFLOW-2000 的 GWF 程序的改进版本(称为变密度流程序),通过使用等价的淡水水头作为因变量,来求解 GWF 方程的变密度形式。已应用 SEAWAT-2000 解决一系列的变密度地下水问题,包括沿海含水层的海水入侵、内陆地区咸化的地下水运动、量化海底地下水向海口的排泄量、含水层储存和恢复、注入深部咸化含水层的污水的运移和归宿。

11.7.4　Visual MODFLOW 软件

Visual MODFLOW 是加拿大 Waterloo 公司基于 MODFLOW 代码开发的一款商业软件,在 1994 年 8 月首次推出并迅速成为世界范围内 1500 多个咨询公司、教育机构和政府机关用户的标准模拟环境。已为美国地质调查局(USGS)和美国环境保护局(USEPA)所使用,目前英国国家河流管理局(National Rivers Authority)正在审议将其作为全国三维井头保护研究的标准模型。

Visual MODFLOW 是三维地下水流动和污染物运移模拟实际应用的最完整、易用的模拟环境。这个完整的集成软件将 MODFLOW、MODPATH 和 MT3D 同最直观强大的图形用户界面结合在一起。全新的菜单结构让你轻而易举地确定模拟区域大小、选择参数单位以及方便地设置模型参数和边界条件、运行模型模拟(MT3D、MODFLOW 和 MODPATH)、对模型进行校正以及用等值线或颜色填充将其结果可视化显示。在建立模型和显示结果的任何时候,都可以用剖面图和平面图的形式将模型网格、输入参数和结果加以可视化显示。

为了提高模拟的效率,减少建立三维地下水流动和污染物运移模型过程的复杂性,Visual MODFLOW 对界面作了特别设计。界面分为 3 个独立的模块:输入、运行和输出模块。当你打开或创建了一个文件后,你就可以自由地在这些模块之间切换,以便建立或修改模型的输入参数、运行模型、校正模型以及显示结果(平面或全屏剖面形式)。

输入模块允许用户以图形方式设置所有建立三维地下水流动和污染物模型所需的输入参数。输入菜单代表了对用于 MODFLOW、MODPATH 和 MT3D 的数据进行汇总的基本的建模模块。这些菜单按逻辑顺序排列,以便模拟者能够通过必需的步骤建立地下水流动和污染物运移模型。

运行模块允许用户修改各种 MODFLOW、MODPATH、MT3D 参数和选项。包括选择初始水头估算方法、设置求解器参数、启用二次湿润包、指定输出控制等。每个菜单选项都有缺省设置,这些缺省控制适合运行大部分的模拟。

输出模块可以显示所有 MODFLOW、MODPATH 和 MT3D 的模拟和校正结果。输出菜单允许选择、定制和覆盖各种显示模拟结果的显示选项。

11.7.5 AquaChem 软件

AquaChem 软件开发商为 Waterloo Hydrogeologic。运行环境为奔腾级处理器，Windows 2000 或 Windows XP 操作系统，32 MB RAM，100 MB 硬盘空间。AquaChem 广泛应用于水质及地球化学数据的制图、数值分析、模拟及其相关报告的生成。AquaChem 的图形用户界面非常直观，使您可以更有效地管理试验分析数据以及水质数据等。

AquaChem 软件可应用于与水有关的工程项目中，可以对相应的水质数据进行管理、分析并生成报告；可以作为物理和化学参数的数据库，并提供了综合的数据分析、计算、模拟及制图工具。可以进行地下水供水井的水文地球化学分析及其报告的生成，利用地下水污染地区水样的实验室分析数据生成报告，管理卫生垃圾填埋地的水质数据，识别由于采矿活动导致的矿化作用趋势，计算水处理过程中的水的硬度；确定水质的临界指标。

可方便地导入已经拥有的大量的具有不同数据格式的水质数据。AquaChem 的数据输入向导可方便地将任何数据表格及数据库中的大量数据导入到软件中，导入 XLS、CSV、TXT、PRN 等文件类型的数据（可含多种数据结构），或自动将 CAS 从源文件中导入到 AquaChem 中。

软件的参数类型包含水头信息（水样编号、场地位置、日期、地质信息等）、物理参数（流速、温度、埋深、水头、pH 等）、阳离子（Ca^{2+}、Mg^{2+}、Na^+、K^+ 等）、阴离子（Cl^-、Br^-、SO_4^{2-}、HCO_3^- 等）、不带电化合物（Al、As、CO_2）、有机化合物与无机化合物、同位素、多达 350 种的化学制剂。

AquaChem 软件与 Visual MODFLOW 兼容，可以方便地生成 PHT3D 数据并输入到 Visual MODFLOW Premium 中。

（1）与矿物相平衡：评价由于温度产生的矿物的热动力学特性及其稳定性特征；

（2）计算器：计算由高程及温度决定的氧的溶解度、朗格利尔（Langelier）指数、雷诺（Ryznar）稳定指数；

（3）分析绘图：包括 Box & Whisker 时间序列分析、大气降水线、分位数图、探测简述、统计时间序列制图；

（4）归纳统计功能：定义置信区间、t-检验、偏度、峰度、容许区间以及统计检验等；

（5）高级统计功能：趋势分析（线性回归、S-检验、Mann-Kendall 检验）、异常值统计检验（Dixon 检验、Discordance 检验、Rosner 检验、Walsh 检验）、正态性检验（Studentized Range 检验、Geary 检验、Shapiro Wilk 检验、D'Agostino 检验）。

同时显示并修改多种图形，并可以在每一种图形中很容易地识别出选定的样品数据。标准绘图类型包括：Piper 图、Durov 图、Ternary 三角图，饼图、Stiff 图、

Radial 图、X-Y 散点图、时间序列图、频率直方图、Box & Whisker 图（月、年或季度）、Geothermometer 图、Giggenbach Triangle 图、大气降水线图、Langelier-Ludwig 图、Wilcox 图、Schoeller 图。可用 AquaChem 的报告设计及其他内置的模块来生成专业的分析报告。

AquaChem 包含与 PHREEQC 之间的数据接口，便于利用 PHREEQC 进行地球化学模拟，包括 Pitzer 方程，可以用于盐分方程的求解、化学组分与饱和指数的计算、反应途径与平流运移计算。

11.7.6　AquiferTest 软件

AquiferTest 专业版整合了最新的抽水试验和微水试验数据分析技术，它集成了微分分析、趋势校正和数据等值线化等新工具，提供一个灵活、友好的用户环境，为用户高效处理抽水试验数据提供帮助，因而分析抽水试验数据的功能更强大，通过易于理解和使用的用户界面，打造出更完美的分析报告。

软件能有效地管理试验中的所有数据信息，能以较少的时间进行最大限度的分析。抽水试验数据导入方式有：直接通过键盘输入、从 Microsoft Excel 工作簿文件导入或者从其他的任何数据文件导入（以 ASCII 格式）；也可以利用剪贴板从文本编辑器、电子数据表或者数据库中通过"剪切和粘贴"插入。

AquiferTest Pro 集成了微分分析、趋势校正和数据等值线化等新工具，是一款专门设计的用于对抽水试验和 Sulg 试验数据进行图形化分析和编制报告的软件，可以计算各类含水层的特性，包括承压含水层、潜水含水层、越流含水层和裂隙含水层。应用范围包括分析和预测含水层的水力特征、预测地下水位的下降和多个抽水井的相互扰动、利用地下水自动监测仪 Diver 数据对抽水试验结果进行分析、生成抽水试验专业报告。分析方法包括：Hantush Bierschenk (1964)的两种方式进行阶梯降深试验和井损分析；进行定流量条件下水位稳定后抽水量-水位变化的分析；抽水量不稳定的情况下通过输入时间-抽水量-水位数据、时间水位数据，外推阶梯流量条件下的抽水量-水位关系；运用 Moench Fracture Flow(1984)分析有断层的裂隙含水层；选择瞬时或准稳态块状至裂隙流模型；选择球体或厚板几何体；Hantush(1960)越流含水层、瞬时流，解释弱含水层中储量变化；输出地下水漏斗轮廓为线性矢量文件；输出井位为点形文件；从点形文件中导入井位；从包括 Diver 在内的多种数据记录仪中快速导入数据。

思　考　题

1. 什么是降水工程？一些工程建设为什么要进行基坑降水？
2. 基坑降水的常用方法有哪些？

3. 怎样开展基坑降水工程勘察？

4. 如何进行降水工程设计？

5. 降水井的深度是怎样确定的？

6. 矿山的开采方式主要有哪些？

7. 简述矿床充水的主要因素。

8. 简述矿山开发的水文工程勘察要点。

9. 简述矿坑涌水量计算的主要方法。

10. 矿山排水的主要环境影响可能有哪些？

11. 水库区勘察的主要内容是什么？

12. 如何进行水库渗漏分析计算？

13. 怎样开展水库浸没评价工作？

14. 简述坝址区水文地质勘察的要点及方法。

15. 简述坝址区水文地质问题分析的主要内容。

16. 简述灌区水文地质勘察的主要内容及勘察方法。

17. 如何进行土壤盐渍化的分析？

18. 简述渠道水文地质勘察的主要内容及方法。

19. 简述渠道水文地质分析的主要内容。

20. 简述堤防工程水文地质勘察的主要内容。

21. 怎样进行堤防工程水文地质问题分析？

22. 简述隧道工程水文地质勘察的主要内容及方法。

23. 简述隧道涌水量计算方法。

24. 简述隧道外水压力及突泥计算。

25. 简述地热资源调查研究的主要内容。

26. 如何进行地热资源评价？

27. 简述地下水污染的原因及主要途径。

28. 如何开展地下水污染调查及监测？

29. 地面沉降的主要原因及影响因素有哪些？

30. 简述地面沉降调查的主要内容及方法。

31. 简述岩溶塌陷的主要原因及调查方法。

32. 简述海水入侵的原因及勘察方法。

33. 地下水模拟软件主要有哪些？其有何主要功能？

附录　专业术语中英文对照表

中文术语	英文术语
傍河水源地	riverside source field
包气带	aeration zone
饱和度	degree of saturation
饱和流	saturated flow
饱水带	saturated zone
边界井	boundary well
边界条件	boundary condition
边界元法	boundary element method
标准曲线法（配线法）	type-curve method
补偿疏干法	compensation-dewatering method
补给区	recharge area
部分排泄型泉	local drainage spring
采区充水性图	geologic map of potential flooding in mining area
测压高度	piezometric head
层流	laminar flow
常量元素	common element in groundwater (macroelement)
沉积水（埋藏水）	connate water(buried water)
成垢作用	boiler scaling
成井工艺	well completion technology
承压含水层	confined aquifer
承压含水层厚度	thickness of confined aquifer
承压水	confined water
承压水盆地	confined water basin
承压水位（头）	confining water level
持水度	water-holding capacity(specific retension)
充水岩层	flooding layer
抽水孔	pumping well
抽水孔流量	discharge of a pump well

抽水孔组	pumping well group
抽水量历时曲线图	flow-duration curve
抽水试验	pumping test
初始水位	initial water level
初始条件	initial condition
次生盐渍土	secondary salinized soil
达西定律	Darcy's law
大肠菌群指数	index of coliform organisms
大口井	large-diameter well
大气降水渗入补给量	precipitation infiltration rate
单井出水量	yield of single well
单孔抽水试验	single well pumping test
弹性储存量	elastic storage
导水系数	transmissivity
等降深线	equidrawdown line
等势线	equipotential line
等水头面	equipotential surface
地表疏干	surface draining
地表水	surface water
地表水补给	surface water recharge
地方病	endemic disease
地方性氟中毒	endemic fluorosis
地面沉降	subsidence
地面开裂	land crack
地面塌陷	ground surface collapse
地下淡水	fresh groundwater
地下肥水	nutritive groundwater
地下集水建筑物	groundwater collecting structure
地下径流	underground runoff
地下径流模数法	modulus method of groundwater runoff
地下库容	capacity of groundwater reservoir
地下卤水	underground brine
地下热水	geothermal water
地下疏干	underground draining
地下水	groundwater
地下水补给量	groundwater recharge
地下水补给条件	condition of groundwater recharge

地下水超采	overdevelopment of groundwater
地下水成矿作用	ore-forming process in groundwater
地下水储存量（地下水储存资源）	groundwater storage
地下水的 pH 值	pH value of groundwater
地下水的碱度	alkalinity of groundwater
地下水的酸度	acidity of groundwater
地下水的总硬度	total hardness of groundwater
地下水等水头线图	map of isopiestic level of confined water
地下水等水位线图	groundwater level contour map
地下水动力学	groundwater dynamics
地下水动态	groundwater regime
地下水动态成因类型	genetic types of groundwater regime
地下水动态曲线	curve of groundwater regime
地下水动态要素	element of groundwater regime
地下水分水岭	groundwater divide
地下水赋存条件	groundwater occurrence
地下水化学成分	chemical constituents of groundwater
地下水化学类型	chemical type of groundwater
地下水环境质量评价	groundwater environmental quality assessment
地下水径流量（地下水动储量）	groundwater runoff
地下水径流流出量	groundwater outflow
地下水径流流入量	groundwater inflow
地下水均衡	groundwater balance
地下水均衡场	experimental field of groundwater balance
地下水均衡方程	equation of groundwater balance
地下水开采量	groundwater withdrawal
地下水开采资源	exploitable groundwater resources
地下水可开采量（地下水允许开采量）	allowable withdrawal of groundwater
地下水库	groundwater reservoir
地下水埋藏深度	buried depth of groundwater table
地下水埋藏深度图	map of buried depth of groundwater
地下水模型	groundwater model
地下水年龄	age of groundwater
地下水年龄测定	dating of groundwater
地下水排泄	groundwater discharge
地下水盆地	groundwater basin
地下水侵蚀性	corrosiveness of groundwater

地下水人工补给	artificial recharge of groundwater
地下水人工补给资源	artificial-recharged groundwater resources
地下水设计开采量	designed groundwater withdrawal
地下水实际流速	actual velocity of groundwater flow
地下水实际流速测定	groundwater actual velocity measurement
地下水数据库	groundwater database
地下水数学模型	mathematical model of groundwater
地下水水化学图	hydrogeochemical map of groundwater
地下水水量模型	groundwater flow model
地下水水量评价	evaluation of groundwater quantity
地下水水位动态曲线图	hydrograph of groundwater level
地下水水质	groundwater quality
地下水水质类型	type of groundwater quality
地下水水质模型	groundwater quality model
地下水天然资源	natural resources of groundwater
地下水同位素测定	isotope assaying of groundwater
地下水位持续下降	continuously drawdown of groundwater level
地下水污染	groundwater pollution
地下水污染评价	groundwater pollution assessment
地下水污染物	groundwater pollutants
地下水物理模型	physical model of groundwater
地下水物理性质	physical properties of groundwater
地下水系统	groundwater system
地下水预报模型	groundwater prediction model
地下水源地	groundwater source field
地下水质评价	evaluation of groundwater quality
地下水资源	groundwater resources
地下水资源保护	groundwater resources protection
地下水资源分布图	map of groundwater resources
地下水资源管理区	district of groundwater resources management
地下水资源枯竭	groundwater resources depletion
地下水资源评价方法	methods of groundwater resource evaluation
地下水总矿化度	total mineralization degree of groundwater
地下微咸水	weak mineralized groundwater
地下咸水	middle mineralized groundwater
地下盐水	salt groundwater
地中渗透仪	lysimeter

电导率	specific conductance
电法测井	electric logging
电法勘探	electrical prospecting
顶板裂隙带	fissure zone of top wall
顶板冒落带	caving zone of top wall
定降深抽水试验	constant-drawdown pumping test
定解条件	definite condition
定流量边界	boundary of fixed flow /constant flow
定流量抽水试验	constant-discharge pumping test
定水头边界	boundary of fixed water level
动水位	dynamic water level
断层泉	fault spring
断裂带水压导升高度(潜越高度)	height of water pressure in fault zone
断面流量	cross-sectional flow
对流弥散	convective dispersion
多孔抽水试验	multiple wells pumping test
多孔介质	porous medium
二维流	two-dimensional flow
放射性测井	radioactivity logging
放射性水文地质图	radio hydrogeological map
放射性找水法	radioactive method for groundwater search
放水试验	dewatering test
非饱和流	unsaturated flow
非均匀介质	inhomogeneous medium
非均匀流	non-uniform flow
非完整井	partially penetrating well
非稳定流	unsteady flow
非稳定流抽水试验	unsteady-flow pumping test
分层抽水试验	separate interval pumping test
分层止水	interval plugging
分子扩散	molecular diffusion .
分子扩散系数	coefficient of molecular diffusion
辐射井	radial well
福希海默定律	Forchheimer law
腐蚀作用	corroding process
负均衡	negative balance
负硬度	negative hardness

富水系数	water content coefficient of mine
富水性	water yield property
干扰抽水试验	interference-well pumping test
干扰井出水量	yield from interference well
干扰系数(涌水量减少系数)	interference coefficient
隔水边界	confining boundary
隔水层	aquifuge
隔水底板	lower confining bed
隔水顶板	upper confining bed
各向同性介质	isotropic medium
各向异性介质	anisotropic medium
给水度	specific yield
供水水文地质勘察	hydrogeological investigation for water supply
供水水文地质学	water supply hydrogeology
拐点法	inflected point method
观测孔	observation well
管井	tube well
灌溉回归系数	irrigation return flow rate
灌溉机井	pumping-well for irrigation
灌溉系数	irrigation coefficient
过水断面	water-carrying section
海水入侵	sea-water intrusion
含水层	aquifer
含水层储能	energy storage of aquifer
含水层弹性释放	elasticity release of aquifers
含水层等高线图	contour map of aquifer
含水层等厚线图	aquifer isopach map
含水层等埋深图	isobaths map of aquifer
含水层调节能力	regulation capacity of aquifer
含水层自净能力	self-purification capability of aquifer
含水率	moisture content
化学需氧量	chemical oxygen demand(COD)
环境水文地质勘察	environmental hydrogeological investigation
环境水文地质图	environmental hydrogeologic map
环境水文地质学	environmental hydrogeology
环境自净作用	environmental self-purification
恢复水位	recovering water level

回灌井	injection well
回灌量	quantity of water recharge
回灌水源	recharge water source
混合抽水试验	mixed-layer pumping test
混合模拟	mixing analog
混合作用	mixing hydrochemical action in groundwater
激发补给量	induced recharge of groundwater
极硬水	hardest water
集中供水水源地	well field for concentrated water supply
间歇泉	geyser
简易抽水试验	simple pumping test
降落漏斗	cone of depression
降落漏斗法	depression cone method
降落曲线	depression curve
降水补给	precipitation recharge
降水入渗试验	test of precipitation infiltration
降水入渗系数	infiltration coefficient of precipitation
接触泉	contact spring
结构水(化合水)	constitutional water (chemical water)
结合水	bound water
结晶水	crystallization water
解逆问题(反演计算)	solving of inverse problem
解析法	analytic method
解正问题（正演计算）	solving of direct problem
井下供水孔	water supply borehole in mines
井中电视(超声成像测井)	borehole television(BHTV)
径流区	runoff area
静止水位(天然水位)	static water level（natural water level)
均衡期	balance period
均衡区	balance area
均匀介质	homogeneous medium
均匀流	uniform flow
开采模数法	evaluation method of employing groundwater extraction modulus
开采强度法	mining intensity method
开采试验法	exploitation pumping test method
开采性抽水试验	trail-exploitation pumping test

坎儿井	karez
空隙	void
孔洞	pore space
孔隙	pore
孔隙比	pore ratio
孔隙度(孔隙率)	porosity(pore rate)
孔隙含水层	porous aquifer
孔隙介质	pore medium
孔隙水	pore water
库尔洛夫式	Kurllov formation
矿床充水	flooding of ore deposit
矿床充水水源	water source of ore deposit flooding
矿床充水通道	flooding passage in ore deposit
矿床疏干	mine draining
矿床疏干深度(疏干水平)	dewatering level of mines
矿床水文地质图	mine hydrogeological map
矿床水文地质学	mine hydrogeology
矿井水文地质调查	survey of mine hydrogeology
矿井突水	water bursting in mines
矿井涌水	water discharge into mine
矿坑水	mine water
矿坑突泥	mud gushing in mines
矿坑突水量	bursting water quantity of mines
矿坑涌砂	sand gushing in mines
矿坑涌水量	water yield of mine
矿坑正常涌水量	normal water yield of mines
矿坑最大涌水量	maximum water yield of mines
矿区水文地质勘察	mine hydrogeological investigation
矿泉	mineral spring
雷诺数	Reynolds number
连通试验	connecting test
裂隙	fissure
裂隙含水层	fissured aquifer
裂隙介质	fissure medium
裂隙率	fissure ratio
裂隙水	fissure water
临界深度	critical depth

流量测井	flowmeter logging
流量计	flowmeter
流网	flow net
流线	streamline
滤料（填料）	gravel pack
滤水管（过滤器）	screen pipe
裸井	barefoot well
毛细带	capillary zone
毛细管测压水头	capillary piezometric head
毛细上升高度	height of capillary rise
毛细水	capillary water
毛细性	capillarity
弥散	dispersion
弥散试验	dispersion test
钠吸附比	sodium adsorption ratio(SAR)
拟稳定流	quasi-steady flow
凝结水	condensation water
凝结水补给	condensation recharge
排泄区	discharge area
平均布井法	method of well uniform configuration
气体成分分析	gas analysis
起泡作用	forming process
潜水	phreatic water(unconfined water)
潜水含水层厚度	thickness of water-table aquifer
潜水位	water table
潜水溢出量	groundwater overflow onto surface
潜水蒸发量	evaporation discharge of phreatic water
浅层地震勘探	shallow seismic prospecting
强结合水（吸着水）	strongly bound water (adsorptive water)
侵蚀泉	erosional spring
侵蚀性二氧化碳	corrosive carbon dioxide
裘布依公式	Dupuit formula
区域地下水位下降漏斗	regional groundwater depression cone
区域水文地质普查	regional hydrogeological survey
区域水文地质学	regional hydrogeology
全排泄型泉	complete drainage spring
泉	spring

泉华	sinter
泉流量衰减方程法	method of spring flow attenuation
泉水不稳定系数	instability ratio of spring discharge
泉水流量过程曲线	hydrograph of spring discharge
泉域	spring area
确定性模型	deterministic model
扰动土样	disturbed soil sample
容积储存量	volumetric storage
容水度(饱和含水率)	water capacity
溶洞	cave (cavern)
溶解性固体总量	total dissolved solids
溶解氧	dissolved oxygen(DO)
溶滤水	lixiviation water
溶滤作用	lixiviation
软水	soft water
弱含水层	aquitard
弱结合水(薄膜水)	weakly bound water (film water)
弱透水边界	weakly-permeable boundary
三维流	three-dimensional flow
上层滞水	perched water
上升泉	ascending spring
设计水位降深	designed drawdown
甚低频电磁法	very low frequency electromagnetic method
渗流场	seepage field
渗流场剖分(单元划分)	dissection of seepage field
渗流速度	seepage velocity
渗入水	infiltration water
渗水试验	pit permeability test
渗透	seepage
渗透率	specific permeability
渗透水流(渗流)	seepage flow
渗透系数(水力传导系数)	hydraulic conductivity(permeability)
生化需氧量	biochemical oxygen demand(BOD)
声波测井	acoustic logging
声频大地电场法	audio-frequency telluric method
湿地	wet land
实井	real well

试验抽水	trail pumping
手压井	manual-operated pumping well
疏干工程排水量	discharge of dewatering excavation
疏干巷道	draining tunnel
疏干因数	factor of drainage
数学模型法	method of mathematical model
数学模型检验	verification of mathematical model
数学模型识别	calibration of mathematical model
数值法	numerical method
水动力弥散系数	coefficient of dispersion
水分散晕	water dispersion halo
水化学	hydrochemistry
水解作用	hydrolytic dissociation
水井布局	water well arrangement
水均衡法	water balance method
水均衡方程	equation of water balance
水均衡要素	element of water balance
水均衡原理	principle of water balance
水力坡度	hydraulic gradient
水力削减法	hydraulic cut method
水流叠加原理	principle of flow superposition
水流折射定律	law of seepage flow refraction
水圈	hydrosphere
水头场	water head field
水头场的拟合	fitting of water head field
水头降深场	field of water head drawdown
水头降深场的拟合	fitting of water head drawdown field
水头损失	water head loss
水位计	wellhead water-level gauge
水位降深值	drawdown
水文地球化学	hydrogeochemistry
水文地球化学分带	hydrogeochemical zonality
水文地球化学环境	hydrogeochemical environment
水文地球化学作用	hydrogeochemical process
水文地质比拟法	hydrogeologic analogy method
水文地质参数	hydrogeological parameters
水文地质测绘	hydrogeological mapping

水文地质单元	hydrogeologic unit
水文地质地球物理勘探	hydrogeophysical prospecting
水文地质分区	hydrogeological division
水文地质概念模型	conceptual hydrogeological model
水文地质勘察	hydrogeological investigation
水文地质勘察报告	report of hydrogeological investigation
水文地质勘察成果	result of hydrogeological investigation
水文地质勘察阶段	hydrogeological investigation stage
水文地质勘探孔	hydrogeological exploration borehole
水文地质剖面图	hydrogeological profile
水文地质试验	hydrogeological test
水文地质试验孔	hydrogeological test borehole
水文地质条件	hydrogeological condition
水文地质学	hydrogeology
水文地质学原理	principles of hydrogeology
水文地质钻探	hydrogeological drilling
水文水井钻机	hydrogeologic drilling rig
水文物探测井	hydrogeological well logging
水循环	water cycle
水盐均衡	water-salt balance
水样	water sample
水跃值	hydraulic jump value
水质标准	water quality standard
水质分析	chemical analysis of water
速度水头	velocity head
随机模型	stochastic model
泰斯公式	Theis formula
探采结合孔	exploration-production well
同位素水文地质学	isotopic hydrogeology
透水边界	permeable boundary
透水层	permeable bed
透水性	permeability
突水水源	source of water bursting
突水系数	water bursting coefficient
突水预测图	water bursting prediction map
土的颗粒分析	grading analysis of soil
土壤改良	soil reclamation

土壤水	soil water
土壤盐渍化	soil salinization
土（岩）样	soil（rock）sample
脱硫酸作用	desulphidation
脱碳酸作用	decarbonation
脱硝（氮）作用	denitration
完整井	completely penetrating well
微量元素	microelement
温泉	thermal spring
紊流	turbulent flow
稳定流	steady flow
稳定流抽水试验	steady-flow pumping test
稳定水位	steady water level
污染通道	pollution channel
污染源	pollution source
污水资源化	water resources from sewage renewal
无压含水层	unconfined aquifer
物理模型法	method of physical model
细菌总数	bacterial amount
下降泉	descending spring
咸淡水界面	interface of salt-fresh water
相关分析法（回归分析法）	correlation analysis method（regression analysis method）
硝化作用	nitrification
斜井	inclined well
虚井	image well
悬浮物	suspended solids
悬挂泉（季节泉）	suspended spring
压力传导系数	hydraulic diffusivity
压力水头	pressure head
雅可布公式	Jacob formula
延迟给水（滞后给水）	delayed drainage
延迟指数	delayed index
岩溶含水层	karst aquifer
岩溶含水系统	karst water-bring system
岩溶介质	karst medium
岩溶水	karst water
岩石圈	lithosphere

岩石渗透性测定	permeability determination of rock
盐碱土	saline alkali soil
盐渍土	salinized soil
阳离子交替吸附作用	cation exchange and adsorption
氧化还原电位	oxidation-reduction potential
样品采集	sampling
遥感技术	remote sensing technology
一维流	one-dimensional flow
溢流泉	overflow spring
影响半径	radius of influence
映射法	image method
硬水	hard water
涌水量方程外推法(试验推断法)	discharge equation extrapolation method
游离性二氧化碳	free carbon dioxide
有限差分法	finite-difference method
有限单元法	finite element method
有效降水量	effective precipitation
有效孔隙度	effective porosity
元素迁移	element migration
原生水(初生水)	juvenile water(native water)
原生盐渍土	primary salinized soil
原状土样	undisturbed soil sample
越流	leakage
越流补给	leakage recharge
越流系数	leaky coefficient
越流系统	leaky system
越流因数(阻越流系数)	leaky factor
允许水位降深	allowable drawdown
蒸发浓缩作用	evaporation-concentration process
正均衡	positive balance
直线法	linear method
重力疏干	gravity drainage
重力水	gravity water
贮存量变化量	variation of groundwater storage
贮水系数(释水系数)	storage coefficient(storativity)
注水孔	injection well
注水试验	injecting test

专门水文地质学	applied hydrogeology
专门性水文地质勘察	applied hydrogeologic investigation
专门性水文地质图	special hydrogeological map
自流水	artesian water
总水头（渗流水头）	total head
综合水文地质图	synthetic hydrogeological map
钻孔流速测定	borehole flow-velocity measurement
最佳开采量	optimal yield
最佳控制水位	optimal controlled water level
最佳配水方案	optimal water distribution scheme

参 考 文 献

[1] 王大纯,张人权,等.水文地质学基础[M].北京:地质出版社,2002.

[2] 中华人民共和国国家标准.水文地质术语(GB/T 14157—93)[S].1993.

[3] Nevada Division of Water Resources, Department of Conservation and Natural Resources. Water Words Dictionary [M]. http://water. nv. gov/Water% 20planning/dict-1/ww-index. htm. 2000.

[4] 房佩贤,卫钟鼎,廖资生.专门水文地质学[M].北京:地质出版社,1996.

[5] 曹剑峰,迟宝明,王文科,宫辉力,曹玉清,梁秀娟.专门水文地质学[M].北京:科学出版社,2005.

[6] 薛禹群.地下水动力学[M].第 2 版.北京:地质出版社,2001.

[7] 林学钰,廖资生,等.地下水管理[M].北京:地质出版社,1995.

[8] 石振华,李传尧.城市地下水工程与管理手册[M].北京:中国建筑工业出版社,1993.

[9] Brown R H, Konoplyantsev A A,等.地下水研究[M].赵耿忠,叶寿征,等译.北京:学术书刊出版社,1989.

[10] 沈照理,等.水文地质学[M].北京:地质出版社,1985.

[11] 费里泽 R A.地下水[M].吴静芳,译.北京:地质出版社,1987.

[12] Robert Bwen. Ground Water [M]. London: Apllied Science Publishers Ltd. ,1980.

[13] Heath Ralph C. Basic Ground-Water Hydrology (Fourth Printing) [R]. U. S. Geological Survey Water-Supply Paper 2220. Washington: U. S. Government Printing Office, 1987.

[14] US Army Corps of Engineers. Groundwater Hydrology [M]. http://www. earthwardconsulting. com/library/US _ COE _ Groundwater _ Hydrology _ Manual_2_99. pdf. 1999.

[15] Roger J M De Wiest. Geohydrology [M]. New York: John Wiley & Sons, Inc. ,1965.

[16] Jacob Bear. Hydraulics of Groundwater [M]. New York: McGraw-Hill International Book Co. ,1979.

[17] Patrick A Domenico, Frankin W Schwartz. Physical and Chemical Hydrogeology [M]. New York: John Wiley & Sons, Inc. ,1998.

[18] Fetter C W, Jr. Applied Hydrogeology [M]. 4th Edition. Columbus: Wharles E. Merrill Publishing Co. ,2001.

[19] 张人权,梁杏,靳孟贵,周爱国,孙蓉琳.当代水文地质学发展趋势与对策[J].水文地质与工程地质,2003(1):51-56.

[20] 地质部水文地质工程地质技术方法研究队.水文地质手册[M].北京:地质出版社,1983.

[21] 中华人民共和国国家标准.水力发电工程地质勘察规范(GB 50287—2006)[S].2008.

[22] 沈照理,朱宛华,钟佐燊.水文地球化学基础[M].北京:地质出版社,1993.

[23] 沈振荣,等.水资源科学实验与研究——大气水、地表水、土壤水、地下水相互转化关系

[M].北京：中国科学技术出版社,1992.

[24]　张建山,仵彦卿,李哲.陕北沙漠滩区降水入渗与凝结水补给机理试验研究[J].水土保持学报,2005,19(5)：124-126.

[25]　魏永纯,武军.地下水人工补给与地下水库[M].北京：水利电力出版社,1979.

[26]　陈葆仁,洪再吉,汪福炘.地下水动态及其预测[M].北京：科学出版社,1988.

[27]　布朗 R H,等.地下水研究[M].赵耿忠,叶寿征,等译.北京：学术书刊出版社,1989.

[28]　[荷兰]努纳.水文地质学引论[M].邓东升,等译.合肥：中国科学技术大学出版社,2005.

[29]　卢耀如,等.岩溶水文地质环境演化与工程效应研究[M].北京：科学出版社,1999.

[30]　林学钰,廖资生,赵勇胜,苏小四.现代水文地质学[M].北京：地质出版社,2005.

[31]　中华人民共和国国家标准.供水水文地质勘察规范(GB 50027—2001)[S].2001.

[32]　中华人民共和国水利部标准.水利水电工程水文地质勘察规范(SL 373—2007)[S].2008.

[33]　《供水水文地质手册》编写组.供水水文地质手册[M].北京：地质出版社,1983.

[34]　水利电力部水文局.中国水资源评价[M].北京：水利电力出版社,1987.

[35]　朱学愚,钱孝星.地下水资源评价[M].南京：南京大学出版社,1987.

[36]　林学钰,侯印伟,邹立芝,等.地下水水量水质模拟及管理程序集[M].长春：吉林科学技术出版社,1988.

[37]　肖长来,梁秀娟,卞建民,段长春,王福刚.水环境监测与评价[M].北京：清华大学出版社,2008.

[38]　王君连.工程地下水计算[M].北京：中国水利水电出版社,2004.

[39]　中华人民共和国建设部行业标准.建筑与市政降水工程技术规范(JGJ/T 111—98)[S].1998.

[40]　国家煤炭工业局行业标准.数值法预测矿井涌水量技术规范(MTT 778—1998)[S].1998.

[41]　水利水电部水利水电规划设计总院.水利水电工程地质手册[M].北京：水利电力出版社,1985.

[42]　中华人民共和国铁道部行业标准.铁路工程水文地质勘察规程(TB 10049—2004)[S].2004.

[43]　中华人民共和国交通部行业标准.公路建设项目环境影响评价规范(JTG B03—2006)[S].2006.

[44]　中华人民共和国国家标准.水文基本术语和符号标准(GB/T 50095—98)[S].1999.

[45]　李昌静,卫钟鼎.地下水水质及其污染[M].北京：中国建筑出版社,1983.